사물인터넷을 위한
라즈베리파이 3 활용 [개정판]

정 원 석 지음

光 文 閣
www.kwangmoonkag.co.kr

머리말

　IT 관련 일을 시작한 지 20년 가까운 시점에 처음으로 책을 저술하게 되었다. 20년 동안 개발 관련 일을 하면서 그간 쌓은 기술 및 노하우를 책을 통해 전달하려 했지만 늘 시간이 부족하다는 핑계로 흐지부지되곤 하였다. 하지만 더 늦으면 안 되겠다는 생각에 책 집필을 가장 우선적으로 진행하기로 마음먹고 현재 화두가 되고 있는 사물인터넷 분야에 가장 적합한 환경인 라즈베리파이에 관한 책을 집필하기로 결정하였다. 필자는 몇 해 전부터 국내 여러 기관에서 라즈베리파이 교육을 해 오고 있었으며 주위에서 라즈베리파이 관련 책 집필에 대한 요구를 많이 받은 상태였기 때문에 이 책을 집필하게 되었다.

　책 집필에 대한 결심 후, 독자들에게 유용한 정보를 전달하기 위해 어디부터 어떻게 시작할지 많은 고민을 하였다. 시중에 출간된 관련 서적들도 많이 읽어 보고 빈틈없는 실습 준비 끝에 책의 집필을 시작하였다. 이 책을 저술하면서 가장 중점을 둔 것은 보다 실무적이고 현업에서 많이 사용되는 내용을 담고자 하였다.

　이 책은 비전공자라도 오픈소스 플랫폼에 관심이나 프로그래밍에 대한 조금의 지식만 있으면 쉽게 시작할 수 있도록 하였다. 이 책에 나오는 예제들을 따라 해보면 라즈베리파이를 쉽게 다루게 되고 라즈베리파이를 이용하여 본인이 생각하고 있는 아이디어를 쉽게 구현할 수 있는 발판이 될 것이다.

　이 책은 라즈베리파이를 제어하기 위해 기초적이고 꼭 필요한 사용법을 시작으로 파이썬 프로그래밍 언어에 대한 내용, 리눅스에 대한 개념, 장치 제어 및 사물인터넷 구현에 핵심 중의 하나인 웹 서버 구현에 관한 내용으로 구성되어 있다. 라즈베리파이에서 많이 사용되는 프로그래밍 언어가 사용하기 쉽고 배우기 쉬운 파이썬인 만큼 이 책의 상당 부분이 파이썬에 대하여 다루고 있다. 이 책에서 언급된 파이썬 관련 부분만 잘 숙지하여도 파이썬 기반의 프로그램을 작성하기에 충분하다고 생각한다.

라즈베리파이의 기본 운영 체제가 리눅스 기반이므로 리눅스에 대한 개념을 전달하려고 하였으며, 이 책의 후반부에는 블루투스를 포함한 시리얼 통신, SPI, I2C, 카메라 등과 같은 장치들을 제어하는 방법을 다루었다. 이러한 장치 제어를 위하여 사용된 예제는 파이썬과 C 언어 기반으로 작성하여 독자들은 장치 제어에 있어 두 언어의 장단점을 이해할 수 있을 것으로 판단된다.

이 책의 마지막 부분에는 사물인터넷 활용을 위한 실무적인 내용으로 클라우드 서비스를 활용하는 방법과 더불어 웹 서버를 구현하는 방법 및 테스트 절차에 대하여 기술하였다.

이 책에 사용된 실습 기자재들은 여러 쇼핑몰을 통하여 각각 구매할 수도 있지만 국내의 한 쇼핑몰(www.toolparts.co.kr)과 협약하여 부품들을 쉽게 구매할 수 있도록 하였다.

마지막으로 라즈베리파이 재단에 감사와 더불어 필자가 가진 경험과 지식들이 책이 통해 출판될 수 있도록 도움을 주신 광문각출판사 박정태 회장님과 임직원 여러분, 우리 가족을 포함한 주위 분들에게 감사의 마음을 전한다.

2017년 2월 정원석

차례

PART 2   파이썬 기본

PART 3   리눅스에 대한 이해

PART 5　클라우드 서비스 활용 및 웹 서버 구축

01

사물인터넷을 활용한 라즈베리파이

라즈베리파이 시작

라즈베리파이를 시작하다.

1.1 라즈베리파이(RaspberryPi)란?

라즈베리파이는 영국의 비영리 자선단체인 라즈베리파이 재단(RaspberryPi Foundation)에서 2012년부터 출시하고 있는 임베디드(Embedded) 교육용 보드이다. 2016년 현재 출시된 최신 모델은 "RaspberryPi 3 Model B"이다. 라즈베리파이 공식 홈페이지는 아래와 같다.

[그림 1-1] 라즈베리파이 공식 홈페이지(www.raspberrypi.org)

라즈베리파이는 학교에서 기초 컴퓨터 교육 증진 목적으로 제작한 85mm(가로)×56mm(세로) 정도로 신용카드 크기의 Single Board Computer이다. 비영리 교육 목적으로 제작되어서 가격이 저렴하고 성능이 아주 뛰어나다. 기본적으로 오픈 소스 플랫폼인 리눅스와 같은 운영체제를 MicroSD 카드에 탑재하고, 모니터, 키보드, 마우스를 연결하여 소형 컴퓨터 역할을 할 수 있도록 제작되었다. 이 보드는 운영체제 기반에서 동작되는 형태이므로 일반 Windows 운영체제처럼 C 언어, 자바, 파이썬 등과 같은 프로그래밍 언어를 사용하여 S/W를 개발할 수 있다. 라즈베리파이에서는 상대적으로 배우기 쉬운 파이썬 언어를 사용하여 프로그래밍하는 것을 추천하고 있으며, 기본 운영체제인 리눅스 기반의 라즈비안(Raspbian)을 설치하면 파이썬 인터프리터가 기본적으로 내장되어 있다. 그뿐만 아니라 Minecraft 같은 게임, 문서 편집기 및 인터넷 웹 브라우저 같은 프로그램들이 기본적으로 내장되어 있어 컴퓨터와 같은 역할을 하기에 충분하다.

라즈베리파이가 부팅되면 일반 컴퓨터처럼 아래 [그림 1-2]와 같은 데스크톱 화면을 볼 수 있으며 일반 윈도우즈 기반의 운영체제와 흡사하여 사용에 큰 무리가 없다.

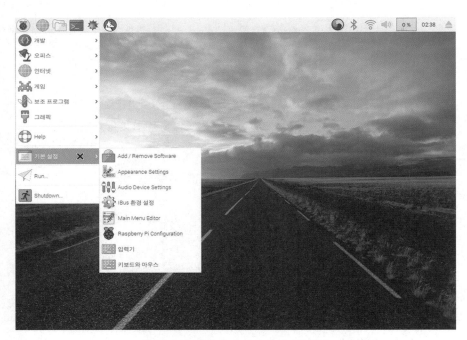

[그림 1-2] 라즈베리파이 데스크톱 화면

라즈베리파이는 국내 여러 쇼핑몰에서 판매하고 있으며 해외 쇼핑몰로는 에이다프루트(www.adafruit.com), 엘리먼트14(www.element14.com) 등이 유명하다.

[그림 1-3] 라즈베리파이 쇼핑몰(www.adafruit.com)

라즈베리파이 용어를 살펴보면 "RaspberryPi = Raspberry + Pi"와 같이 Raspberry와 Pi가 합쳐진 용어이다. Raspberry는 산딸기를 의미하고 Pi는 먹는 파이가 아닌 Python Interpreter의 줄임 말이다. 라즈베리파이 재단에서는 라즈베리파이 관련 개발에 사용되는 프로그래밍 언어로 파이썬을 추천하고 있다.

2012년에 1세대 보드가 출시되었으며 2016년 3월 기준으로 라즈베리파이-3이 출시되어 있다. 라즈베리파이 모델-3 보드에 사용된 메인 칩셋은 브로드컴(Broadcom)사의 SoC 형태인 BCM2837 CPU가 사용되었으며 내부에는 ARM사의 Cortex-A53 AP(Application Processor)가 내장되어 있다. BCM2837 CPU의 핵심적인 특징은 기존의 32-bit ARM 프로세서가 아닌 64-bit Cortex-A53 ARM 프로세서가 사용되었으며 동작 주파수가 1.2GHz, Quad Core 형태로 구성되어 있다. 이 정도 성능이면 라즈베리파이-2B에 사용된 BCM2836 대비 약 50% 정도의 성능 개선이 되었다고 할 수 있다.

1.2 MagPi 잡지

라즈베리파이 보드로 무엇을 할 수 있을까? 라는 질문을 많이 받는다. 결론적으로 할수 있는 일은 무궁무진하다. 많이 응용되는 분야는 Home CCTV, NAS 서버 등을 대표적으로 들 수 있다. 하지만 이외에도 응용할 수 있는 분야는 너무 많다. 라즈베리파이 보드가 적용된 여러 실례를 보는 것이 가장 빠른 길이라 생각한다. 라즈베리파이 재단에서 출간되는 MagPi 잡지를 보면 여러 적용 사례들을 쉽게 찾아볼 수 있다. 관련 홈페이지 (https://www.raspberrypi.org/magpi/)에서 PDF 형태로 MagPi 잡지를 다운로드 가능하므로 한 번 방문하여 살펴보면 많은 도움이 되리라 생각한다.

[그림 1-4] MagPi 잡지 홈페이지(https://www.raspberrypi.org/magpi/)

1.3 오픈 소스(Open Source) 플랫폼

오픈 소스란 하드웨어 및 소프트웨어의 모든 개발 정보들을 일반 개발자들이 참조 및 공유하여 개발을 더 발전적인 방향으로 나아가자는 취지에서 비롯되었다. 모든 개발 결과물들은 자유롭게 사용 · 복사 · 수정 및 배포할 수 있다. 오픈 소스 사용에 대한 라이선스는 무료인 경우도 있지만, 경우에 따라 비용이 발생할 수도 있어서 완전히 무료라고 보기는 어렵다. 대표적인 오픈 소스 하드웨어 플랫폼은 아두이노, 라즈베리파이, 갈릴레오, 비글본 등이 있다. 아두이노는 성격이 좀 다르지만 나머지 하드웨어 플랫폼들은 성능이 아주 우수하고, 가격이 저렴하여 많은 개발자들이 쉽게 접근할 수 있다. 뿐만 아니라 리눅스와 같은 운영체제가 이미 탑재되어 있거나 쉽게 포팅할 수 있어서 타 플랫폼에 비해 개발에 소비되는 노력과 시간이 그리 많지는 않다. (아두이노는 운영체제가 사용되지 않음) 그리고 이러한 보드들에는 외부 하드웨어를 쉽게 연결할 수 있는 확장 I/O 핀들이 많이 나와 있어서 외부 하드웨어를 보드와 연결하여 쉽게 제어할 수 있는 장점이 있다.

구분	아두이노	라즈베리파이	갈릴레오	비글본
CPU	Atmega 328P	BCM2837	Intel Quark	TI AM335x
내부 프로세서	AVR	Cortex-A53	Intel X1000	Cortex-A8
동작 주파수	16 MHz	1.2 GHz	400 MHz	1 GHz
RAM	2 KB	1 GB	256 MB	512 MB
운영체제	없음	리눅스 외	리눅스 외	리눅스 외
제조사	아두이노	라즈베리파이 재단	Intel	TI
용도	간단한 H/W 제어	복잡하고 고성능이 필요한 데이터 처리		

1.4 라즈베리파이 보드 구조

라즈베리파이 보드를 동작시키기 위해서는 5V 전원이 필요하다. 보드에 5V 어댑터 전원을 인가할 수 있는 DC 잭은 존재하지 않고 대신 Micro USB B 타입의 커넥터를 통해 전원을 공급받도록 설계되어 있다. 아마도 적은 공간 사용을 염두에 둔 설계인 듯 하다. 이 커넥터는 통신용으로는 사용할 수 없으며 오직 전원 공급용으로만 사용되는 커넥터이다. 3B 모델 이전까지는 PC의 USB 포트를 통해 전원을 공급받아 사용하여도 큰 무리가 없었지만 3B 모델부터는 CPU 동작 주파수가 높아서 적어도 1A 이상의 안정적인 전류가 공급되어야 하므로 [그림 1-5]처럼 1A 이상의 높은 전류를 공급할 수 있는 외부 전원을 사용하는 것이 바람직하다.

[그림 1-5] 라즈베리파이에 사용될 수 있는 전원공급기(Micro USB B 타입)

라즈베리파이는 싱글보드 컴퓨터 용도로 제작되었지만 일반 컴퓨터처럼 하드디스크나 SSD와 같은 저장장치를 사용하지는 않고 MicroSD 카드를 기본적으로 사용한다. 사용되는 SD 카드 용량은 최소 4GB 이상이어야 하지만 여러 프로그램들이 리눅스 운영체제 환경에서 설치되므로 적어도 8GB 이상의 용량을 사용하는 것이 좋다. SD 카드를 연결할 수 있는 SD 슬롯은 보드 아래 면에 위치해 있다.

라즈베리파이 보드는 일반 컴퓨터처럼 다양한 외부 인터페이스들을 제공한다. 우선적으로 외부 모니터를 연결할 수 있는 HDMI 커넥터, 키보드 및 마우스를 연결할 수 있는 4개의 범용 USB 2.0 High Speed 포트 및 네트워크 케이블을 연결할 수 있는 이더넷 커넥터가 있다. 모니터와 마우스, 키보드 및 이더넷 케이블을 연결한다면 바로 컴퓨터 기능으로 사용할 수 있다. 라즈베리파이가 부팅되면 부팅되는 과정을 HDMI로 연결된 모니터 상에서 확인할 수 있으며, 부팅 후 키보드 및 마우스를 바로 사용할 수 있다. 보드에 나와 있는 HDMI 커넥터는 높은 품질의 영상을 전송할 수 있을 뿐만 아니라 음성도 동시에 전송할 수 있어 아주 유용하게 사용될 수 있다. 일반 가정에 있는 LCD, LED Full HD TV와 라즈베리파이를 HDMI 커넥터로 연결하면 라즈베리파이에서 재생되는 동영상 컨텐츠를 TV 화면에서 시청할 수 있다. 이뿐만 아니라 라즈베리파이에는 인터넷이 가능하므로 YouTube 연결, VOD 기능도 사용하여 일종의 스마트 TV 기능을 구현할 수도 있다. 사용할 모니터에 HDMI 단자가 없고 DVI 단자가 있으면 HDMI 신호를 DVI 신호로 변경해 주는 변환젠더를 사용하면 된다.

라즈베리파이 보드에는 외부 카메라를 연결할 수 있는 CSI 카메라 인터페이스가 있다. 인터넷 쇼핑몰에서는 라즈베리파이 보드에 연결하여 사용할 수 있는 라즈베리파이 보드 전용 카메라들이 많이 출시되어 있는 상황이라 구매하여 보드에 연결하면 일부 명령어 사용만으로도 카메라 동작을 바로 확인할 수 있다. 뿐만 아니라 PC에 사용되는 USB 타입의 카메라도 USB 포트에 연결하여 동작을 쉽게 확인할 수 있다.

보드 앞면에 있는 40개 확장 핀들에는 일부 전원 핀들을 제외하고 기본적으로 대부분 GPIO(General Purpose Input Output) 기능들로 사용할 수 있으며 일부 핀들은 설정에 따라 UART, I2C, SPI, PWM 기능들로 대체하여 사용될 수 있다. 이러한 핀들에 외부 하드웨어들을 연결하여 파이썬이나 C와 같은 프로그래밍 언어로 외부 하드웨어들을 쉽게 제어할 수 있다. 확장 핀에 외부 하드웨어를 연결할 경우 전압 레벨을 고려해야 한다. 이 확장 핀들의 동작 전압은 3.3V로 동작하므로 5V로 동작하는 외부 하드웨어를 연결하면 보드가 손상될 수 있다. 따라서 외부 하드웨어 연결 전에는 반드시 동작 전압을 미리 확인하여 보드에 손상을 주지 않도록 한다.

아래 [그림 1-6]에는 라즈베리파이 3B 모델의 앞면 및 뒷면의 각 기능들을 표시해 놓았다.

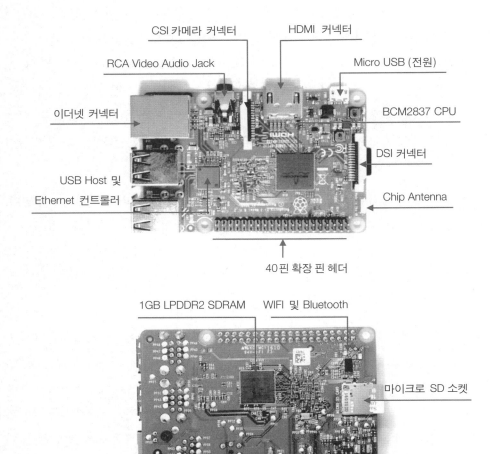

[그림 1-6] 라즈베리파이 3B 모델의 각 부분 기능

3B 모델부터는 이전 모델들과 달리 와이파이 기능과 블루투스 기능이 보드에 내장되어 있다. 따라서 무선랜 및 블루투스 동작을 위해서 따로 USB 타입의 동글을 사용할 필요가 없다.

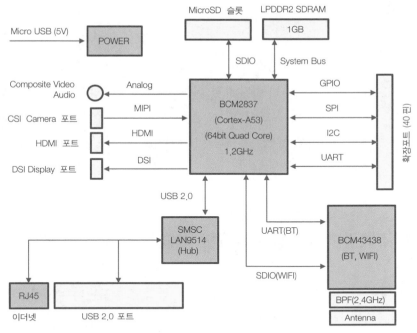

[그림 1-7] 라즈베리파이 3B 블록도

위 설명을 기준으로 라즈베리파이3는 [그림 1-7]과 같이 블록화시켜 표시할 수 있다. 위 그림에서 이더넷과 네 개의 USB 포트들은 CPU와 USB2.0 기반으로 연결된 LAN9514 칩에 연결되어 있으며 블루투스와 와이파이는 BCM43438 모듈을 통하여 UART와 SDIO 로 연결되어 있다.

라즈베리파이 3B 모델이 이전 모델과 비교해 크게 향상된 점들은 아래와 같다.

- 64 비트 Cortex-A53 프로세서 사용
- 1.2 GHz CPU 동작 주파수
- 보드 내장 와이파이
- 보드 내장 블루투스

위와 같이 3B 모델이 이전 모델에 비해서 전반적으로 성능이 많이 향상되었고 보드에 와이파이와 블루투스 기능이 내장된 것이 가장 큰 특징이라 할 수 있다.

1.5 보드 케이스

라즈베리파이 보드는 일종의 컴퓨터 역할을 하므로 외장 케이스를 사용하면 더 안전하게 사용할 수 있다. 외장 케이스는 여러 쇼핑몰들에서 쉽게 구매할 수도 있지만 보편화된 3D 프린터를 사용하여 제작할 수도 있다. 오픈 소스 디자인 사이트인 www.thingiverse.com에 가면 라즈베리파이 관련 많은 도면들이 존재하고 원하는 도면을 다운받아 3D 프린터로 바로 제작할 수 있다.

1.6 라즈베리파이 사용에 필요한 기술 및 지식

라즈베리파이는 기본적으로 리눅스를 기반으로 동작되고, 모니터, 마우스, 키보드 등이 연결되지 않는 임베디드 기반의 제품에 적용되는 형태가 많으므로 원격으로 연결하여 보드를 제어하는 경우가 대부분이다. 따라서 이러한 형태로 사용된 라즈베리파이 보드를 쉽게 제어하기 위해서는 Host PC와 원격으로 연결하여 Host PC에서 라즈베리파이를 제어해야 한다.

라즈베리파이를 효과적으로 사용하기 위해 필요한 기술 및 지식들은 아래와 같다.

- 리눅스 기본 명령어 사용법 및 폴더 구조
- 네트워크 구성 및 용어에 대한 이해
- 프로그래밍 언어 사용 능력 (파이썬 및 C 언어)
- 툴 사용 능력
- 기본적인 하드웨어에 대한 이해
  GPIO, UART, I2C, SPI, …

1.7 라즈비안 (Raspbian)

라즈베리파이에는 여러 운영체제들이 동작 가능하지만 공식적인 운영체제는 리눅스 기반의 라즈비안이다. 라즈비안은 리눅스의 여러 배포판들 중에서 데비안(Debian)에 기반한 운영체제이다. 데비안은 리눅스 기반의 무료로 사용할 수 있는 운영체제이다.

라즈비안은 데비안 운영체제에 교육용 목적에 맞는 파이썬, 스크래치, Sonic Pi와 같은 프로그램들이 추가적으로 내장되어 있다. 현재 데비안의 최신 버전은 9이고 라즈비안 최신 버전도 데비안 9 버전에 기반한 운영체제이다. 라즈비안은 데비안 7 버전인 "wheezy" 코드명부터 시작되었고 데비안 8 버전인 "jessie"를 거쳐 현재는 데비안 9버전인 "stretch"를 사용하고 있다. 데비안 버전이 갱신될 때 마다 버그도 수정되고 새로운 프로그램도 운영체제에 포함된다.

데비안 9 (stretch)	→ 2017년 8월 (현재 최신 버전)
데비안 8 (jessie)	→ 2015년 9월
데비안 7 (wheezy)	→ 2012년 7월

1.7.1 라즈비안 과거 버전

라즈베리파이 홈페이지에는 항상 최신 버전의 라즈비안 운영체제가 올라와 있다. 버전이 갱신될 때마다 이전 버전과의 차이점들을 release_notes.txt 파일을 통해 명시하고 있다. 라즈베리파이를 사용하다 보면 때로는 이전 버전을 사용할 경우가 있을 수 있다. 아래 사이트에는 최신 라즈비안을 비롯한 이전 버전의 여러 이미지 파일들이 있다.

[그림 1-8] 이전 버전의 이미지를 다운받을 수 있는 사이트(downloads.raspberrypi.org)

1.8 운영체제 설치 및 부팅

라즈비안을 설치하기 위해서는 공식 사이트에서 설치과정이 필요한 NOOBS(New Out Of the Box Software)를 다운받거나 이미 설치된 운영체제 파일인 RASPBIAN을 다운받아야 한다.

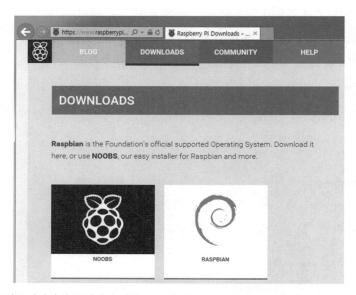

[그림 1-9] 라즈베리파이 운영체제 다운로드 사이트(https://www.raspberrypi.org/downloads)

두 방식의 차이점은 다음과 같다.

- NOOBS

  압축 파일 형태로 되어 있으며 사용자는 압축 해제된 여러 파일들을 MicroSD 카드에 복사하여 사용

  운영체제를 설치하는 과정을 HDMI에 연결된 모니터로 확인하면서 설치 진행

  설치과정 중 사용자가 운영체제 관련 설정사항들을 선택하여 진행

- RASPBIAN

  이미 설치된 운영체제 및 여러 애플리케이션들이 하나의 이미지 파일로 만들어짐

  복사가 아닌 전용 유틸리티를 사용하여 MicroSD 카드에 기록해야 함[그림 1-11]

  바로 부팅할 수 있음

NOOBS로부터 라즈비안을 설치하기 위해서는 HDMI 모니터, 키보드, 마우스 등과 같은 장치들이 필요하고 설치과정은 [그림 1-10]과 같이 진행된다. 반면, 라즈비안의 경

우는 설치과정이 따로 필요없으며 다운받은 이미지 파일을 [그림 1-11]처럼 전용 유틸리티를 사용하여 MicroSD카드에 기록만 하면 된다.

[그림 1-10] NOOBS 설치과정 화면

다운로드한 라즈비안 이미지 파일 선택   MicroSD 드라이버 확인

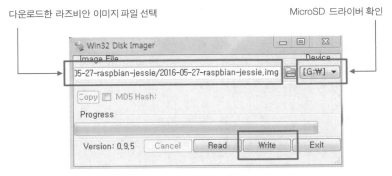

[그림 1-11] 라즈비안을 MicroSD에 기록하기 위한 Win32DiskImager 유틸리티

라즈비안 설치 후 부팅이 되면 [그림 1-12]처럼 진행 과정과 X-Window가 실행된 것을 HDMI로 연결된 모니터 상에서 확인할 수 있다. 부팅이 완료된 후에는 여러 설정 작업들을 통하여 일반 컴퓨터처럼 게임, 문서 작업 및 인터넷과 같은 여러 작업들을 수행할 수 있다.

[그림 1-12] 라즈비안 부팅과정 및 X-Window 실행화면

만약 NOOBS를 다운받았다면 라즈비안 설치를 위해서 HDMI, 키보드 등이 반드시 필요하지만 라즈비안의 경우는 HDMI, 키보드 같은 장치들 없이 윈도우즈 기반의 Host

PC와 연결하여 사용할 수 있다. 따라서 NOOBS의 경우는 설치 과정에 몇 가지 장치들이 필요하므로 라즈비안에 비해 다소 번거로운 측면이 있다. 라즈베리파이를 Host PC와 연결하여 사용하는 방법에 대해서는 다음 단원에서 다룰 것이다.

다운받은 라즈비안을 MicroSD 카드에 기록하기 위해서 위에서 Win32DiskImager라는 유틸리티를 사용하였지만 Etcher라는 유틸리티도 있으니 참고하기 바란다.

1.9 운영체제 파티션 구조

[그림 1-11]과 같이 라즈비안 이미지 파일을 MicroSD에 기록한 후 윈도우 탐색기에서 MicroSD 카드의 폴더를 확인해 보면 아래와 같이 디스크 이름은 boot로 되어 있으며 여러 파일들이 있는 것을 확인할 수 있다.

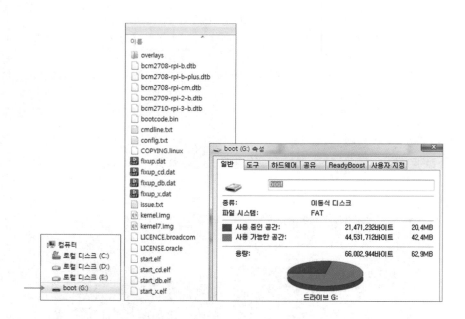

[그림 1-13] 라즈비안 이미지 파일을 담은 MicroSD 카드를 윈도우 탐색기에서 확인

실제 사용된 SD 카드 용량이 8GB 혹은 그 이상이라도 디스크 속성을 확인해 보면 전체 용량은 [그림 1-13]과 같이 62.9MB로 표시되고 나머지 부분은 표시되지 않는 것을 확

인할 수 있다. 위 상황을 좀 더 자세히 분석하기 위해 '제어판/시스템 및 보안/하드디스크 파티션 만들기 및 포맷'을 클릭하면 [그림 1-14]와 같은 정보를 확인할 수 있다.

[그림 1-14] 파티션 확장 전 (3.68GB 루트영역 공간)

위 그림을 분석하면 라즈비안 운영체제는 크게 세 영역(partition)으로 구성되어 있다.

영역	내용
부트 영역(63MB)	펌웨어, 리눅스 커널 및 부팅에 필요한 설정파일 FAT12 파일시스템으로 구성됨
루트 영역(3.68GB)	리눅스 상에서 사용되는 파일들, 각종 application 파일 EXT4 파일시스템으로 구성됨
할당되지 않은 영역 (10.71GB)	파티션 확장을 통하여 루트 영역으로 포함될 수 있음

[그림 1-14]에서는 사용 중인 16GB의 SD 카드 중에서 63MB와 3.68GB가 사용 중이고 나머지 10.71GB는 사용되지 않는 것을 확인할 수 있다. 라즈비안 리눅스 시스템에서는 63MB를 부트 영역으로 사용하고 있으며, 3.68GB를 루트 영역으로 사용하고 있다. 하지만 3.68GB의 루트 영역이 윈도우 탐색기에서 확인되지 않는 이유는 해당 영역이 윈도우에서 접근할 수 없는 파일 시스템을 사용하기 있기 때문이다. 실제로 리눅스의 루트 영역에서 사용하는 파일 시스템은 아주 큰 용량의 파일까지 지원할 수 있는 EXT4 파일 시스템으로 구성되어 있다. 반면 부트 영역은 FAT 파일 시스템으로 구성되어 있어서 윈도우에서도 쉽게 확인할 수 있다. 만약 윈도우 환경에 EXT4 파일 시스템 내용을 확인할 수 있는 유틸리티를 설치하면 루트 영역을 접근할 수 있고 해당 영역에 있는 파일들을 윈도우 환경에서 자유롭게 편집할 수 있다.

라즈비안이 부팅되면 10.71GB의 공간은 사용할 수 없는 공간이 되므로, 라즈비안 부팅후 반드시 파티션 확장 변경 설정을 진행하여 해당 영역을 사용할 수 있도록 해야 여러 프로그램들 설치로 인한 공간 부족 문제가 발생하지 않는다. 라즈베리파이에서 파티션 확장 진행 후 MicroSD 카드를 윈도우즈에서 확인하면 10.71GB의 영역이 루트 영역으로 포함되어 있는 것을 확인할 수 있다. 파티션 확장을 진행하는 방법에 대해서는 라즈베리파이 기본 설정 단원에서 다루도록 하겠다.

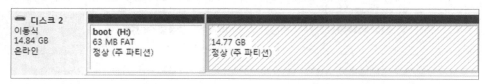

[그림 1-15] 파티션 확장 후(14.77GB 루트영역 공간)

2016년 5월 10일 라즈비안 이미지부터는 라즈비안이 처음 부팅될 때 자동적으로 파티션 확장이 이루어지므로 위 과정을 진행할 필요는 없지만 위 과정은 알고 있는 것이 좋을 듯하다.

Using the RaspberryPi 3 for Internet of Things

Host PC에서
라즈베리파이 연결하기

라즈베리파이 보드를 제어할 경우 연결 방법에 따라 크게 두 가지로 분류할 수 있다.

- 콘솔 (Console) 기반
- SSH (Secure Shell) 기반

콘솔이라는 것은 시스템 상황을 모니터링 및 사용자 입력을 받을 수 있는 터미널 정도로 생각하면 된다. 반면 SSH는 네트워크 개념이 추가된 것으로 네트워크상에서 타 컴퓨터에 암호화된 방식으로 접속하여 원격 연결된 컴퓨터의 명령어를 실행하거나 파일을 복사 및 삭제할 수 있도록 해 주는 일종의 네트워크 프로토콜이라고 생각하면 된다.

콘솔 기반의 제어

- HDMI 모니터, 키보드, 마우스 사용
- 시리얼 포트

라즈베리파이와 콘솔 기반으로 연결되는 경우에는 라즈베리파이가 부팅될 때 출력되는 부팅 메시지를 터미널상에서 확인할 수 있는 장점이 있다. 반면 연결되는 Host PC가 네트워크상에 위치할 수 없으므로 거리가 먼 원격지에서의 접속은 불가능하다. HDMI, 키보드, 마우스 등을 연결하는 것은 그 자체가 바로 하나의 컴퓨터라고 생각하면 된다.

SSH 기반의 제어

- LAN 케이블 직접 연결
- 공유기를 통한 LAN 케이블 연결

• WiFi 연결

라즈베리파이와 SSH 기반으로 연결되는 경우에는 라즈베리파이가 부팅될 때 출력되는 부팅 메시지를 확인할 수 없으며 부팅 후, SSH 서버가 동작하기 시작하면서부터 Host PC에서 연결할 수 있다. 반면 연결되는 Host PC가 네트워크상에 위치할 수 있어서 장소에 제한을 받지 않는 장점이 있다.

사용자 계정과 암호

사용자가 리눅스로 구동되는 라즈베리파이 시스템에 로그인하기 위해서는 사용자 계정과 암호가 사용되어야 한다. 라즈베리파이 시스템에 처음 설정되어 있는 사용자 계정과 암호는 다음과 같다.

• 사용자 계정 (pi)
• 암호 (raspberry)

Host PC와 라즈베리파이를 연결할 때 콘솔 기반과 SSH 기반을 동시에 연결하여 사용하여도 전혀 문제가 없으며 개발 단계에서는 두 가지 경우를 함께 사용하는 것이 더 편리하다. 실제로 필자는 시리얼(콘솔), 랜 케이블 직접 연결 및 무선랜 연결 등 세 가지 연결방법을 동시에 사용하는 경우가 많다.

2.1 콘솔 기반의 제어

이미 언급하였듯이 콘솔 기반으로 라즈베리파이를 연결하는 경우는 두 가지가 있으며 각각에 대하여 살펴 보도록 하자.

2.1.1 HDMI 모니터, USB 키보드, USB 마우스 연결 환경

이 환경은 라즈베리파이를 가장 쉽게 연결할 수 있는 환경으로 아래 그림과 같이 일반 컴퓨터처럼 HDMI 연결 모니터, USB 키보드, USB 마우스 등을 직접 연결하여 작업하는 것이다.

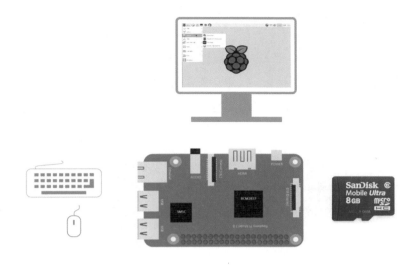

[그림 2-1] HDMI 콘솔 기반의 접속 환경

이 방법을 사용하면 부팅되는 동안 출력되는 부팅 메시지를 HDMI로 연결된 모니터 상에서도 바로 확인할 수 있는 장점이 있다. 부팅 메시지가 모니터를 통해 출력되는 이유는 /boot/cmdline.txt 파일에 아래와 같이 명시되어 있기 때문이다. 이 문구를 막으면 부팅 메시지가 출력되지 않는다.

```
console=tty1
```

부팅 후에는 와이파이 및 블루투스 설정을 GUI 환경에서 매우 쉽게 설정하여 사용할 수 있는 장점이 있지만 라즈베리파이가 사용되는 대부분의 소형 임베디드 시스템에서는 적합하지 않다. 처음 부팅될 때는 사용자 계정과 암호가 자동적으로 사용되어 로그인 되지만 부팅 후 로그인 계정 및 암호 입력 설정을 진행할 수 있다. 부팅이 완료되면 연결된 HDMI 모니터를 통하여 X-Windows가 실행되는 것으로 바로 확인할 수 있다. 대부분의 경우 Host PC와 라즈베리파이는 공유기를 통한 WiFi 기반의 연결이 많이 사용되므로 위의 언급한 방법으로 부팅하여 WiFi를 포함한 필요한 여러 설정 작업들만 진행한다. 설정이 마무리되면 더 이상 위와 같이 연결하지 않고 Host PC와 WiFi로 연결하여 라즈베리파이를 제어할 수 있다.

2.1.2 시리얼 연결

시리얼 연결은 라즈베리파이 보드와 Host PC 사이를 USB to TTL 시리얼 케이블을 사용하여 연결하는 방법이다. Host PC 쪽에는 케이블의 USB 부분을 연결하고 라즈베리파이 쪽에는 반드시 3.3V TTL 전압 수준의 UART 핀들을 연결한다. TTL 핀은 Vcc, GND, Tx, Rx 4개의 핀들로 구성되어 있지만 Vcc를 제외한 3개의 핀들만 연결하여도 무방하다. 라즈베리파이 보드에서는 40핀 확장 핀들 중 UART 기능을 하는 핀들과 반드시 연결되어야 한다. USB가 연결되는 Host PC 쪽에는 사용하는 케이블에 내장된 칩의 장치 드라이버가 미리 설치되어 있어야 한다. 케이블이 Host PC에 연결되면 윈도우에서는 COM 장치로 인식하며 장치이름은 장치관리자에서 확인할 수 있다.

USB to TTL Serial Cable

USB   UART

[그림 2-2] 시리얼 연결

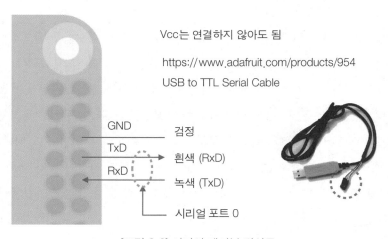

Vcc는 연결하지 않아도 됨

https://www.adafruit.com/products/954
USB to TTL Serial Cable

GND — 검정
TxD — 흰색 (RxD)
RxD — 녹색 (TxD)
시리얼 포트 0

[그림 2-3] 시리얼 케이블 결선도

USB를 TTL 신호로 변환해 주는 케이블들은 아주 많이 있지만 본 내용에서는 [그림 2-3]과 같이 에이다프루트(adafruit)에서 판매 중인 제품을 사용하도록 한다. 라즈베리파이를 케이블과 연결할 경우에는 색깔을 잘 구분하여 연결하도록 한다. 연결이 잘못되면 보드에 영구적인 손상을 줄 수 있으니 반드시 전원을 끈 상태에서 진행하고 연결에 주의하도록 한다.

시리얼 기반의 콘솔기능을 사용하기 위해서는 아래와 같이 두 개의 파일이 수정되어야 한다. 아래 파일들을 편집할 때는 MicroSD 카드를 Host PC에 연결하여 편집하는 것이 편리하다.

- /boot/cmdline.txt
- /boot/config.txt

Host PC와 시리얼 연결을 위해서는 /boot/cmdline.txt 파일에 다음과 같이 시리얼 포트 0을 115200bps 속도의 콘솔 기능으로 사용하겠다는 내용이 포함되어 있어야 한다.

```
console=serial0,115200
```

/boot/config.txt 파일에도 아래와 같이 UART를 활성화하겠다는 문구를 포함시켜야 한다. 아래 내용을 파일의 맨 아래 부분에 포함시키도록 한다.

```
enable_uart=1
```

이러한 시리얼 기반 콘솔 방식에서는 라즈베리파이가 HDMI 모니터에 연결되어 부팅될 때 출력되는 부팅 메시지를 Host PC의 시리얼 터미널 프로그램 창에서도 확인할 수 있다는 장점이 있다. 라즈베리파이가 부팅될 때 UART 설정은 통신 속도는 115200bps, 흐름 제어(Flow Control)는 없음으로 설정되어 있으므로 Host PC에서 동작되는 시리얼 터미널 프로그램에서도 동일한 값으로 설정되어야 시리얼 포트로 수신되는 메시지를 정상적으로 확인할 수 있다. Host PC에서 사용되는 시리얼 터미널 프로그램은 여러 종류들이 있다. [그림 2-4]에서는 putty를 사용하였지만 다른 시리얼 터미널 프로그램을 사용하여도 무방하다.

라즈비안 부팅 완료 후 [그림 2-5]처럼 사용자(pi) 계정과 암호(raspberry)를 차례로 입력하면 라즈베리파이 시스템에 로그인된다.

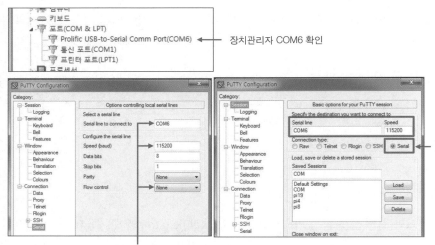

COM6, 115200, Flow Control (None)

[그림 2-4] 장치 관리자에서 시리얼 장치 확인 및 시리얼 터미널 프로그램 설정

```
COM6 - PuTTY
(baudrate 100000)
[    4.955199] systemd[1]: Started Load Kernel Modules.
[    4.971447] systemd[1]: Time has been changed
[    5.022841] systemd[1]: Started udev Coldplug all Devices.
[    5.106324] systemd[1]: Mounting Configuration File System...
[    5.149593] systemd[1]: Starting Apply Kernel Variables...
[    5.161706] systemd[1]: Mounting FUSE Control File System...
[    5.174106] systemd[1]: Starting Create Static Device Nodes in

Raspbian GNU/Linux 8 raspberrypi ttyS0

raspberrypi login:
```

[그림 2-5] 시리얼 기반 부팅 및 로그인 완료 (Pi 사용자)

라즈베리파이를 사용하다가 공유기가 변경되는 것과 같이 무선 네트워크 변경으로 인해 새로운 네트워크에 접속해야 할 경우가 있다. 이럴 경우 공유기의 서비스 식별자 정보와 암호가 라즈베리파이에 설정되지 않은 상황이라면 라즈베리파이에 접속하지 못하는 경우가 발생할 수 있다. 이럴 경우에는 이후 언급될 LAN 케이블 직접연결 방법도 있지만 시리얼 기반 콘솔로 라즈베리파이에 접속하여 서비스 식별자 정보와 암호를 기록해 넣을 수 있으므로 아주 편리할 수 있다.

2.1.3 /boot/cmdline.txt 파일

콘솔 기능을 통해 부팅 메시지가 출력되는 이유는 /boot/cmdline.txt 파일에 아래와 같이 명시되어 있기 때문이다. 내용을 분석하면 serial0 및 tty1 장치를 콘솔 기능으로 사용하겠다는 의미이다.

console=serial0,115200 console=tty1 ← serial0,115200 사이에는 띄어쓰기가 없어야 됨

serial0 장치는 물리적으로 UART 버스로 연결되어 있어서 통신속도 설정이 필요하므로 115200bps가 사용되었다. tty1 장치는 물리적으로 HDMI로 연결되어 있다. 위와 같이 콘솔장치가 tty1, serial0 두 군데 사용되므로 라즈베리파이가 부팅될 때 부팅 메시지가 두 장치로 출력되는 것을 확인할 수 있다.

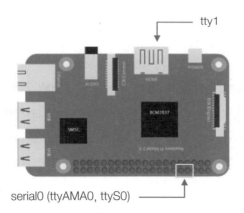

[그림 2-6] 콘솔장치(tty1, serial0)

[그림 2-6]에 있는 tty1, ttyAMA0, ttyS0 장치는 아래와 같이 정리될 수 있다.

- tty1 (HDMI)
- serial0
  ttyAMA0 (라즈베리파이 2)
  ttyS0 (라즈베리파이 3)

serial0 명칭은 논리적인 관점에서 장치를 접근한 것이고 ttyAMA0, ttyS0, tty1 같은 경우는 물리적인 관점에서 접근한 것으로 생각하면 된다.

serial0가 라즈베리파이 2에서는 ttyAMA0 장치로 사용되고 라즈베리파이 3에서는 ttyS0로 사용된다. 라즈베리파이 3에서는 하드웨어적으로 ttyAMA0가 블루투스에 연결되어 있어서 ttyS0가 serial0에 연결되어 있는 것이다. 따라서 /boot/cmdline.txt 파일의 **console=serial0,115200** 내용을 다음과 같이 변경하여 사용할 수도 있다.

```
console=ttyAMA0,115200              (라즈베리파이 2 경우)
console=ttyS0,115200               (라즈베리파이 3 경우)
```

라즈베리파이가 부팅되면 HDMI로 연결된 모니터와 시리얼 기반으로 부팅 메시지가 출력되는 것을 볼 수 있어서 부팅과정을 직접 눈으로 확인할 수 있다. 만약 부팅 메시지가 출력되지 않는다면 cmdline.txt 파일에 quiet 문구가 포함되어 있을 것이다. 이 문구가 있으면 부팅되는 과정에는 부팅 메시지를 확인할 수 없으므로 삭제하는 것이 바람직하다.

2.2 SSH 기반의 제어

앞서 언급하였듯이 SSH(Secure Shell)라는 것은 네트워크상에서 원격지에 있는 컴퓨터에 접근하여 원격지 컴퓨터를 제어하는 방법을 의미하며 서버 및 클라이언트 형태로 구성된다. SSH는 원격지 시스템에 접근하기 위하여 암호화된 메시지를 사용하여 통신을 하는 보안을 강화한 방식이다. 라즈베리파이를 네트워크상에서 제어할 때 가장 많이 사용되는 방법으로 리눅스 운영체제가 구동되는 라즈베리파이에는 SSH 서버가 동작되고 있어야 하고, 라즈베리파이를 제어하려는 Host PC에는 SSH 클라이언트 프로그램을 수행시켜야 한다. 라즈베리파이가 동작되면 SSH 서버는 기본적으로 구동되고 있는 상태이고, Host PC에서는 putty와 같은 SSH 클라이언트 프로그램에서 라즈베리파이 보드의 IP 주소, 사용자 계정 및 암호를 입력하여 접속하게 된다.

라즈베리파이에서는 사용자의 선택에 따라 SSH 서버 기능을 활성화 혹은 비활성화할 수 있다. 이전 버전과 달리 2016년 11월 라즈비안 버전부터는 네트워크 기반의 보안 문제로 인해 SSH 기능이 기본적으로 비 활성화되어 있다. SSH를 사용한 접속은 아주 많이 사용되므로 반드시 활성화하도록 한다. 네트워크를 사용하지 않는 콘솔기반의 접속에서는 $sudo raspi-config 명령 수행 후 Advanced Options/SSH 메뉴에서 쉽게 설정할 수 있지만 콘솔을 사용할 수 없는 네트워크 환경에서는 접속 자체가 불가능하여 raspi-config 명령어조차 사용할 수 없으므로 설정이 불가능하다. 이러한 문제에 대한 해결방법으로 라즈비안에서는 다소 번거롭지만 다음과 같은 방법을 도입하였다.

사용자가 라즈비안 부트영역에 ssh 파일을 생성시켜 넣으면 부팅과정에 ssh 기능이 활성화된다는 것이다. ssh 파일 내용은 상관 없으며 확장자도 필요없다. 빈 파일이어도 상관없다. 사용자가 할일은 MicroSD 카드를 PC에 연결하여 윈도우 탐색기에서 보여지는 부트영역에 ssh 파일을 새로 만들어 넣기만하면 된다. 이 방법에 대해서는 뒷부분 Headless 접속에서 다시 다루도록 하겠다.

SSH 클라이언트 프로그램은 putty를 가장 많이 사용하지만 그 외에도 SmarTTY라는 프로그램도 있으며, 크롬 웹 브라우저상에서 수행되는 앱 프로그램도 있다. 뿐만 아니라 스마트폰에서도 구동되는 SSH 클라이언트 애플리케이션들도 많이 존재한다.

SSH 기반으로 라즈베리파이에 접속하는 방법들은 아래와 같이 세 가지 정도 있다.

- LAN 케이블 직접 연결
- 공유기를 통한 LAN 케이블 연결
- WiFi 연결

이 방법들 중에서 WiFi로 연결하면 케이블들이 필요하지 않아 가장 편리하게 접속하는 방법이라 할 수 있다. 하지만 나머지 방법들도 필요한 경우가 종종 있으니 알아 두어야 한다. 그리고 WiFi와 LAN을 동시에 연결하여 사용할 수도 있다.

2.2.1 LAN 케이블 직접 연결

콘솔 기반의 시리얼 케이블 연결 방식도 간단한 방식이지만 통신속도가 많이 빠르지 않고 추가적으로 USB to TTL Serial 케이블을 라즈베리파이 확장핀 위치에 연결해야 한다는 점에서는 다소 불편하다. 랜 케이블을 이용하면 외부에 추가적인 장치 없이 랜 케이블 하나로 Host PC와 직접 연결할 수 있으며 속도 또한 매우 빠르기 때문에 라즈베리파이 보드 연결에 사용될 수 있다. 랜 케이블은 크로스 케이블 혹은 다이렉트 케이블 상관없이 동작한다.

이 방식은 라즈베리파이가 Host PC와 동일한 네트워크에 위치하도록 고정 IP를 부여하여 Host PC에서 그 IP 정보를 이용하여 접속하는 방식이다. 이 방식은 라즈베리파이가

WiFi로 연결되어 있는 상태에서 보조적으로 사용하는 것이 바람직하다. WiFi 경우는 IP가 동적으로 할당될 수 있는 구조라서 라즈베리파이에 할당된 IP 주소가 변동되어 접속에 문제가 있을 수 있고 무선 특성상 연결이 끊어질 수 있는 가능성이 있다. 이럴 경우를 대비해 라즈베리파이에 고정 IP를 미리 넣어두고 문제가 있을 때 언제든지 연결할 수 있도록 보조적인 측면에서 사용할 수 있다.

[그림 2-7]과 같이 Host PC와 라즈베리파이 보드를 직접 랜 케이블로 연결하기 위해서는 운영체제 파일이 포함되어 있는 MicroSD 카드를 Host PC에 연결하여 /boot/cmdline.txt 파일을 열어서 다음과 같이 수정해야 한다.

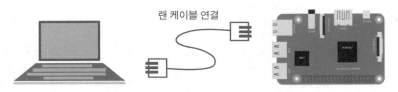

랜 케이블 연결

[그림 2-7] 라즈베리파이와 Host PC 사이의 랜 케이블 직접 연결

cmdline.txt 파일의 가장 마지막 부분에 아래와 같이 고정 ip 주소 정보를 기록한다.

… rootwait ip=169.254.0.1   ← 마지막 부분에 "ip=169.254.0.1" 추가

169.254.로 시작되는 주소대역은 DHCP 서버로부터 IP 주소를 할당받지 못하였을 때, 컴퓨터가 부여하는 주소대역이다. Host PC와 라즈베리파이 보드 사이에 DHCP 서버 기능을 하는 공유기가 없으므로 위 주소영역을 사용한다. 위 주소의 뒷부분 .0.1외에 다른 주소를 사용하여도 상관없지만 기억하기 쉬운 .0.1 주소를 사용하는 것이 더 편리하다. Host PC의 네트워크 설정에서는 아래 그림과 같이 "자동으로 IP 주소 받기"를 설정한다. 그러면 Host PC 또한 169.254로 시작되는 주소영역이 할당된다.

일반	대체 구성

네트워크가 IP 자동 설정 기능을 지원하면 IP 설정이 자동으로 할당되도록 할 수 있습니다. 지원하지 않으면, 네트워크 관리자에게 적절한 IP 설정값을 문의해야 합니다.

◉ 자동으로 IP 주소 받기(O)
◎ 다음 IP 주소 사용(S):

IP 주소(I):

서브넷 마스크(U):

기본 게이트웨이(D):

[그림 2-8] LAN 케이블 직접 연결을 위한 Host PC 네트워크 설정

위와 같이 설정한 다음 Host PC와 랜 케이블로 연결하여 라즈베리파이가 부팅되면 Host PC에서는 ipconfig 명령어를 사용하여 Host PC 내부 랜 카드에 할당된 169.254.로 시작되는 주소를 확인할 수 있다.

만약 Host PC 랜 카드의 IP 주소가 고정적으로 설정되어 있는 경우 라즈베리파이의 IP 주소를 위와 같이 169.254.0.1 설정하면 Host PC와 동일 네트워크상에 위치되지 않아 통신이 되지 않을 수 있다. 이럴 경우는 Host PC의 IP 주소 네 자리에서 앞 부분 세 자리는 동일하게 하고 마지막 IP 주소만 변경하도록 한다. 예를 들어 Host PC의 랜 카드 IP 주소가 10.11.12.13으로 설정되어 있으면 라즈베리파이이의 IP 주소를 10.11.12.1로 설정하도록 한다. 이렇게 설정되면 Host PC와 라즈베리파이는 같은 네트워크상에 위치되므로 Host PC에서 라즈베리파이에 SSH 기반으로 접속할 수 있다.

※주의할 사항

위와 같이 /boot/cmdline.txt 파일에 IP 주소를 명시한 다음 라즈베리파이를 부팅할 때는 반드시 랜 케이블을 연결하여 Host PC와 연결되어 있는 상태에서 부팅될 수 있도록 한다. 만약 케이블이 연결되지 않으면 라즈베리파이가 네트워크 연결을 기다리면서 최대 120초까지 부팅이 지연될 수 있다. 120초에 해당하는 설정은 라즈베리파이 운영체제 내부에서 설정 가능하다. 부팅이 완료되면 Host PC에서 ping 169.254.0.1 명령어를 실행하여 라즈베리파이와 연결 상태를 쉽게 확인할 수 있다.

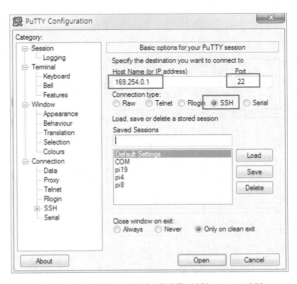

[그림 2-9] 랜 케이블 직접 연결을 위한 putty 설정

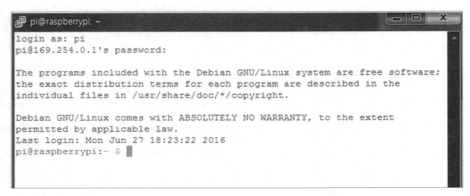

[그림 2-10] 랜(이더넷) 케이블 기반(pi 사용자 로그인)

라즈베리파이와 랜 케이블을 통해 직접 연결된 다음부터는 Host PC에 [그림 2-9]에 있는 putty와 같은 SSH 클라이언트 프로그램을 구동시켜 라즈베리파이 보드 내부를 제어할 수 있다.

2.2.2 공유기를 통한 LAN 케이블 연결

앞 부분에서 언급된 라즈베리파이와 Host PC를 랜 케이블을 직접 연결해도 되지만 공유기를 통하여 연결하여도 상관없다. 공유기에 연결하면 Host PC와 라즈베리파이가 동일한 네트워크상에 놓이게 되므로 같은 네트워크상의 어떤 PC 및 스마트폰에서도 연결할 수 있는 장점이 있다. 심지어 공유기를 통하여 구성된 네트워크가 아닌 외부 네트워크망에서도 라즈베리파이에 접속할 수 도 있다. 이 경우에는 공유기에 port forwarding 설정을 진행하여야 한다.

라즈베리파이를 공유기에 연결할 때 고정 IP 주소를 사용하여도 되지만, 대부분 경우 IP를 공유기로부터 동적으로 할당받는 방식을 많이 사용하므로 본 내용에서는 고정 IP 설정은 언급하지 않도록 하겠다. 동적 IP를 할당받기 위한 라즈베리파이 설정은 따로 필요하지 않고 공유기와 라즈베리파이에 랜 케이블 연결만 하면 된다.

이제는 라즈베리파이에 접속하기만 하면 되는데, 지금부터 문제점이 발생될 수 있다. SSH 클라이언트 프로그램을 사용하여 라즈베리파이에 접속하기 위해서는 라즈베리파이 보드에 할당된 주소를 알아야 한다. IP 주소가 고정이 아니라 동적 방식으로 할당되므로 매번 다를 수 있다는 것이다. 라즈베리파이에 할당된 IP 주소 정보를 확인하는 방법은 뒷부분 연결정보에서 다루도록 하겠다.

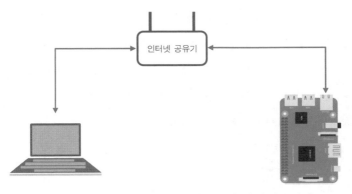

[그림 2-11] 라즈베리파이와 공유기를 통한 랜 케이블 연결

2.2.3 WiFi를 통한 연결

[그림 2-12]와 같이 WiFi 기반으로 라즈베리파이가 Host PC와 동일한 네트워크상에 연결되면 Host PC에서 무선으로 라즈베리파이에 접속할 수 있다. Host PC는 공유기에 반드시 무선으로 연결될 필요는 없고 유선이든 무선이든 라즈베리파이와 동일한 네트워크상에 있으면 된다.

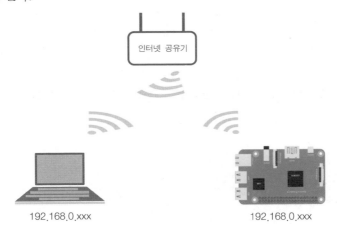

192.168.0.xxx   192.168.0.xxx

[그림 2-12] WiFi를 통한 연결 구조

공유기를 중심으로 Host PC와 라즈베리파이가 WiFi 기반으로 동일한 네트워크상에 위치하게 하여 라즈베리파이를 제어할 수도 있다. 이 방법에서는 라즈베리파이가 공유기에 접속하기 위해 공유기의 서비스 식별자 정보와 암호가 필요하다. 앞서 살펴본 콘솔 기반의 GUI로 로그인하면 쉽게 설정할 수 있지만 원격접속 시에서는 라즈베리파이에 서

비스 식별자 및 암호 정보들을 미리 등록해 두어야 한다. 설정해야 할 무선정보는 공유기의 서비스 식별자 정보와 암호이다. 이러한 정보들을 입력하기 위해서는 Host PC가 라즈베리파이와 연결되어야 하지만 Host PC와 라즈베리파이가 아직 무선으로 연결되지 않은 상태이므로 콘솔 기반 혹은 랜 케이블 직접 연결과 같은 방법으로 연결하여 아래와 같이 ssid(service set identifier)와 psk(pre-shared key) 정보를 설정한다.

```
network={
        ssid="MY_SSID"                    ← SSID (서비스 식별자 입력)
        psk="??????"                      ← 암호입력
}
```

위 내용을 "/etc/wpa_supplicant/wpa_supplicant.conf" 파일에 관리자 권한으로 넣어주면 된다. 위 정보를 wpa_supplicant.conf 파일에 추가하는 방법은 라즈비안에 내장된 나노 편집기 혹은 vi 편집기를 사용하면 된다. 나노 편집기를 사용하여 추가하기 위해서는 명령어 프롬프트 창에 $sudo nano /etc/wpa_supplicant/wpa_supplicant.conf와 같이 입력하여 아래 내용과 같이 편집한다. 아래 [그림 2-13]처럼 하나의 공유기 접속에만 국한되는 것은 아니며 다수의 공유기 접속에 대한 설정을 할 수도 있다. [그림 2-13]은 두 개의 공유기에 대한 설정 내용이다.

```
GNU nano 2.2.6    File: /etc/wpa_supplicant/wpa_supplicant.conf  Modified

country=GB
ctrl_interface=DIR=/var/run/wpa_supplicant GROUP=netdev
update_config=1

network={
        ssid="EMBUS"
        psk="jooomoyo"
}

network={
        ssid="EMBUS2"
        psk="jooomoyo"
}
```

[그림 2-13] 공유기 접속을 위한 SSID 및 PSK 설정

공유기에 대한 설정이 마무리되면 해당 설정 사항들을 적용시키기 위해 라즈베리파이 명령 창에서 $sudo reboot 입력하여 다시 부팅한다. 재부팅 후 공유기에 정상적으로 연결되었는지 확인하기 위해 라즈베리파이 명령어 프롬프트 창에 ifconfig 명령어를 입력

하면 라즈베리파이의 네트워크 인터페이스 정보들이 출력되고, 그 인터페이스들 중에서 wlan0 인터페이스 정보에서 할당된 IP 주소 정보를 확인하면 된다. 주소 정보가 확인되면 Host PC에서 ping 명령어를 사용하여 라즈베리파이에 접속해 보도록 한다. 응답 메시지가 오면 무선 연결이 정상적으로 이루어진 것이고 더 이상의 유선 연결 케이블들은 사용하지 않아도 된다.

```
                          ─── ifconfig 명령어 수행
pi@raspberrypi:~ $ ifconfig
eth0      Link encap:Ethernet   HWaddr b8:27:eb:▮▮▮▮▮▮
          UP BROADCAST MULTICAST  MTU:1500  Metric:1
          RX packets:406 errors:0 dropped:0 overruns:0 frame:0
          TX packets:82 errors:0 dropped:0 overruns:0 carrier:0
          collisions:0 txqueuelen:1000
          RX bytes:50482 (49.2 KiB)  TX bytes:21239 (20.7 KiB)

lo        Link encap:Local Loopback
          inet addr:127.0.0.1  Mask:255.0.0.0
          inet6 addr: ::1/128 Scope:Host
          UP LOOPBACK RUNNING  MTU:65536  Metric:1
          RX packets:136 errors:0 dropped:0 overruns:0 frame:0
          TX packets:136 errors:0 dropped:0 overruns:0 carrier:0
          collisions:0 txqueuelen:1
          RX bytes:11472 (11.2 KiB)  TX bytes:11472 (11.2 KiB)

wlan0     Link encap:Ethernet   HWaddr b8:27:eb:▮▮▮▮▮▮
          inet addr:192.168.0.7  Bcast:192.168.0.255  Mask:255.255.255.0
          inet6 addr: fe80::b393:6886:66f7:8554/64 Scope:Link
          UP BROADCAST RUNNING MULTICAST  MTU:1500  Metric:1
          RX packets:2732 errors:0 dropped:6 overruns:0 frame:0
          TX packets:615 errors:0 dropped:1 overruns:0 carrier:0
          collisions:0 txqueuelen:1000
          RX bytes:673462 (657.6 KiB)  TX bytes:92787 (90.6 KiB)
```

할당된 주소 확인

[그림 2-14] ifconfig 명령어를 통한 WiFi 접속 확인

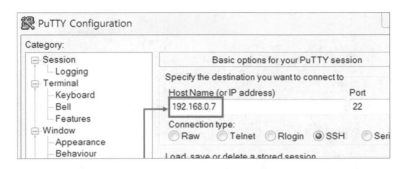

[그림 2-15] WiFi 인터페이스에 할당된 주소를 이용한 접속

공유기에 연결되어 IP 주소가 동적으로 할당되는 구조에서는 할당받은 IP 주소가 매번 변경될 가능성이 있어 IP 주소를 확인해야 하는 번거로움이 있지만 고유의 호스트 명을 사용하여 접속하면 IP 주소를 더 이상 사용할 필요가 없다. IP 주소가 변경되더라도 호스트 명은 변동이 없으므로 호스트 명을 사용한 접속은 상당히 편리하다. 이 방법을 사용하기 위해서는 삼바 프로그램을 라즈베리파이에 설치해야 한다. 자세한 내용은 뒤 부분에서 다루도록 하겠다.

2.2.4. Headless 접속방법

라즈베리파이에 모니터를 연결하거나 앞서 언급한 USB to TTL 시리얼 케이블을 사용하는 콘솔기반으로 접속하면 라즈베리파이의 WiFi 설정을 아주 쉽게 할 수 있다. 하지만 라즈베리파이에 연결할 수 있는 모니터도 없고 시리얼 케이블도 준비되지 않은 상황에서는 난감할 수 밖에 없다. 이러한 상황에서도 WiFi를 설정할 수 있는 방법을 라즈베리파이에서는 제공하고 주고 있으며 이러한 방법을 Headless 접속방법이라 하고 2016년 5월 운영체제부터 도입되었다.

앞서 언급하였듯이 운영체제 영역은 크게 부트 및 루트 영역으로 구분된다. 루트 영역과 달리 부트 영역은 FAT 파일 시스템으로 구성된 영역이라 윈도우즈 기반에서는 부트 영역의 파일을 읽고 쓸 수 있다. 2016년 5월 운영체제부터는 부트 영역에 위치한 /boot 폴더에 wpa_supplicant.conf 파일이 존재하면 부팅될 때 이 파일이 /etc/wpa_supplicant/wpa_supplicant.conf 파일로 이동되면서 무선랜 설정 작업이 자동적으로 이루어진다. 따라서, Headless 방법으로 WiFi를 설정하기 위해서는 부트 영역에 wpa_supplicant.conf 파일을 만들어 넣어두기만 하면 된다.

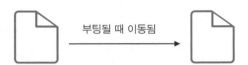

/boot/wpa_supplicant.conf   /etc/wpa_supplicant/wpa_supplicant.conf

[그림 2-16] 부팅 단계에서 부트영역의 wpa_supplicant.conf 파일이 루트영역으로 이동

이와 더불어 고려할 사항이 하나 더 있다. 2016년 11월 운영체제부터는 라즈비안에서 SSH는 기본적으로 비 활성화되어 있다. 라즈베리파이가 WiFi 기반으로 공유기를 중심

으로 Host PC와 동일한 네트워크에 존재하면 Host PC에서 라즈베리파이로 ping은 동작하겠지만 SSH가 활성화되지 않으면 putty와 같은 프로그램으로 라즈베리파이에 원격으로 접속할 수 없다. SSH 기반으로 라즈베리파이에 접속이 되지 않으므로 네트워크 기반의 원격접속이 불가능한 것이다. 라즈베리파이에서는 이러한 문제를 해결하기 위해 다음과 같은 방법을 제공하고 있다.

부트 영역에 ssh 파일이 존재하면 라즈베리파이가 부팅될 때 ssh가 활성화되고 부트 영역에 있는 ssh 파일은 삭제된다. ssh 파일은 내용이 없는 빈 파일이어도 상관없으며 확장자도 필요없다. ssh가 활성화되면 사용자가 일부러 비 활성화하지 않는 이상 활성화된 상태를 계속 유지한다. 따라서, 사용자는 부트 영역에 wpa_supplicant.conf 파일을 생성하였던 것처럼 ssh 파일을 부트 영역에 만들어 넣으면 된다.

위에서 언급한 내용들은 아래와 같이 정리될 수 있다.

WiFi 설정을 위해서 부트 영역에 wpa_supplicant.conf 파일을 생성
SSH 활성화를 위해서 부트 영역에 ssh 파일을 생성

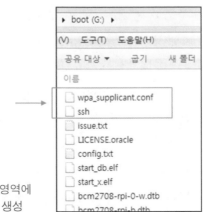

[그림 2-17] 윈도우 탐색기에서 부트영역에
wpa_supplicant.conf 및 ssh 파일 생성

부트영역에 wpa_supplicant.conf 파일과 ssh 파일을 생성하여 WiFi를 접속하는 방법과 SSH 동작을 활성화하는 Headless 방법은 콘솔 기반의 접속을 사용할 수 없는 환경에서 아주 유용하게 사용될 수 있으므로 필히 숙지하여야 한다.

2.3 라즈베리파이 연결 정보 확인하기

Host PC에서 SSH 클라이언트 프로그램을 사용하여 라즈베리파이에 접속하기 위해서는 라즈베리파이에 할당된 주소를 알아야 한다. 라즈베리파이가 공유기에 무선 혹은 유선으로 연결되어 IP 주소를 동적 할당받을 때, 라즈베리파이에 할당되는 주소는 매번 다를 수 있다. 주소를 알아야만 라즈베리파이에 접속이 가능하므로, 매번 달라질 수 있는 IP 주소로 인해 접속에 어려움이 있을 수 있다.

이번 장에서는 라즈베리파이 보드에 할당된 주소를 아래와 같은 방법들을 통해 쉽게 확인할 수 있는 과정에 대해서 다루도록 하겠다.

- 공유기를 통한 내부 네트워크 연결정보 확인
- 포트 및 IP 스캔 유틸리티 사용

2.3.1 라즈베리파이 보드의 물리적 주소(MAC 주소)

인터넷상의 모든 네트워크 카드는 고유의 물리적인 주소를 가지고 있다. 이러한 주소를 하드웨어 주소 혹은 MAC(Media Access Control) 주소로 부르기도 한다. MAC 주소는 6 바이트로 구성되어 있으며 앞 3 바이트는 제조업체 식별정보로 사용되고 나머지 3 바이트는 제조업체 내부에서 사용하는 시리얼 정보라고 생각하면 된다. 라즈베리파이에 사용하는 MAC 주소는 항상 b8-27-eb로 시작된다. 따라서 네트워크 연결 정보를 확인할 수 있는 테이블에 등록되어 있는 호스트의 MAC 주소가 b8-27-eb로 시작되면 그 호스트는 라즈베리파이라고 생각하면 된다.

만약 라즈베리파이 2 보드처럼 USB 형태의 네트워크 카드를 사용한다면 해당 제조사가 사용하는 MAC 주소를 참고해야 한다. 라즈베리파이 3 경우는 무선랜 카드가 보드상에 내장되어 있으므로 이더넷 부분과 무선랜 카드 모두 b8-27-eb로 시작되는 MAC 주소를 가지고 있다.

2.3.2 공유기를 통한 내부 네트워크 연결정보 확인

공유기에 DHCP 서버 기능이 포함되어 있으므로 공유기 내부 설정을 확인하면 라즈베리파이에 할당된 주소 정보를 쉽게 확인 가능하다. 공유기 접속 (대부분의 경우 웹 브라우저 창에서 192.168.0.1 입력) 후 내부 네트워크 연결 정보를 확인하면 [그림 2-18]과 같이 라즈베리파이 보드에 192.168.0.13 주소가 할당된 것을 확인할 수 있다. [그림 2-18]에서는 공유기에 접속된 라즈베리파이의 호스트 명이 "raspberrypi"로 되어 있으며 이 호스트 명은 라즈베리파이 내부 설정 과정에서 변경 가능하다. 여러 개의 라즈베리파이 보드들을 공유기에 연결한다면 각 보드들의 호스트 명을 각각 다르게 설정해야 라즈베리파이 보드들을 서로 구분할 수 있다.

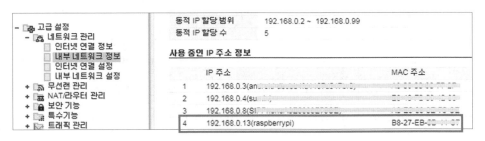

[그림 2-18] 공유기 내부 네트워크 연결정보를 통한 라즈베리파이 할당 IP 확인

만약 접속된 호스트의 이름으로 라즈베리파이 여부를 확인하기 어려울 경우 MAC 주소로 확인할 수도 있다. 라즈베리파이 보드에 내장된 네트워크로 접속이 되었다면 MAC 주소는 B8-27-EB로 시작되므로 MAC 주소만으로도 라즈베리파이 여부를 쉽게 확인할 수 있다. 라즈베리파이 2 보드에서 USB 무선랜 카드를 사용한 경우는 제조사에 따라 MAC 주소가 달라질 수 있다.

2.3.3 포트 및 IP 스캔 유틸리티 사용

라즈베리파이가 네트워크에 연결될 때 공유기로부터 IP주소를 동적으로 할당받는 경우가 많으므로 시점에 따라 할당되는 IP주소가 다를 수 있다. 이럴 경우 라즈베리파이에 접속하기 위해서는 할당된 IP주소를 먼저 알아야 한다. 네트워크상에 동작되는 여러 호스트 컴퓨터들의 정보를 찾을 수 있는 여러 유용한 유틸리티들이 있다. 일반 컴퓨터에서 동작되는 것도 있고 스마트폰에서 동작되는 애플리케이션들도 있다. 이러한 유틸리티들을 사용하여 라즈베리파이에 할당된 IP 주소를 확인한 다음에 Host PC에서 SSH 클라이언트 프로그램을 사용하여 접속하는 것이 좋다.

본 내용에서는 다음과 같이 사용하기에 간단한 유틸리티들을 살펴보고자 한다.

- Advanced IP Scanner
- Fing (스마트폰 앱)

위 프로그램을 실행할 호스트와 라즈베리파이는 반드시 동일 네트워크에 존재해야 하고 공유기의 IP 주소는 192.168.0.1이고 서브네트 마스크의 주소는 255.255.255.0으로 가정한다. 따라서 이 네트워크에 위치하는 라즈베리파이를 포함한 여러 호스트들은 192.168.0으로 시작되는 IP 주소를 가진다.

Advanced IP Scanner

이 프로그램은 사용하기가 아주 쉽다. [그림 2-19]에서와 같이 사용자는 검색할 IP 주소 범위를 입력 후, 스캔 버튼을 누르면 네트워크 상에서 해당 범위의 주소 공간을 검색하여 검색된 호스트들을 출력해 준다. [그림 2-19]처럼 라즈베리파이 보드에 할당된 주소를 쉽게 확인할 수 있다.

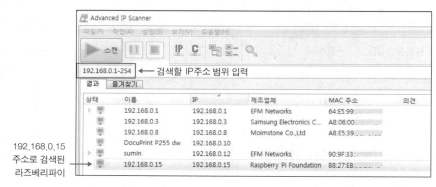

[그림 2-19] Advanced IP Scanner로 네트워크 공간의 IP 주소 범위 검색

Fing (스마트폰 앱)

스마트폰에서도 라즈베리파이에 할당된 IP 주소를 확인할 수 있는 여러 앱들이 있다. 대표적으로 Fing이라는 앱도 있고, PingTools 라는 앱도 있다.

Fing를 설치 후, 스마트폰을 라즈베리파이가 접속된 동일한 공유기에 WiFi로 접속하고 Fing을 실행한다. Fing 실행 후, 갱신 아이콘을 누르면 라즈베리파이를 포함한 공유기에 접속된 여러 Host들이 할당받은 IP 주소와 함께 [그림 2-20]과 같이 표시된다. 이와 같

은 방법으로 Host PC에서 라즈베리파이 IP 주소를
먼저 확인한 다음 라즈베리파이에 접속하면 된다.
IP 주소뿐만 아니라 MAC 주소의 앞 자리 세 바이
트가 라즈베리파이 재단에서 사용하는 B8:27:EB
로 시작되는 것을 확인하여 라즈베리파이 Host를
다시 한 번 확인할 수도 있다.

　　Fing 앱과 더불어 필자는 PingTools라는 앱도 자
주 사용하는 편이다. PingTools도 사용하기가 어
렵지 않으며 PingTools 메뉴 아래에 Local-Area
Network이라는 부 메뉴를 사용하면 라즈베리파
이에 할당된 IP 주소를 바로 확인할 수 있다.

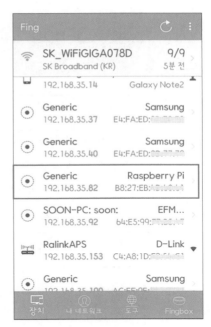

[그림 2-20] Fing 실행 후,
라즈베리파이 검색

2.4 인터넷 연결 확인

　　라즈베리파이에 프로그램을 설치하기 위해서는 반드시 인터넷에 연결되어 있어야 한
다. 라즈베리파이가 인터넷에 연결되어 있는 지는 다음과 같이 ping 명령어를 사용하여
입력한 주소로부터 응답 메시지가 수신되는 것으로 간단하게 확인할 수 있다.

```
pi@raspberrypi:~ $ ping www.google.com
PING www.google.com (74.125.203.147) 56(84) b
64 bytes from th-in-f147.1e100.net (74.125.20
64 bytes from th-in-f147.1e100.net (74.125.20
64 bytes from th-in-f147.1e100.net (74.125.20
64 bytes from th-in-f147.1e100.net (74.125.20
64 bytes from th-in-f147.1e100.net (74.125.20
64 bytes from th-in-f147.1e100.net (74.125.20
```
응답 메시지

[그림 2-21] 라즈베리파이 인터넷 연결확인을 위한 ping 명령어 사용

2.5 update 및 upgrade

유선 혹은 무선랜 기반으로 라즈베리파이가 인터넷에 접속되면 앞으로 여러 프로그램들을 라즈베리파이에 설치하게 된다. 뿐만 아니라 운영체제 이미지에 포함된 프로그램들을 최신 버전으로 변경해야 할 경우도 있을 수 있다. 그리고 몇몇 프로그램들은 운영체제에 포함된 프로그램이 최신이 아닌 경우 설치가 되지 않는 경우도 있다. 이러한 문제점들을 위해 가끔씩 라즈베리파이의 운영체제를 갱신할 필요가 있다. 라즈베리파이가 인터넷에 연결되어있는 상태에서 아래 명령어들을 가끔 실행하여 라즈베리파이의 운영체제 및 프로그램을 최신 정보로 유지하도록 하자.

```
$ sudo apt-get update
$ sudo apt-get upgrade
```

update 과정은 이미 설치되어 있는 프로그램을 최신버전으로 갱신하는 의미는 아니다. 이 과정은 /etc/apt/sources.list 파일에 명시된 저장소에서 프로그램 관련 정보들을 받아와 라즈베리파이에서 운용되는 프로그램들과 그 프로그램들과 의존관계에 있는 최신 정보를 APT(Advanced Packaging Tool) 툴이 가지도록 하는 것이다.

upgrade 과정은 /etc/apt/sources.list 저장소에 있는 프로그램들 중에서 현재 설치되어 있는 프로그램들을 최신 버전으로 갱신하는 것이다. 이 과정은 수행에 상당한 시간이 소비되므로 특별한 경우가 아니면 수행하지 않도록 한다.

2.6 호스트 이름으로 라즈베리파이 접속

이번 내용은 라즈베리파이가 가지고 있는 호스트 이름을 사용하여 라즈베리파이에 접속하는 방법을 알아보도록 하겠다.

앞서 언급하였듯이 라즈베리파이의 IP 주소가 동적으로 할당되는 경우에는 네트워크에 접속될 때마다 IP 주소가 변동될 가능성이 있어 라즈베리파이 접속 전에 주소를 미리 확인해야 하는 번거로움이 있다. 그뿐만 아니라 IP 주소가 변동되지 않더라도 그 주소를 기억해야 하는 부담감이 있으며 쉽게 잊어 버리기도 한다. 만약 라즈베리파이의 호스트 명을 사용하여 접속을 할 수 있다면 라즈베리파이에 할당된 IP 주소가 변경되더라도 그 호스트 명은 변동이 없으므로 IP 주소를 확인할 필요 없이 쉽게 접속할 수 있다. 호스트 명을 사용한 접속은 라즈베리파이에 접속할 수 있는 방법들 중에서 가장 편리하면서도 쉬운 방법이다. 이 방법을 사용한다면 더 이상 SSH 클라이언트 프로그램에서 라즈베리파이의 IP 주소를 기억할 필요는 없다.

호스트 명을 사용하여 라즈베리파이에 접속하기 위해서는 삼바라는 프로그램을 설치해야 한다.

2.6.1 삼바(Samba) 설치

리눅스에서는 삼바(Samba)를 많이 사용하고 있다. 삼바라는 것은 서로 다른 운영체제 및 서로 다른 파일시스템을 가지는 윈도우즈와 리눅스 사이의 파일 교환이나 프린터 공유 사용을 목적으로 만들어진 자원 공유 프로토콜 중의 하나이다. 라즈베리파이에 삼바를 설치하면 라즈베리파이는 삼바 서버로 동작하고 윈도우는 삼바 클라이언트가 되어 윈도우에서 탐색기를 사용하여 라즈베리파이 시스템에 접근할 수 있다.

지금부터 다룰 내용은 삼바 설치로 인해 생기는 가장 큰 이점에 대해 다루고자 하며 이 것은 삼바 본연의 기능보다 부가적인 기능으로 인해 생기는 이점이다. 결론을 먼저 언급하면 다음과 같다.

삼바를 설치하면 라즈베리파이의 IP 주소를 몰라도 된다.

호스트 명을 사용한 접속

삼바가 설치되면 관련된 여러 패키지들이 함께 설치되는데 이 패키지들 중에 winbind 패키지는 NetBIOS 인터페이스 기능을 가지고 있다. NetBIOS 인터페이스 기능을 통하여 라즈베리파이는 자신의 이름을 네트워크상에 브로드캐스트(broadcast)하고 네트워크상의 호스트들은 브로드캐스팅된 라즈베리파이의 이름 정보를 가지고 있게 된다. 따라서 네트워크상의 호스트들은 라즈베리파이의 호스트 명을 사용하여 접속할 수 있다는 것이다.

라즈베리파이에 삼바 서버 프로그램을 설치하기 위해서는 인터넷이 연결되어 있는 상태에서 $ sudo apt-get install samba를 수행한다. 윈도우즈와 파일 공유를 위해 삼바를 설치한다면 추가적으로 설정해야 할 부분이 많이 있지만 지금은 호스트 명을 사용한 접속이 목적이므로 더 이상의 설정은 필요 없다.

$ sudo apt-get install samba   (삼바 프로그램 설치)
C:\> ping raspberrypi   (윈도우즈에서 라즈베리파이 연결 확인)

만약 삼바가 설치되지 않으면 $sudo apt-get update 명령을 수행하여 패키지 갱신을 해준다. 삼바 설치 후 [그림 2-22]와 같이 Host PC에서 ping 명령어에 IP 주소 대신에 라즈베리파이 호스트 이름을 사용하면 라즈베리파이 보드와 연결 여부를 확인할 수 있으며 할당된 주소도 알 수 있다.

IP 주소 확인됨 →

[그림 2-22] 호스트 이름으로 ping 명령어 수행 및 IP 주소 확인

라즈베리파이의 호스트 이름은 기본적으로 raspberrypi로 되어 있지만 부팅 후, 관리자 권한으로 raspi-config 명령어를 실행하여 호스트 이름을 변경할 수 있다. [그림 2-23]에서는 SSH 클라이언트 프로그램에서 기존의 IP 주소 대신 라즈베리파이의 호스트 이름을 사용하여 접속하는 과정을 보여준다.

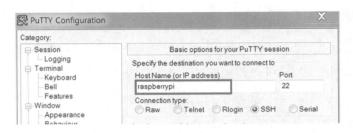

[그림 2-23] 호스트 이름을 사용한 SSH 접속

2.7 시스템 종료와 재시작

원격으로 연결된 라즈베리파이를 Host PC에서 종료하거나 재시작하기 위해서는 Host PC에서 실행 중인 터미널 프로그램에서 아래와 같이 shutdown과 reboot 명령어를 관리자 권한으로 실행하면 된다.

- 시스템 종료

  $ sudo shutdown —h now

- 시스템 재시작

  $ sudo reboot

CHAPTER

03

Using the RaspberryPi 3 for Internet of Things

라즈베리파이 기본 설정

라즈베리파이 부팅 후 효과적인 사용을 위해서는 아래와 같은 여러 설정 작업들이 필요하다.

- 호스트 명 변경
- 암호 변경
- 폰트 관련 로케일
- SSH 설정

   ...

3.1 raspi-config

라즈베리파이 보드에 대한 여러 중요한 기본 설정 작업을 진행할 수 있는 명령어이다. 프롬프트상에서 아래와 같이 sudo를 사용하여 관리자 권한으로 raspi-config 명령을 실행하도록 한다.

```
$ sudo raspi-config
```

위와 같이 실행하면 화면에 여러 설정 메뉴들이 표시된다. 이 설정들에서 꼭 변경되어야 할 항목을 살펴 보도록 한다.

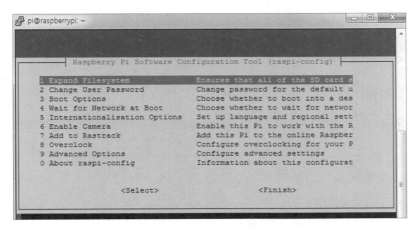

[그림 3-1] raspi-config 실행 화면

Expand Filesystem

앞서 언급한 것처럼 4GB 이상의 SD 카드를 사용하면 4GB까지만 사용되고 나머지 부분은 사용되지 않는다. 사용되지 않는 추가적인 영역을 리눅스 시스템에서 사용하도록 설정하는 작업이 필요하다. 이 작업은 리눅스가 기록되어 있는 루트 파티션을 사용하지 않고 남아 있는 저장 공간으로 확장하는 개념이다. 이러한 저장 공간 확장이 이루어지지 않으면 새로운 프로그램을 설치할 때 공간부족으로 인해 프로그램 설치가 되지 않을 수 있다.

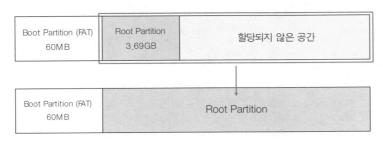

[그림 3-2] 파일시스템 확장으로 인한 루트 영역 공간 확장

위와 같은 방법으로 파티션 영역을 확장하면 부트 영역을 제외한 SD 카드의 전 영역을 리눅스 시스템에서 사용할 수 있다. 이 방법은 반드시 진행되어야 하는 설정이지만 2016-05-10 운영체제부터는 처음 부팅될 때 /boot/cmdline.txt파일에 명시된 쉘 스크립트 프로그램인 **init=/usr/lib/raspi-config/init_resize.sh** 파일에 의해 자동적으로 파티션 확장이 수행되도록 되어 있어 더 이상 수행할 필요는 없다.

Change User Password

시스템에 로그인을 위해 raspberry로 되어 있는 기본 설정 암호를 변경할 수 있다.

Boot Options

라즈베리파이가 키보드, 마우스 및 HDMI 모니터가 연결되어 있는 환경에서 부팅될 때, 콘솔 기반으로 부팅할 지 아니면 GUI 환경으로 부팅할 지를 선택할 수 있으며 사용자 계정을 사용하여 자동 로그인 할 지를 선택할 수 있다. 시리얼이나 SSH 기반의 원격 접속에서는 해당사항이 없다.

Internationalisation Options/Change Locale

이 설정이 타 설정들에 비해서 제일 중요한 설정으로 사용자의 언어, 문자, 국가에 관한 설정이다. 언어설정 창에서 아래에 있는 그림처럼 en_GB.UTF-8, en_US.UTF-8, ko_KR.UTF-8을 선택한다. 선택할 때는 spacebar를 눌러서 선택할 수 있다. 해당 언어들을 선택 후 방향 키를 눌러서 기본 시스템 언어로 한국어를 선택하도록 한다.

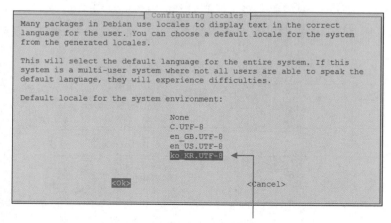

Default 시스템 언어로 한국어를 선택

[그림 3-3] 시스템 언어 설정

Internationalisation Options/Change Timezone

시간 대역을 선택하는 사항이다. Asia/Seoul를 선택하도록 한다.

Internationalisation Options/Change Keyboard Layout

키보드 레이아웃을 선택하는 옵션이다. 라즈베리파이에 USB 키보드를 연결한 다음 진행해야 한다. Generic 105-key(Intl) PC/other/Korean/Korean-Korean (101/104 key compatible)/The default for the keyboard layout/No Compose Key 순으로 선택하도록 한다.

Advanced Options/Hostname

호스트 명이란 네트워크에 연결된 각 장치들이 가지는 고유한 이름을 의미한다. 이 설정은 라즈베리파이의 호스트 명을 변경한다. 기본 호스트 명은 raspberrypi로 설정되어 있다. 호스트 명을 변경하면 IP 주소 대신에 기억하기 쉬운 호스트 명으로 라즈베리파이에 접속할 수 있어 상당히 편리하다. 호스트 명으로 접속하기 위해서는 삼바 프로그램을 설치해야 한다. 여기서 변경되는 호스트 명은 /etc/hosts 파일에 반영된다.

Advanced Options/Serial

라즈베리파이에는 40개의 확장 핀들이 있으며 그 중에 UART 용도로 사용할 수 있는 핀들이 있다. 이 핀들을 시리얼 포트 용도로 사용할 지를 선택하는 옵션이다. Yes를 선택하여 사용하도록 설정한다. 이 옵션에서 Yes를 선택하는 것은 /boot/config.txt 파일에 enable_uart=1 문구를 추가하는 것과 동일하다.

3.2 한글 입력기 및 한글 폰트 설치

raspi-config 명령어와 별도로 한글을 입력할 수 있는 한글 입력기 및 한글 폰트를 설치해야 라즈베리파이 운영체제에서 한글을 사용할 수 있다. 다음과 같이 진행하도록 한다.

한글 폰트 설치
```
$ sudo apt-get install fonts-unfonts-core
```

다국어 입력기 및 한글 입력기 설치
```
$ sudo apt-get install ibus ibus-hangul
```

라즈베리파이 시스템 설정

본 내용에서는 라즈베리파이 시스템 관련 내용과 외부 하드웨어 장치들을 제어하기
위해 필요한 설정에 관련된 내용을 다루도록 하겠다.

4.1 cmdline.txt, config.txt

/boot 폴더 아래에는 시스템 설정과 관련된 cmdline.txt과 config.txt 두 개의 중요한 파
일이 있다. cmdline.txt 파일에 명시된 항목들은 리눅스가 부팅될 때, 커널로 전달할 파라
미터들이고 config.txt 파일에는 시스템 설정과 관련된 내용으로 구성되어 있다.

4.1.1 cmdline.txt

cmdline.txt 파일은 아래와 같은 내용으로 구성되어 있으며 해당 항목들은 거의 수정
할 필요가 없지만 몇 가지만 살펴보도록 하겠다.

```
dwc_otg.lpm_enable=0 console=serial0,115200 console=tty1
root=PARTUUID=49783f5b-02 rootfstype=ext4 elevator=deadline fsck.repair=yes
rootwait quiet init=/usr/lib/raspi-config/init_resize.sh splash plymouth.ignore-serial-
consoles
```

console=serial0,115200 console=tty1

시리얼 관련 내용에서 다시 언급되겠지만 console=serial0,115200 의미는 serial0 장치를 115200bps 속도의 콘솔 기능으로 사용하겠다는 의미이다. serial0 장치의 위치는 아래와 같이 확장 포트에 위치한다. serial0를 콘솔 용도가 아닌 시리얼 통신 용도로 사용하려면 해당 부분을 삭제하면 된다.

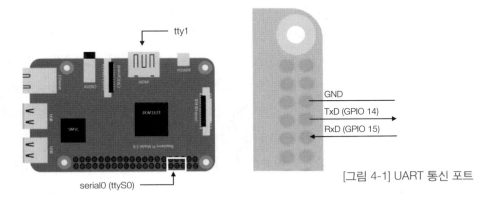

[그림 4-1] UART 통신 포트

장치파일들이 모여있는 /dev 폴더를 확인해 보면 serial0 → ttyS0 문구로 인해 serial0 장치파일이 ttyS0 장치를 링크하고 있는 파일이라는 것을 확인할 수 있다. 따라서 serial0 와 ttyS0는 서로 동일한 장치이므로 아래와 같이 명시하여도 상관없다.

```
console=ttyS0,115200
```

console=tty1 의미는 tty1 장치를 콘솔 기능으로 사용하겠다는 의미이다. tty1 장치는 라즈베리파이에 연결된 HDMI 모니터와 키보드라고 생각하면 된다.

root=PARTUUID=49783f5b-02

이 내용을 설명하기 전에 먼저 범용 고유 식별자 값인 UUID (universally unique identifier)를 이해해야 한다. UUID는 각 장치들을 서로 구분하기 위하여 사용되며 중복되는 값이 거의 나올 수 없는 고유의 값이다. PARTUUID라는 것은 하나의 장치 아래에는 여러 파티션 장치들이 포함되어 있을 수 있으므로 해당 장치의 각 파티션 장치마다 부여된 고유의 식별자 값을 의미한다.

root=... 가 의미하는 내용은 라즈비안 운영체제가 포함된 루트(root) 영역을 명시하는 것으로 예전 라즈비안 버전에는 root=/dev/mmcblk0p2와 같이 사용되었지만 USB와 같은 다른 여러 외부 장치들에서의 부팅도 지원하기 위해 리눅스 운영체제가 저장되어 있는 장치의 고유 식별자 값을 명시하는 방식으로 변경되었다. 물론 root=/dev/mmcblk0p2 문구는 최신 라즈비안에도 여전히 사용될 수 있다. 만약 USB 장치의 고유 식별자 대신에 예전처럼 장치이름을 사용한다면 외부에 연결되는 USB 장치들을 라즈베리파이 입장에서는 서로 구분할 수 없으므로 라즈비안 운영체제가 포함된 USB 장치는 모두 부팅되는 것이다. 따라서, 라즈비안 운영체제가 포함된 여러 USB 장치들 중에서 원하는 USB 장치에 포함된 라즈비안을 부팅하기 위해서는 장치의 고유 식별자 값이 필요해지는 것이다. MicroSD에 저장된 라즈비안을 사용한다면 고유 식별자 대신에 장치 명을 사용하여도 상관 없지만 향후 확장성까지 고려한다면 라즈비안이 저장된 장치의 고유 식별자 값을 명시하는 것이 더 바람직하다. 결국 root=PARTUUID=49783f5b-02는 라즈비안이 저장된 장치가 49783f5b-02 값을 고유 식별자로 가지는 파티션 장치를 의미하는 것이다.

만약 USB 장치에 있는 라즈비안을 부팅 하려면 MicroSD 카드의 /boot/cmdline.txt 파일에 라즈비안이 저장된 USB 장치의 파티션 고유 식별자 값을 root=PARTUUID=... 와 같이 명시하면 USB 내부에 있는 라즈비안이 부팅되는 것이다. 참고로, 이 방식이 2017-04-10 라즈비안 버전부터 지원되는 USB 부팅을 의미하는 것은 아니다.

리눅스에서 장치의 고유 식별자 값을 확인하는 방법들은 아래와 같이 blkid 명령어를 관리자 권한으로 수행하거나 /etc/fstab 파일 내용을 확인하면 된다.

```
$ cat /etc/fstab
proc                        /proc    proc    defaults              0    0
PARTUUID=954a42db-01        /boot    vfat    defaults              0    2
PARTUUID=954a42db-02        /        ext4    defaults,noatime      0    1

$ sudo blkid
/dev/mmcblk0p1: LABEL="boot" UUID="0298-4814" TYPE="vfat" PARTUUID="954a42db-01"
/dev/mmcblk0p2: LABEL="rootfs" UUID="d4f0fd64-ad9d-4cfd-aa76-8d3541fbf008"
                TYPE="ext4" PARTUUID="954a42db-02"
/dev/mmcblk0:   PTUUID="954a42db" PTTYPE="dos"
```

splash

이 내용은 부팅 중에 HDMI로 연결된 모니터 상에 splash 이미지를 출력하도록 하는 설정이다. splash 이미지는 아래 그림과 같다. 만약 이 문구가 삭제되면 아래 그림은 부팅 중에 HDMI 모니터 상에 출력되지 않을 것이다.

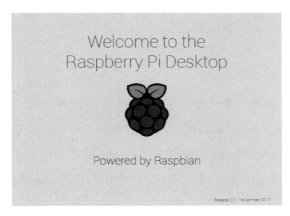

[그림 4-2] splash 그림

plymouth.ignore-serial-consoles

이 내용은 부팅 중에 시리얼 기반의 콘솔 채널로 부팅 메시지를 출력하지 않도록 하는 것이다. 이 부분을 삭제하면 부팅과정에서 출력되는 부팅 메시지가 확장 핀에 있는 콘솔 기반의 시리얼 포트로 출력되어 Host PC에서 Putty 혹은 하이퍼터미널과 같은 시리얼 터미널 프로그램을 사용하여 부팅 메시지를 확인할 수 있다. 이 문구는 삭제하여 부팅 메시지를 확인하는 것이 개발단계에서는 더 바람직하다고 생각된다.

rootfstype=ext4

리눅스에서 사용하는 루트 파일 시스템을 명시하는 것으로 ext4를 리눅스 파일 시스템으로 사용하겠다는 의미이다.

ip

SSH 기반 접속을 위해 Host PC와 라즈베리파이를 랜 케이블로 직접 연결하는 경우가 있을 수 있다. 이럴 경우에 아래 내용을 추가하여 라즈베리파이의 랜 카드에 ip 주소를 고정시키면 편리하게 사용할 수 있다. 연결되는 Host PC의 ip 주소가 동적 혹은 고정일 경우에 따라 아래와 같이 설정하도록 한다. 아래 사항들을 설정할 경우에는 띄어쓰기를 하지 않도록 한다. 만약 ip 값을 설정한 후 Host PC와 라즈베리파이 사이에 랜 케이블로 연결되지 않으면 부팅에 많은 시간이 지연될 수 있으니 주의하도록 하자.

> ip=169.254.0.1   ← Host PC의 IP 주소가 동적일 경우
> ip=10.11.12.1   ← Host PC의 IP 주소가 고정이고 10.11.12.xxx에 해당하는 경우

quiet

만약 quiet 문구가 사용되면 라즈베리파이가 부팅될 때 부팅 메시지를 콘솔로 출력하지 않는다. 따라서 라즈베리파이에 HDMI 모니터가 연결되어도 부팅 메시지를 확인할 수 없으며 Host PC와 시리얼로 연결되어 있어도 Host PC에서 부팅 메시지를 확인할 수 없다. 그러므로 부팅과정에 부팅 메시지를 확인하려면 이 문구를 삭제해야 한다.

init=/usr/lib/raspi-config/init_resize.sh

이 내용은 부팅과정에 위 경로에 명시된 쉘 스크립트 실행파일인 init_resize.sh를 수행시킨다는 의미이다. init_resize.sh 파일의 기능은 라즈베리파이가 부팅될 때 파일시스템 확장이 수행되도록 하는 것이다. 앞서 언급한 것처럼 4GB 이상의 MicroSD 카드를 사용할 경우 4GB를 넘어선 영역은 할당되지 않는 공간이라서 리눅스 시스템에서 사용할 수 없는 공간이라고 하였다. 이와 같은 할당되지 않은 영역을 리눅스 시스템의 루트영역으로 편입시키기 위해서는 부팅 후, raspi-cong 명령을 관리자 권한으로 수행하여 그 아래 있는 파일 시스템 확장기능을 수동으로 진행하였다. 하지만 위 문구를 cmdline.txt 파일에 추가하면 라즈베리파이가 부팅될 때 자동적으로 파일시스템 확장이 수행되므로 부팅 후 별도의 작업이 필요하지 않게 된다. 이 문구는 최초 부팅 전에는 확인되지만 그 이후부터는 확인되지 않는다. 만약 라즈베리파이가 한 번이라도 부팅이 되었다면 이 문구는 파일시스템 오류를 방지하기 위하여 cmdline.txt 파일에서 자동적으로 삭제되기 때문이다.

4.1.2 config.txt

/boot/config.txt 파일을 통하여 시스템에 관련된 여러 하드웨어 설정을 진행할 수 있다. i2c, spi 및 serial과 같은 통신을 사용하려면 raspi-config를 관리자 권한으로 실행하여 사

용 설정을 할 수도 있지만 /boot/config.txt 파일을 직접 편집하여도 가능하다. 이외에도 여러 전반적인 하드웨어 관련 설정을 수행할 수 있다.

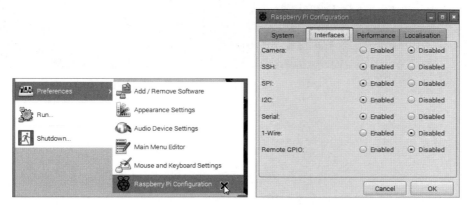

[그림 4-2] GUI 환경에서 하드웨어 설정

enable_uart=1

라즈베리파이 3B에는 BCM2837 CPU로부터 두 개의 UART 채널을 사용하고 있다. 하나는 확장 40핀에 연결되어 있으며 나머지 하나는 블루투스에 연결되어 있다. 이러한 UART 채널들을 사용하기 위해서는 위 내용이 설정되어야 한다.

start_x=1

카메라를 사용할 경우에는 이 설정을 사용하도록 한다.

gpu_mem=128

라즈베리파이에 있는 램 공간은 CPU와 GPU(Graphics Processing Unit)가 함께 나누어 사용한다. gpu_mem 의미는 GPU가 그래픽 처리에 사용할 램 공간의 크기를 지정하는 것으로 단위는 메가바이트이다. 최소 16 이상으로 설정되어야 하고 기본 값을 64로 설정되어 있다. 카메라를 사용하거나 기타 영상 관련 작업을 할 경우에는 128 이상으로 설정하는 것이 좋다.

사용 유틸리티

라즈베리파이를 제어할 때 사용할 수 있는 여러 유틸리티들을 살펴보도록 하겠다. 지금부터 언급할 유틸리티들을 상황에 맞게 잘 사용하면 라즈베리파이를 효과적이고 편리하게 제어할 수 있다. 이러한 유틸리티들은 라즈베리파이를 제어하기 위해 Host PC에서 동작된다. 대부분 윈도우즈 기반에서 아래 유틸리티들을 수행하면서 라즈베리파이를 제어하게 될 것이다.

- SSH 기반
  Putty
  SmarTTY
  WinSCP

- 시리얼 터미널
  Putty

- 기타
  Notepad++

5.1 SSH 기반

앞서 언급하였듯이 SSH는 네트워크상에서 타 컴퓨터에 암호화된 방식으로 접속하여 연결된 컴퓨터의 명령어를 실행하거나 파일을 복사 및 삭제할 수 있도록 해 주는 일종의 프로토콜이라고 했다. 라즈베리파이는 부팅 시부터 SSH 서버로 동작되고 있으므로 윈도우즈가 운용되는 Host PC에서는 SSH 클라이언트 프로그램을 사용하여 SSH 서버에 접속해야 한다. 이러한 SSH 프로토콜 기반의 클라이언트 프로그램들은 아주 많이 있으며 그중에서 대표적으로 사용되는 Putty와 SmarTTY에 대해서 살펴보도록 하겠다.

5.1.1 Putty, SmarTTY, WinSCP

(1) Putty

Putty는 라즈베리파이를 SSH 기반 원격 접속할 때 가장 많이 사용되는 기본적인 프로그램이고 사용 방법도 아주 쉽다. Putty 프로그램은 인터넷 검색으로 바로 찾을 수 있고 무료로 사용할 수 있다. 프로그램 설치 후 실행하면 아래와 같은 그림이 나온다.

[그림 5-1] Putty를 이용한 SSH 접속 설정

라즈베리파이와 Host PC가 같은 네트워크상에 존재하는 상태에서 [그림 5-1]의 Session 카테고리에서 SSH 선택, Host Name에 라즈베리파이의 IP 주소를 입력하고 Port는 22로 설정한다. 만약 라즈베리파이에 삼바가 설치되어 있다면 IP 주소 대신에 라즈베리파이의 호스트 명을 입력해도 된다. 라즈베리파이의 기본 호스트 명은 "raspberrypi"로 설정되어 있다. 위와 같이 입력 후 연결 버튼을 누르면 Putty 창에서 라즈베리파이와 연결되는 과정을 확인할 수 있다.

라즈베리파이에서 한글을 사용하는 경우 아래 그림과 같이 Translation 카테고리 Remote character set을 'UTF-8'로 설정하여 한글 문자열이 깨지는 현상을 방지하도록 한다. 만약 UTF-8 설정 이후에도 한글 문자열이 깨지면 'Use font encoding'을 선택하도록 한다.

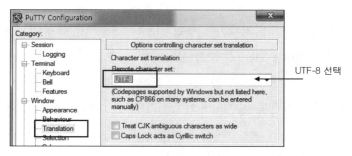

[그림 5-2] Translation/Remote character set(UTF-8 선택)

Putty는 SSH 접속으로 사용할 뿐만 아니라 시리얼 포트 터미널 용도로 사용할 수도 있다. 시리얼 포트 터미널 용도는 뒷부분에서 다시 다루도록 하겠다.

(2) SmarTTY

Putty 외에도 다양한 SSH 클라이언트 프로그램들이 있다. 필자가 사용해본 SSH 클라이언트에는 SmarTTY라는 무료 프로그램도 있다. 이 프로그램은 smartty.sysprogs.com에서 다운받을 수 있다. 이 프로그램은 사용자 인터페이스도 편하고 SSH 터미널 창에 출력되는 메시지에 대해 Copy&Paste 기능이 잘 되어 있는 것 같다. 사용방법은 Putty와 아주 유사하다. SmarTTY를 실행하면 [그림 5-3]과 같이 "Setup a new SSH connection" 아이콘을 누른 다음 라즈베리파이의 IP 주소, 사용자 이름 및 암호를 입력하면 라즈베리파이와 연결된다.

[그림 5-3] SmarTTY를 통한 연결 절차

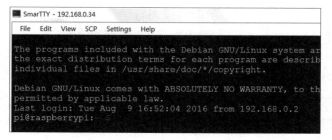

[그림 5-4] SmarTTY를 사용하여 라즈베리파이와 연결된 화면

(3) WinSCP

SCP(Secure Copy)는 두 호스트 사이에 파일을 안전하게 송수신할 수 있는 SSH 기반의 프로토콜이다. 이 프로토콜을 사용한 프로그램도 많이 존재하며 그 중에서도 WinSCP는 Putty와 더불어 많이 사용되는 대표적인 프로그램이다. winscp.net가 공식 사이트이며 여러 사이트에서도 다운받을 수 있다. 이 프로그램을 사용하면 라즈베리파이의 모든 폴더들을 아주 편리하게 탐색할 수 있다. [그림 5-5]와 같이 파일 프로토콜로 SCP를 선택하고 IP 주소를 포함한 나머지 정보들을 입력하여 라즈베리파이에 접속할 수 있다.

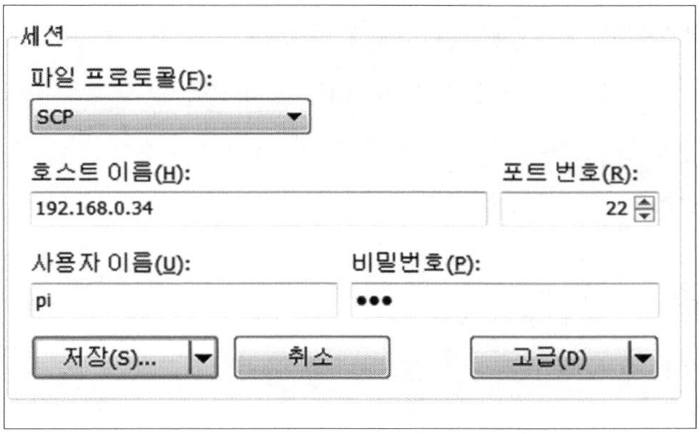

[그림 5-5] WinSCP 접속 설정

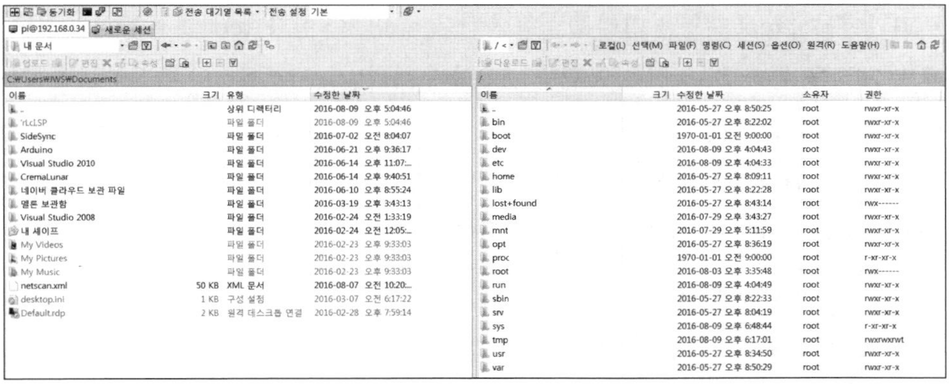

Host PC 폴더　　　　　　　　　　　　　　　라즈베리파이 폴더

[그림 5-6] WinSCP 실행 화면

WinSCP를 사용하여 라즈베리파이에 접속하면 [그림 5-6]과 같이 왼쪽은 Host PC 오른쪽은 라즈베리파이의 폴더가 보여진다. 이 프로그램을 사용해서 사용자는 라즈베리파이 폴더를 편리하게 탐색할 수 있으며 파일도 GUI 환경에서 바로 열어 Host PC에서 쉽게 편집할 수 있는 장점이 있다. 한쪽의 파일을 선택하여 반대편으로 drag&drop 방식으로 쉽게 복사할 수도 있다.

WinSCP 프로그램에서 라즈베리파이에 있는 모든 파일을 편집할 수는 없다. 경우에 따라 파일이 열리지 않는 경우도 있으며 수정이 되지 않는 경우가 있을 수 있다. 이유는 WinSCP를 사용하여 라즈베리파이에 접속할 때 일반 사용자 권한으로 접속하였기 때문이다. root 사용자로 접속하였다면 모든 파일을 자유롭게 편집할 수 있다. 하지만 내부적으로 SSH 방식을 사용하는 WinSCP 프로그램에서는 기본적으로 root 사용자로 접속할 수는 없다. 예를 들어 /boot/cmdline.txt 파일을 수정 후 저장하려 하면 [그림 5-7]과 같은 접근 권한 오류가 발생한다. 따라서 이러한 오류가 발생되지 않도록 하려면 root 사용자 권한으로 접속해야 한다.

[그림 5-7] 일반 사용자 로그인 후 접근 권한 오류

기본적으로 root 사용자 접속은 허용되지 않으므로 root 사용자 접속이 되려면 라즈베리파이에서 root 계정을 미리 활성화한 다음 접속해야 한다. root 계정 활성화 방법은 **루트 계정을 통한 SSH 접속** 단원을 참고하기 바란다. 루트 계정이 활성화되면 [그림 5-8]과 같이 root 계정으로 접속할 수 있으며 접속이 되면 WinSCP 타이틀 바에 root@xxx.xxx.xxx.xxx와 같이 표시되는 것을 확인할 수 있다. root 계정으로 접속이 이루어지면 라즈베리파이에 있는 모든 파일에 대해 편집할 수 있다.

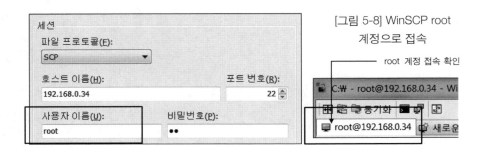

[그림 5-8] WinSCP root 계정으로 접속

지금까지 SSH 기반으로 라즈베리파이와 접속할 수 있는 클라이언트 프로그램들을 살펴보았다. 위 언급된 프로그램들 외에도 심지어 스마트폰에서 사용 가능한 SSH 클라이언트들도 다수 존재한다. 스마트폰에 SSH 클라이언트 프로그램을 설치하면 스마트폰에서도 라즈베리파이에 SSH 기반으로 접속할 수 있다.

5.2 시리얼 터미널

라즈베리파이와 Host PC를 연결할 때 SSH 외에도 시리얼 기반으로 연결해야 할 경우도 있다. 시리얼 터미널 용도로 사용할 경우는 라즈베리파이 보드의 확장 핀들에서 UART 기능을 하는 핀들과 Host PC를 연결하여 콘솔 기능 혹은 시리얼 통신 용도로 사용할 수 있다. 연결의 자세한 정보는 Host PC 연결 부분을 참조하기 바란다.

Putty 프로그램은 SSH 클라이언트 용도뿐만 아니라, 시리얼 터미널 용도로도 사용될 수 있다. Putty를 시리얼 터미널 용도로 사용하기 위해서 [그림 5-9]와 같이 Serial 카테고리에서 COM 포트 번호를 입력하고 Speed(Baud Rate)를 115200, Flow Control을 None로 선택한다. COM 포트 번호는 라즈베리파이와 연결될 때 변경될 수 있으므로 연결 전에 Host PC의 COM 포트 번호를 미리 확인해야 한다. COM 포트 번호는 라즈베리파이와 연결 후 Host PC의 장치관리자 메뉴 아래 포트 부분에서 확인할 수 있다.

시리얼 포트에 대한 설정이 마무리되면 [그림 5-10]과 같이 Session 카테고리의 Serial line 및 Speed 창에 포트 번호와 통신속도를 입력하여 열기 버튼을 누르면 포트가 열리고 시리얼 포트를 통해서 수신되는 데이터를 창에 표시할 수 있게 된다.

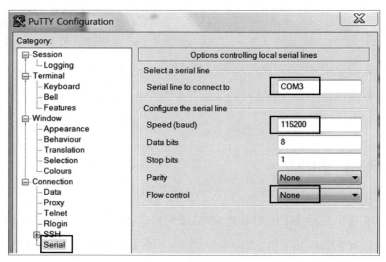

[그림 5-9] 시리얼 포트 설정

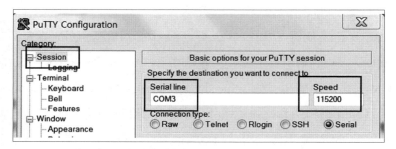

[그림 5-10] 시리얼 포트 접속(COM3, 115200bps)

Host PC에서 사용할 수 있는 시리얼 터미널 프로그램은 Putty 외에도 아주 많이 있다. 유명한 하이퍼 터미널(Hyper Terminal)을 사용할 수도 있고, 테라텀(Teraterm)과 같은 프로그램을 사용해도 된다.

5.3 Notepad++

리눅스 기반에서 동작되는 라즈베리파이에서 파일이나 코드를 편집하기 위해서는 Nano 편집기 혹은 vi 편집기를 사용할 수 있다. vi 편집기는 기능이 많지만 배우기가 쉽지 않고 Nano 편집기는 배우기 쉽고 간단하지만 기능이 많지 않다. 그리고, 리눅스 기반에서 동작되는 이러한 편집기들은 GUI 환경에 익숙한 사용자들이 사용하기엔 다소 불편한 인터페이스를 제공하고 있다. 라즈베리파이 내부에 있는 파일을 원격으로 접속되어 있는 GUI 기반의 Host PC에서 편집할 수 있다면 상당히 편리할 것이다.

Notepad++는 이러한 기능을 제공해 주고 있다. Notepad++를 실행하면 내부적으로 라즈베리파이와 SSH 기반 원격으로 접속되면서 라즈베리파이 내부의 파일을 윈도우즈 기반의 PC에서 편집할 수 있어 상당히 편리하다. 라즈베리파이에서 파이썬 코드나 C 코드를 작업할 경우에 Notepad++를 사용하면 아주 편리하게 작업할 수 있다. 실제로 라즈베리파이에서 프로그래밍 작업할 때 Notepad++은 많이 사용되고 있다. Notepad++에 다양한 플러그인(Plug-In)을 설치하면 여러 기능을 확장시킬 수 있다. Notepad++는 https://notepad-plus-plus.org/ 사이트에서 받을 수 있고 무료로 사용할 수 있는 프로그램이다.

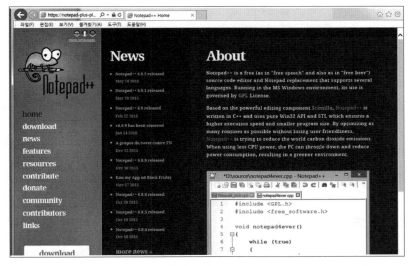

[그림 5-11] Notepad++ 홈페이지(https://notepad-plus-plus.org)

한국어 설치

Notepad++ 설치 후, 한국어를 사용하기 위해 아래와 같은 순서로 설정한다.

Settings 메뉴 → Preference → General → Localization (한국어)

NppFTP Plugin 설치

라즈베리파이에 원격 접속하여 파일을 편집하기 위해서 NppFTP 플러그인을 설치한다.

플러그인 메뉴 → Plugin Manager → Show Plugin Manager

Show Plugin Manager이 실행되면 [그림 5-12]과 같은 창이 나오고 아래 그림에 있는 내용을 참조하여 설치한다.

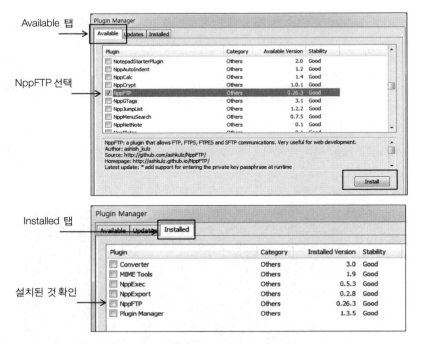

[그림 5-12] NppFTP 플러그인 설치 과정

FTP 기반으로 접속하기 위한 설정

위와 같이 플러그인 설치가 마무리되면 플러그인 메뉴에서 NppFTP 서브 메뉴가 생성되어 있는 것을 확인할 수 있다. Notepad++에서 라즈베리파이에 접속하기 위한 설정은 아래와 같은 순서로 진행하면 [그림 5-13]과 같이 NppFTP 창이 표시된다. NppFTP 창에서 설정 아이콘을 누르고 Profile Settings를 선택한다.

플러그인 메뉴 → NppFTP → Show NppFTP Window

플러그인 → NppFTP → Show NppFTP Window

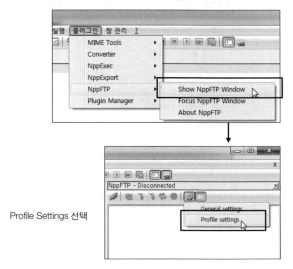

Profile Settings 선택

[그림 5-13] NppFTP 설정 과정

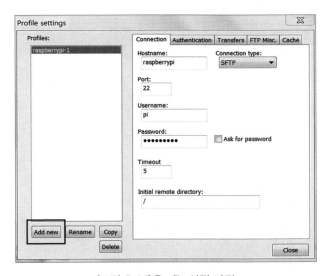

[그림 5-14] Profile 설정 과정

[그림 5-14]는 Profile Setting 창으로 아래와 같이 설정한다.

- Hostname

    라즈베리파이 Host 이름 혹은 IP 주소

    라즈베리파이에 삼바가 설치되어 있다면 Host 이름을 입력하여도 됨

- Connection type

    SFTP (Port 번호가 22로 변경됨)

- Username 및 Password

  사용자 계정 (pi)과 암호 입력

- Initial remote directory

  / 를 입력하여 접속하였을 때 최상위 폴더로 접속

  ~ 를 입력하면 사용자 홈 폴더로 접속

Profile 설정이 마무리되면 [그림 5-15] 왼쪽에서 (Dis)Connect 아이콘을 누르면 Host PC와 라즈베리파이가 원격으로 접속되면서 오른쪽 그림과 같이 라즈베리파이의 폴더가 보여진다. 아래와 같은 창이 보여지면 라즈베리파이 내부 폴더와 파일에 대하여 생성, 삭제와 같은 기본적인 기능을 사용할 수 있다.

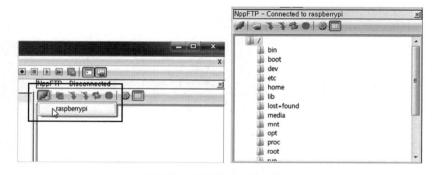

[그림 5-15] 라즈베리파이 접속

지금부터는 [그림 5-15]에 보여진 폴더를 탐색하여 원하는 파일을 선택하면 해당파일이 Host PC로 업로드되면서 [그림 5-16]과 같이 Notepad++ 편집 창에 내용이 표시되면서 해당 파일을 Host PC에서 편집할 수 있게 된다.

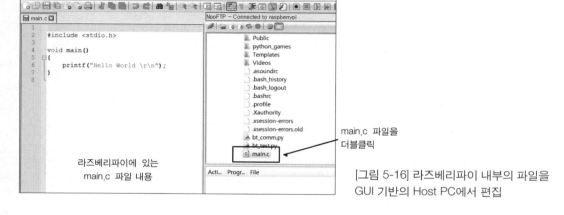

라즈베리파이에 있는
main.c 파일 내용

main.c 파일을
더블클릭

[그림 5-16] 라즈베리파이 내부의 파일을
GUI 기반의 Host PC에서 편집

원격 데스크톱 연결

원격 데스크톱(remote desktop)이라는 것은 컴퓨터를 원격지에서 구동할 수 있는 것으로 명령어 입력 방식이나 GUI 환경 모두를 의미한다. 이 장에서는 명령어 입력 방식이 아닌 라즈베리파이의 GUI 환경을 Host PC에서 그대로 사용할 수 있는 방법에 대해서 다루도록 한다. 이 방식에서는 라즈베리파이 보드가 서버로 동작하고 Host PC가 클라이언트로 동작한다. 라즈베리파이의 데스크톱 화면을 클라이언트 컴퓨터에서 그대로 볼 수 있을 뿐만 아니라 클라이언트 컴퓨터의 마우스나 키보드 같은 입력자원들을 사용하여 라즈베리파이를 제어할 수 있는 것이다.

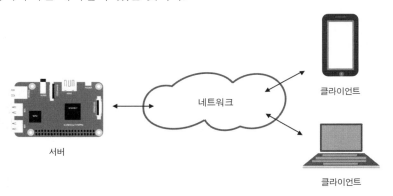

[그림 6-1] 네트워크를 통한 라즈베리파이 접속

[그림 6-1]에서는 스마트폰과 PC가 원격 데스크톱 클라이언트로 동작하는 모습을 보여준다. 원격 데스크톱 프로토콜은 여러 종류들이 있지만 본 내용에서는 많이 사용하는 VNC(Virtual Network Computing)와 RDP(Remote Desktop Protocol)에 대해서 다루도록 한다.

6.1 RDP를 통한 원격 라즈베리파이 접속

RDP는 마이크로소프트에 의해서 개발된 프로토콜로 사용자의 컴퓨터에서 원격지에 존재하는 다른 컴퓨터를 GUI 환경에서 제어할 수 있다. 서버와 클라이언트 개념으로 구성되어 있으며 라즈베리파이에 RDP 서버 프로그램을 설치하면 윈도우즈에 내장되어 있는 RDP 클라이언트 프로그램을 사용하여 라즈베리파이의 GUI 환경을 그대로 제어할 수 있다. 라즈베리파이를 RDP 서버로 동작시키기 위해 XRDP 프로그램을 라즈베리파이에 설치한다. 이미 언급하였듯이 라즈베리파이에 프로그램을 설치하기 위해서는 라즈베리파이 보드가 인터넷에 연결되어 있어야 한다.

```
$ sudo apt-get install  xrdp
```

XRDP가 라즈베리파이 보드에 설치된 후 윈도우즈가 동작되는 Host PC에서 RDP 클라이언트 프로그램을 실행하여 접속하면 된다. 윈도우즈에서 **시작 → 프로그램 → 보조 프로그램 → 원격 데스크톱 연결**을 실행한다.

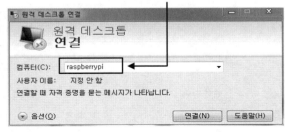

[그림 6-2] 라즈베리파이의 호스트 이름 혹은 IP 주소 입력

[그림 6-2]에서 라즈베리파이의 호스트 이름이나 IP 주소를 입력한 다음 연결 버튼을 누른다. 일반적으로 IP 주소를 입력해야 하지만 라즈베리파이에 삼바 서버가 설치되어 있다면 호스트 이름을 입력하여도 된다.

| [그림 6-3] 사용자 계정 및 암호 입력 | [그림 6-4] 원격 데스크톱 연결 화면 |

[그림 6-3]에서 사용자 이름과 암호를 차례로 입력하면 [그림 6-4]와 같이 RDP 기반의 원격 데스크톱이 동작되어 라즈베리파이 보드의 X-Window 환경이 Host PC에서 그대로 보여지게 된다. 원격 데스크톱으로 라즈베리파이 보드가 연결되면 Host PC에서는 마치 컴퓨터를 제어하듯이 라즈베리파이 보드를 제어할 수 있다.

6.2 VNC를 통한 원격 라즈베리파이 접속

XRDP와 더불어 많이 사용하는 원격 데스크톱 클라이언트 프로그램은 VNC(Virtual Network Computing) 프로토콜 기반의 프로그램이다. VNC도 XRDP와 마찬가지로 서버와 클라이언트 프로그램으로 구성되어 있다. 라즈베리파이 보드에는 서버가 동작되고 있어야 하며, Host PC에서는 VNC 클라이언트 혹은 VNC 뷰어 프로그램을 사용하여 접속하여야 한다. VNC는 XRDP와 비교할 때, 기능적으로 거의 흡사하지만 조금의 차이는 있다. XRDP 기반의 프로그램과 달리 VNC에서는 다수의 사용자가 각자의 VNC 뷰어 프로그램으로 동일한 라즈베리파이에 원격 접속하였을 때, 포트번호를 다르게 하여 접속하면 서로 다른 X-Window 화면으로 접속할 수 있다는 것이다. 즉 포트번호마다 별도의 화면이 구성되어 있다고 생각하면 된다.

데비안-9(stretch) 버전을 사용하는 2017-08 이후 버전 경우, 라즈비안에 기본적으로 RealVNC 프로그램이 포함되어 있지만 비활성화되어 있다. VNC 기능을 사용하기 위해서는 raspi-config 명령을 관리자 권한으로 실행하여 Interface 설정 아래에 있는 VNC 기능을 활성화시켜야 한다.

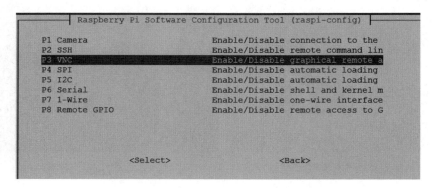

[그림 6-5] VNC 기능 활성화 설정

　raspi-config 명령을 통해 VNC 기능을 활성화시키면 라즈베리파이에서 VNC 서버가
바로 동작하므로 Host PC 혹은 스마트폰과 같은 클라이언트 측에서 VNC 뷰어 프로그램
을 [그림 6-6]과 같이 설치하여 접속하면 된다.

[그림 6-6] VNC Viewer 설치(Host PC, 스마트폰)

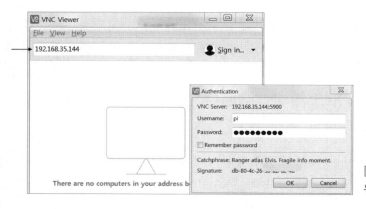

[그림 6-7] VNC 서버 접속을
위한 주소 입력

클라이언트 쪽에 뷰어 프로그램을 설치 후, 실행하면 [그림 6-7]과 같이 VNC 서버가 동작되는 라즈베리파이의 IP 주소를 입력해야 한다. 만약 라즈베리파이에 삼바 서버가 동작되고 있다면 호스트 명을 사용도 가능하다. IP 주소만 입력하여도 되고 포트번호를 함께 명시하여도 된다. VNC 접속에 사용되는 포트번호는 5900이지만 192.168.35.144:0 와 같이 0만 붙여도 상관없다.

VNC 뷰어를 이용한 접속이 이루어지면 [그림 6-8]과 같이 보여지고 라즈베리파이와 Host PC 간에 파일 송·수신, 클립보드를 이용한 복사/붙여넣기 기능을 사용할 수 있다.

[그림 6-8] VNC 뷰어를 이용한 접속화면

VNC 뷰어를 사용하다 보면 종종 뷰어의 해상도 설정 문제가 발생할 수 있다. 해상도가 너무 높거나 낮으면 보기가 좋지 않다. 라즈베리파이에 HDMI 케이블이 연결되어 있으면 해상도가 연결된 모니터에 맞추어 자동적으로 설정되지만 외부 모니터가 연결되어 있지 않은 경우는 해상도가 너무 낮아 보기가 어색할 수 있다. 해상도 설정은 raspi-config 설정 창에서 Advanced Options → Resolution을 선택하면 원하는 해상도를 설정할 수 있다.

라즈베리파이에서는 이미 vncserver 기능이 동작되고 있지만 명령어 창에서 아래와 같이 vncserver를 추가적으로 한 번 더 실행한다면 이전 화면과 달리 새로운 가상의 화면이 추가적으로 생성된다. 경우에 따라, 추가적으로 생성될 가상화면의 해상도를 명시할 수도 있다.

```
$ vncserver                      ← 가상화면을 추가적으로 생성
$ vncserver  -randr=1024x768  ← 1028×768 크기의 새로운 가상화면을 추가적으로 생성
```

위 명령어를 실행하면 출력되는 명령에 메시지 마지막 행에 New desktop is raspberrypi:1 (192.168.35.144:1)과 같이 새로이 생성된 가상화면 번호가 출력되는 것도 확인할 수 있다. 만약 vncserver를 관리자 권한으로 실행하였다면 VNC 뷰어 창에서 사용자 이름을 pi가 아닌 root를 사용해야 한다. 이 경우는 루트 계정이 먼저 활성화되어 있어야 하고 루트 계정을 이용한 SSH 접속도 미리 설정되어 있어야 가능하다.

추가적으로 생성된 가상화면은 이전 화면과는 전혀 별개의 화면이다. 새로운 가상화면에 접속하기 위해서는 [그림 6-9]와 같이 IP 주소 마지막 부분에 포트번호를 명시해야 한다. 새로운 가상화면이므로 포트번호는 5901 혹은 1을 사용하면 된다. 만약 vncserver를 추가적으로 한 번 더 실행하면 2번 가상화면이 생성되므로 접속에 사용할 포트번호는 5902 혹은 2를 사용하면 된다.

192.168.35.144:1 혹은 192.168.35.144:5901 입력

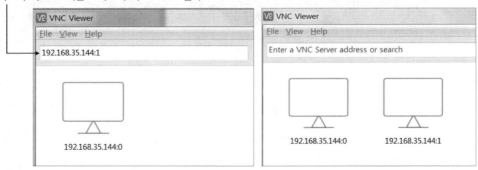

[그림 6-9] 추가 생성된 가상화면 접속을 위한 정보입력(좌측), 1번 가상화면 생성 후(우측)

[그림 6-9]에 의해 새로이 생성된 1번 가상화면은 먼저 존재하는 0번 가상화면과 전혀 별개의 화면이므로 0번 화면에서의 사용자 입력에 의한 화면의 변화가 1번 화면에 전혀 영향을 주지 않는다. 만약 HDMI 모니터까지 연결되어 있다면 HDMI 모니터에 출력되는 영상은 0번 영상과 완전히 동일하므로 VNC 뷰어 상의 영상변화가 HDMI 모니터에 그대로 반영된다. 반대로 라즈베리파이에 연결된 마우스를 움직이면 VNC 뷰어 상의 0번 화면의 마우스가 동일하게 움직이는 것을 확인할 수 있다.

0번 가상화면   1번 가상화면

[그림 6-10] VNC 뷰어를 이용한 서로 다른 가상화면 접속

임의의 가상화면을 삭제하려면 아래와 같은 명령어로 해당 가상화면을 삭제할 수 있으며 0번 가상화면은 HDMI 포트로 출력되는 영상이므로 삭제될 수 없다.

```
$ vncserver kill :1               ← 1번 가상화면 삭제
```

Host PC와 마찬가지로 스마트폰에서도 [그림 6-11]과 같이 VNC 뷰어 앱을 이용한 접속이 가능하다.

라즈베리파이에서 VNC 서버를 동작시키면 앞서 언급한 XRDP 기반의 접속을 불가능해진다. XRDP 기능을 사용하려면 raspi-config 명령을 실행하여 VNC 기능을 비활성화해야 한다.

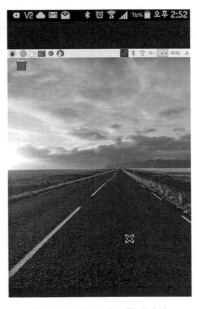

[그림 6-11] 스마트폰에서의
VNC 뷰어를 이용한 접속화면

나노(Nano) 편집기

리눅스 환경에서 사용할 수 있는 텍스트 기반의 여러 편집기들 중에서 vi 에디터라는 아주 유명한 편집기가 있다. 리눅스를 전문적으로 사용하는 유저들의 대부분은 이 프로그램을 사용한다. vi 에디터는 리눅스 기반의 라즈베리파이 환경에서도 사용할 수 있지만 초보자들은 이 프로그램의 사용법을 배우기가 쉽지 않아서 교육용 목적으로 제작된 라즈베리파이에서는 이보다 배우기 쉬운 나노 편집기를 더 많이 사용하고 있다. 나노 편집기는 기능적으로는 vi 편집기에 비해 떨어지지만 기본적인 기능에 충실히 제작된 프로그램이고 사용방법도 간단하여 쉽게 배울 수 있는 장점이 있다. 이 편집기는 따로 설치할 필요는 없으며 라즈비안 운영체제에 기본적으로 내장되어 있다.

간단한 텍스트 정도를 편집할 경우 나노 편집기를 사용하여도 큰 문제는 없지만 규모가 큰 텍스트를 편집할 경우에는 많이 불편하다. 이런 경우는 라즈베리파이를 원격으로 접속하여 윈도우즈 기반의 Host PC에서 라즈베리파이의 파일을 편집하는 것이 훨씬 수월하다.

7.1 사용법

나노 편집기는 vi 편집기와 마찬가지로 명령어 기반에서 동작하며 test.txt 파일을 편집할 경우 프로그램을 아래와 같이 실행한다. test.txt 파일이 존재하지 않으면 해당 파일이 새로 만들어지면서 편집이 시작된다. 나노 편집기를 실행할 때 파일명이 생략되면 저장할 때 파일명을 입력해주어야 한다.

```
pi@raspberrypi:~ $ nano test.txt          ← test.txt 파일 편집할 경우
```

나노 편집기를 실행하면 [그림 7-1]과 같은 화면으로 시작된다. 위 부분은 텍스트를 입력할 수 있는 공간이고 아래 쪽은 메뉴가 표시된다. ^ 표시는 Ctrl 키를 의미하는 것으로 ^x는 'Ctrl+x'(Ctrl 키와 x키를 동시에 누름) 키를 의미한다.

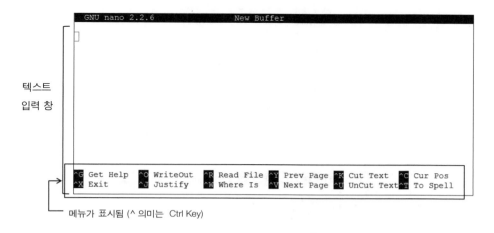

[그림 7-1] 나노 편집기 실행화면

[그림 7-2] 텍스트 편집화면

편집을 마친 후 텍스트를 파일로 저장하기 위해서는 'Ctrl+o' 혹은 'Ctrl+x'를 누르면 다시 한 번 확인 과정을 거친 후 파일로 저장된다.

나노 편집기를 사용하여 간단한 작업을 수행할 때 자주 사용되는 단축키를 아래와 같이 정리하였다.

키 조합	내용
Alt + a	방향 키를 눌러 블록 영역을 선택할 수 있음
Alt + ^	선택된 블록을 클립보드에 복사
Alt +]	매칭된 기호로 이동 (프로그램 코드 작업 시 편리함)
Ctrl + k	선택된 영역을 잘라내기 (클립보드 복사) 영역을 선택하지 않을 경우 한 라인을 잘라내기 (클립보드 복사)
Ctrl + u	클립보드에 복사된 내용 붙이기

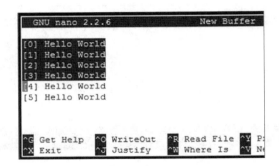

[그림 7-3] 'Alt+a' 누른 후 방향 키를 사용한 블록 선택

나노 편집기에서는 기본적으로 실행 취소 및 실행 복구와 같은 기능이 없어서 작업하기 불편하다. 하지만 나노 편집기를 실행할 때 –u 옵션을 포함시키면 실행 취소 및 복구 작업이 가능해진다.

```
$ nano -u text.txt            ← -u 옵션을 포함시킨다.
```

실행 취소(undo)의 경우는 'Alt+u' 키를 누르고, 실행 복구(redo)의 경우는 'Alt+e' 키를 사용한다.

키 조합	내용
Alt + u	undo 작업
Alt + e	redo 작업

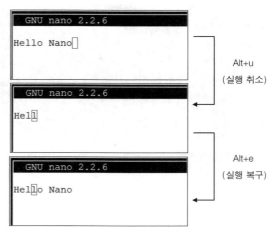

[그림 7-4] 실행 취소 및 실행 복구 과정

나노 편집기에는 위에서 언급된 키 외에도 여러 키 조합들이 있지만 다 알 필요는 없으며 위에서 언급된 정도만 알아도 충분하다.

대부분의 프로그램도 마찬가지지만 자주 사용하여 익숙해지는 것이 가장 바람직하다. 나노 편집기를 어느 정도 사용하여 사용 방법을 숙지한 다음엔 vi 편집기에 도전하기 바란다. 앞서 언급하였듯이 나노 편집기는 간단한 수준의 텍스트 편집에 사용하도록 하고, 복잡한 텍스트 경우는 라즈베리파이를 원격 접속한 다음 Host PC에서 해당 파일을 편집하는 것이 훨씬 더 바람직하다.

Using the RaspberryPi 3 for Internet of Things

USB 부팅

2017-04-10 라즈비안 운영체제부터는 USB 부팅을 지원한다. 이 방식은 MicroSD 카드 없이 USB 포트에 라즈비안 이미지가 기록된 USB 메모리를 연결하면 라즈베리파이가 부팅되는 개념이다. USB 부팅 기능 선택은 BCM2837 CPU 내부의 OTP (One-Time Programmable) 영역의 값을 변경하여 가능해진다. OTP 영역은 특성 상 한 번 값이 프로그램되면 다시 원 상태로 복구될 수 없다. 값은 복구될 수 없지만 MicroSD 카드 부팅이 되지 않는 것은 아니다. 필자가 테스트해 본 바로는 OTP 값을 변경하여도 MicroSD 부팅은 USB 부팅과 함께 여전히 진행되는 것을 확인하였다.

라즈베리파이 홈 페이지에서 라즈비안을 다운받은 후, Win32DiskImager 혹은 Etcher 프로그램으로 해당 이미지를 USB 메모리에 기록한 후 MicroSD 카드와 동일한 방법으로 사용하면 된다.

USB 부팅을 사용하는 방법은 아래와 같다.

- MicroSD 카드의 라즈비안 운영체제 /boot/config.txt 파일 아래 쪽에 다음 내용을 추가
  program_usb_boot_mode=1

- MicroSD 카드를 사용하여 라즈베리파이 부팅하여 BCM2837 CPU 내부 OTP 영역이 변경되도록 함

- 부팅 후, $ vcgencmd otp_dump 수행하여 OTP 메모리 변경 여부 확인
  출력된 문자열에 17:3020000a 문장이 있으면 OTP 값이 변경됨
  OTP 변경되기 전에는 17:1020000a 값이 출력됨

- /boot/config.txt 파일에서 program_usb_boot_mode=1 문구를 삭제함

  삭제하지 않아도 되지만, 위 문구가 기록된 라즈비안 운영체제를 포함한 MicroSD 카드가 새로운 라즈베리파이에서 부팅되면 해당 라즈베리파이의 CPU 내부 OTP 메모리가 변경되므로 반드시 삭제하도록 한다.

- 시스템 종료

- 라즈비안 이미지를 USB 메모리 기록 (Win32DiskImager 혹은 Etcher 사용)

- 라즈베리파이에서 MicroSD 카드를 제거하고 라즈비안 기록된 USB 메모리만 연결하여 부팅

위 명시된 순서로 진행하면 라즈베리파이를 USB 메모리로 부팅할 수 있다. USB 기반의 부팅이므로 USB 기반의 외장형 하드디스크 혹은 SSD도 가능할 것이다.

만약, 라즈베리파이에 MicroSD 카드와 USB 메모리가 모두 연결되어 있으면 MicroSD 카드가 우선권을 가져서 MicroSD 카드에 기록된 라즈비안이 부팅된다.

우리는 라즈베리파이를 시작하기 위해 공식 사이트에서 설치가 필요한 버전인 NOOBS 혹은 설치된 버전인 라즈비안을 MicroSD 카드에 다운받는 것을 시작으로 라즈베리파이를 사용하였다.

라즈베리파이는 PC 환경처럼 독립적으로 사용되기보다 Host PC에서 원격으로 연결하여 접속하여 사용하는 경우가 더 많다. 원격으로 접속하기 위한 방법인 콘솔과 네트워크 기반의 SSH 접속에 대해서 살펴보았다. 콘솔 형태의 접속은 시리얼 기반이 많이 사용되고 SSH 형태의 접속은 와이파이 기반의 접속이 많이 사용된다. Host PC에서 와이파이 기반으로 라즈베리파이에 접속하기 위해 필요한 절차와 과정을 살펴보았다.

콘솔기반의 라즈베리파이 접속은 특별한 절차 없이 무조건 연결 가능하고 SSH 기반의 접속을 위해서는 라즈베리파이에 부여된 IP 주소를 미리 알고 있어야 하고 할당된 IP 주소를 확인하는 여러 방법들에 대해서 살펴보았다. 이와 같이 Host PC에서 라즈베리파이 IP 주소를 미리 알고 있어야 하는 부담감이 있으므로 라즈베리파이에 삼바를 설치하여 Host PC에서 IP 주소가 아닌 호스트 명을 이용하여 라즈베리파이에 접속할 수 있는 상당히 편리한 방법을 살펴보았다.

우리는 Headless 상태에서 라즈베리파이가 WiFi에 접속할 수 있는 방법도 살펴보았다. Headless라는 것은 라즈베리파이에 어떠한 외부 장치도 연결되어 있지 않은 상태를 의미한다. 그리고 라즈비안은 네트워크 기반의 접속에서 기본적으로 SSH가 비 활성화되어있었고 Headless 설정에서 SSH도 활성화되도록 하는 방법도 살펴 보았다. 이러한 Headless 상태에서 WiFi 설정과 SSH 활성화를 위해서는 /boot/wpa_supplicant.conf 파일과 /boot/ssh 파일이 필요한 이유도 알았다.

라즈베리파이의 시스템 설정은 /boot/cmdline.txt와 /boot/config.txt 파일들이 관련이 있었고 cmdline.txt 파일에 명시된 각 항목이 어떠한 기능을 하는 지에 대해서 살펴보았다. UART 기능을 사용하고 USB 부팅을 동작시키기 위해 config.txt 파일을 수정하기도 하였다. 이외에도 config.txt 파일에서는 카메라 사용설정 및 그래픽 메모리 용량 설정을 할 수 있는 것도 확인하였다.

라즈베리파이를 효과적으로 사용하기 위해 raspi-config라는 명령을 실행하여 호스트 명과 접속암호 변경을 비롯한 여러 필요한 설정작업들을 진행하였다. 뿐만 아니라 Host PC에서는 putty와 같은 SSH 클라이언트를 비롯한 WinSCP, Notepad++와 같은 여러 유용한 유틸리티들의 사용방법을 살펴보았다. Host PC에서 라즈베리파이 접속을 위한 또 다른 방법인 원격 데스크톱 접속을 위해 라즈베리파이에서는 vncserver를 실행하고 Host PC에서는 뷰어를 사용하여 접속하는 방법을 배웠다. 원격 데스크톱으로 접속하면 라즈베리파이의 GUI 화면을 Host PC나 스마트폰에서 그대로 사용할 수 있어서 아주 편리하다.

라즈비안 운영체제에 기본적으로 포함된 나노 에디터에 대해서 알아보았다. 나노 에디터는 기본에 충실한 에디터로 단순한 편집작업을 할 때 유용하게 사용될 수 있으므로 사용법을 알아두어야 한다.

마지막으로 USB 부팅에 대해서 살펴보았다. USB 기반의 부팅은 CPU 내부의 OTP 영역의 값을 변경하여 MicroSD 카드가 아닌 USB 기반의 메모리에 있는 라즈비안을 부팅시키는 방법을 살펴보았다.

Using the RaspberryPi 3 for Internet of Things

02

사물인터넷을 활용한 라즈베리파이

파이썬 기본

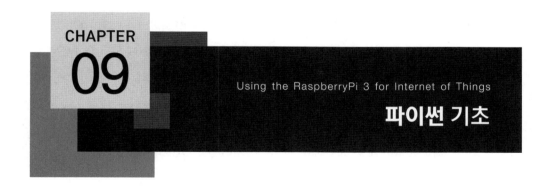

9.1 파이썬이란 무엇인가?

파이썬(Python)은 여러 프로그래밍 언어들 중에 하나이다. 1991년에 네덜란드의 한 프로그래머에 의해서 개발된 인터프리터(Interpreter) 기반의 플랫폼(Platform) 독립, 객체지향, 대화형 프로그래밍 언어이다. 프로그래밍 언어 사용에 대한 비용이 없는 license free 이다. 파이썬 언어는 우리나라보다 외국에서 좀 더 많이 사용되고 있는 듯하다. 구글(Google)에서 제작한 다수의 프로그램이 파이썬으로 개발되었으며 클라우드 서비스로 유명한 프로그램인 드롭박스(Dropbox)도 파이썬으로 제작되었다. 프로그래밍 언어들의 사용빈도에 따라 순위를 매기는 www.tiobe.com/tiobe-index/에 방문하면 파이썬 언어가 점점 더 많이 사용되고 있는 것을 확인할 수 있다.

C 언어 및 기타 언어에 대한 경험이 조금이라도 있으면 파이썬은 배우기가 매우 쉬운 언어이다. 국내에서도 조금씩 관련 서적들이 출간되고 있고, 동호회 같은 모임도 증가되고 있는 추세여서 파이썬 언어는 점점 많이 사용될 것이라 예상한다.

파이썬 언어를 사용해야 하는 이유로 가장 많이 인용되는 문구가 있다.

Life is too short, you need Python !!!

위 문구는 파이썬을 사용하는 이유를 가장 함축적으로 표현하는 말인 듯 하다. 의미를 해석하면 인생이 너무 짧기 때문에 파이썬을 사용해야 한다는 것인데 그만큼 다른 프로그래밍 언어를 사용하여 코딩과 디버깅에 많은 시간을 낭비하지 말라는 의미이다. 실제로 파이썬 언어는 모듈이라고 불리는 라이브러리들이 상당히 많고 체계적이어서 관련 모듈들을 잘 이용하여 프로그래밍 한다면 C언어와 비교하여 상당히 적은 코딩 라인 수로 프로그램을 제작할 수 있다. 파이썬은 다른 언어에 비해 코딩 량이 상대적으로 적어서 코딩에 많은 시간을 소비할 필요가 없다. 그만큼 생산성이 높은 언어라 할 수 있다. 파이썬으로 웹 서버 프로그램을 구현하면 단 몇 줄 만으로도 간단한 웹 서버를 구현할 수 있다. 파이썬 기반으로 작성된 프로그램은 아주 간결하고 깔끔하게 보인다.

라즈베리파이 용어에서 파이(Pi)의 의미도 Python Interpreter를 의미한다. 라즈베리파이 재단에서도 개발 언어로 파이썬을 추천한다는 의미이다. 라즈베리파이가 교육용 목적으로 개발되었으므로 배우기 쉬운 파이썬을 사용하는 것이다.

9.2 파이썬 언어의 특징

파이썬 언어는 위에서도 언급되었지만 다음과 같은 특징들이 있다.

- 플랫폼 독립
- 객체지향
- 인터프리터 기반의 언어
- 대화형

플랫폼 독립이라는 의미는 서로 다른 운영체제에 상관없이 수행될 수 있다는 것을 의미한다. 윈도우즈 기반에서 개발된 파이썬 프로그램이 리눅스 기반의 라즈베리파이에서도 수행 가능하다는 것이다. 즉, 윈도우즈에서 파이썬으로 개발한 프로그램을 그대로 복사하여 라즈베리파이에서 수행할 수 있다. 자바 언어와 유사하다.

객체지향 프로그래밍이라는 의미는 기능과 절차를 중심으로 구성된 구조적 프로그래밍(C언어 및 파스칼)에 대응되는 개념으로 C++ 혹은 자바를 사용해 본 경험이 있으면 쉽게 이해할 것이다. 이 책에서는 깊이 있게 다루지는 않겠지만 객체지향이라는 것은 프로그램에서 데이터를 처리할 때, 데이터와 그 데이터의 처리를 담당하는 기능들을 클래스라는 추상화된 의미로 묶어서 내부 데이터를 관리하는 것을 의미한다. 즉, 클래스에는 데이터뿐만 아니라 그 데이터의 처리 방법들이 명시되어 있는 것이다.

클래스의 실체를 객체 혹은 인스턴스(Instance)라고 부른다. 즉 객체를 추상화(Abstraction)시켜 놓은 것이 클래스이다. 객체를 추상화한다는 것은 객체 내부에는 이런 저런 데이터들이 있으며, 그 데이터들을 어떻게 처리하겠다라는 알림의 의미이기도 하고, 컴파일러 혹은 인터프리터에게 알려준다는 의미이기도 하다. 클래스를 인스턴스화한다는 것은 실제 메모리상에 클래스 내부의 데이터 및 처리 방법을 위한 공간이 할당된다는 것을 의미한다.

인터프리터 기반의 프로그램이라는 것은 컴파일 기반의 언어에 대응되는 개념이다. C 언어 같은 컴파일 기반의 언어에서는 프로그래머가 작업한 텍스트 기반의 코드가 컴파일러에 의해서 프로세서가 인식 가능한 코드로 변경되어 동작되는 구조이다. 하지만 인터프리터 기반의 프로그램은 프로그래머가 텍스트 에디터에서 작업한 텍스트 기반 코드를 특별히 변환하는 단계는 없다. 코드가 텍스트 상태 그대로 파일 형태로 기록되어 있다가 사용자가 해당 코드를 실행하면 인터프리터 프로그램이 텍스트 기반으로 구성된 파일을 열고 그 파일 내부의 문자열을 분석하여 문법적으로 오류가 있는지 검사하면서 텍스트 기반의 코드를 한 줄씩 실행하는 구조이다. 따라서 코드를 실행하면 인터프리터가 파일을 열고 문자열을 분석하는 작업까지 진행되는 구조이므로 컴파일러 기반의 코드에 비해 속도 면에서는 느릴 수밖에 없다.

파이썬은 대화형 기반의 언어이다. 파이썬 셸에서 명령을 입력하면 바로 결과를 보여주는 식이다. 프로그램의 과정을 간단히 테스트하기에 적합한 구조이다. 매트랩(Matlab)을 사용해 본 경험이 있으면 비슷한 느낌이 들 것이다. 대화형이긴 하지만 실제로 프로그래밍할 경우에는 메모장 같은 텍스트 에디터에서 코딩을 한 후, 파이썬 프로그램 해석기의 인자로 해당 파일의 이름을 넣어주면 파이썬 프로그램 해석기가 그 파일을 열고 내용을 분석하여 실행하는 구조이다.

위 설명한 것처럼 파이썬 언어가 장점만 있는 것이 아니라 단점도 있다. 특정 기능을 구현할 때 다른 프로그래밍 언어에 비해(구체적으로 C 언어) 코딩양은 상당히 적지만 속도는 매우 느리다. 파이썬이라서 느린 것이 아니라 인터프리터 방식의 언어는 대부분 느리다. 간단한 하드웨어 제어 시간을 테스트해본 결과 C 언어 기반의 프로그램에 비해 약 50배 이상은 느린 것 같다. 하지만 실행 속도가 느린 것은 큰 문제가 되지 않는다고 생각한다. 프로그램 실행 속도는 느리지만 원하는 동작의 기능적인 측면까지 느려지는 것은 아니다. 프로그램 속도는 느리지만 CPU가 충분히 빨라서 원하는 기능이 만족스러운 속도로 수행되는 것이다. 스마트폰의 애플리케이션들도 C 언어보다 많이 느린 자바로 개발되었지만 스마트폰 사용자가 프로그램이 많이 느리다고 생각하지 않는 것과 같은 맥락이다.

9.3 파이썬 시작하기

현재 파이썬 언어의 버전은 2.x와 3.x가 있으며 두 버전은 일부 기능들이 호환되지 않

> Python 2.x is legacy, Python 3.x is the present and future of the language.

(출처 : https://wiki.python.org/moin/Python2orPython3)

는다. 아직도 국내에서는 파이썬 2.x를 사용하고 있는 개발자들도 많이 있으며 다수의 파이썬 프로그램들이 2.x로 개발되어서 2.x 버전은 아직도 많이 사용되고 있다. 파이썬 2.x의 마지막 버전은 2010년 출시된 2.7이며 그 이후 새로운 버전이 나오지 않고 있다. 위 출처에 명시된 사이트에 방문하면 파이썬 2가 더 이상 개선되지 않는다는 내용이 나온다. 따라서 처음 시작할 때는 파이썬 3으로 시작하는 것이 바람직해 보이고 파이썬 3을 충분히 익힌 후 파이썬 2를 검토 차원에서 접근하는 것이 바람직해 보인다. 따라서 본 교재에서는 현재 최신 버전인 파이썬 3.5 기준으로 파이썬을 다루도록 하겠다.

파이썬 프로그램을 개발할 때 사용하는 텍스트 에디터 환경은 아래와 같은 종류들이 있다.

- 파이썬 IDLE 에디터
- 노트패드++
- 에디터 플러스
- 서브라임 텍스트
- 파이참 (Pycharm, 유료 버전도 있음)

위 종류들 중에서 파이참은 에디터라기보다 디버깅까지도 가능한 파이썬 통합 개발 환경(IDE)으로 생각하면 된다.

라즈베리파이 운영체제인 라즈비안을 설치하면 [그림 9-1]처럼 Python2 버전과 Python3 버전이 함께 설치되어 있다. Python2(IDLE) 혹은 Python3(IDLE)를 클릭하면 [그림 9-2]처럼 파이썬 셸 창이 실행된다. 이 창에서 간단한 프로그래밍 작업을 진행할 수 있다. 하지만 라즈베리파이에 연결한 상태에서 파이썬을 프로그래밍을 진행하다 보면 매번 원격 연결해야 하고 그래픽 환경도 윈도우즈 기반에서 작업할 때 비해 불편하므로 윈도우즈 기반의 PC에서 파이썬 프로그래밍을 진행하는 것이 더 편리할 수도 있다. 따라서 파이썬을 배운다는 관점에서는 PC에 파이썬을 설치하여 공부하는 것이 더 바람직하다.

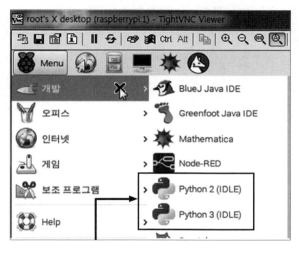

[그림 9-1] 라즈비안에 내장된 파이썬

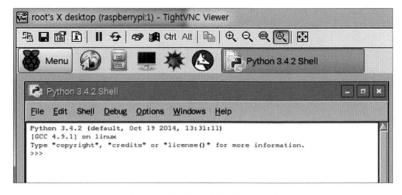

[그림 9-2] 파이썬 IDLE 에디터

우선 윈도우즈 기반에서 파이썬 홈페이지(http://www.python.org)를 방문하여 파이썬 프로그램을 설치해 보도록 하자.

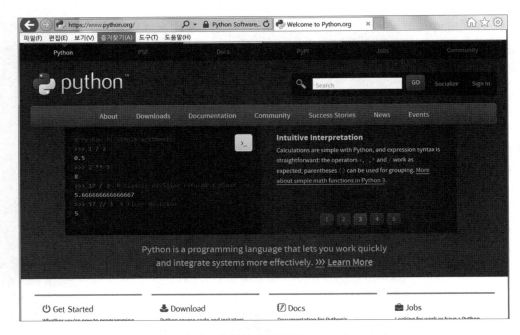

[그림 9-3] 파이썬 공식 홈페이지(www.python.org)

[그림 9-3]에 있는 파이썬 공식 홈페이지 방문하여 파이썬 3.x 프로그램을 다운받아 설치하도록 한다. [그림 9-4]에서는 파이썬 3.5를 설치하는 과정을 보여주는 데 설치 과정에서 특히 주의할 점은 'Add Python 3.5 to PATH'를 체크하여 환경 변수에 파이썬 경로를 명시하여 임의의 폴더에서도 파이썬 프로그램이 실행되도록 한다. 그리고 파이썬 설치 경로도 가급적 C:/ 드라이버에 설치되도록 하는 것이 좋다.

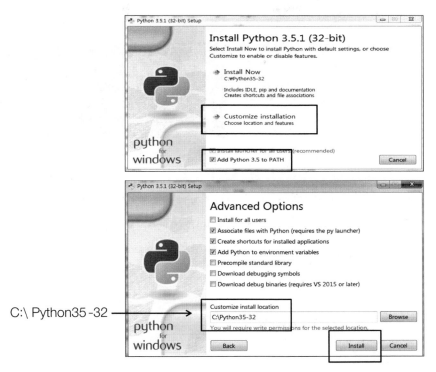

[그림 9-4] 파이썬 3.5 설치과정

설치 후 파이썬을 실행하기 위해서는 아래와 같이 세 가지 방법들이 있다.

- python 명령어 (도스 명령어 창에서 입력)
- 시작 → 모든 프로그램 → Python 3.5 → IDLE
- 시작 → 모든 프로그램 → Python 3.5 → Python 3.5(파이썬 대화창)

'Hello World' 문자열을 출력하는 간단한 파이썬 프로그램을 위 세 가지 방법으로 실행해 보도록 하자.

9.3.1 Python 명령어 사용하는 방법

메모장이나 노트패드++(추천) 같은 텍스트 에디터 프로그램을 실행시켜 print('Hello World') 문장을 작성하여 hello.py로 저장한다. 주의할 것은 print 함수 앞에는 띄어쓰기로 인한 공백 문자가 있으면 안되고 반드시 첫 번째 컬럼부터 시작되어야 한다.

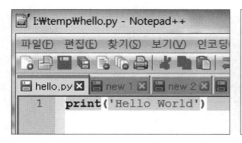

| [그림 9-5] 파이썬 프로그램(hello.py로 저장) | [그림 9-6] 파이썬 명령어로 hello.py 실행 |

[그림 9-6]처럼 명령어 창에서 'python hello.py'를 실행하면 'Hello World' 문자열이 출력되는 것을 확인할 수 있다. 만약 python 명령어가 수행되지 않는다면 윈도우 PATH 환경변수에 python.exe 파일이 있는 'C:\Python35-32' 경로가 포함되어 있는 지 확인한다.

9.3.2 IDLE을 사용한 실행방법

IDLE은 파이썬을 개발하기 위한 소규모 통합 개발환경이다. IDLE을 실행시키기 위해서는 '시작 → 모든 프로그램 → Python 3.5 → IDLE' 순서로 실행한다. 파이썬 쉘 메뉴에서 File/New File을 클릭하여 새로운 에디터 창을 열어 아래와 같이 print('Hello World') 라고 코딩한다. 앞서 언급하였지만 print 앞에는 공백 문자가 있으면 안 된다.

[그림 9-7] IDLE 기반으로 작성한 프로그램

```
Python 3.5.1 Shell

File  Edit  Shell  Debug  Options  Window  Help
Python 3.5.1 (v3.5.1:37a07cee5969, Dec  6 2015, 01:38:48
tel)] on win32
Type "copyright", "credits" or "license()" for more info
>>>
======================== RESTART: I:\temp\hello.py ====
Hello World
>>>
```

[그림 9-8] IDLE 기반에서 파이썬 프로그램 실행

위와 같이 수정 및 저장한 다음 해당 창에서 Run 메뉴의 'Run Module (F5)'를 클릭하면 [그림 9-8]과 같이 결과가 출력되는 것을 확인할 수 있다.

9.3.3 대화창을 통한 실행방법

대화창을 통하여 실행하기 위해서 '시작 → 모든 프로그램 → Python 3.5 → Python 3.5'를 클릭하여 아래와 같은 대화창을 실행한다.

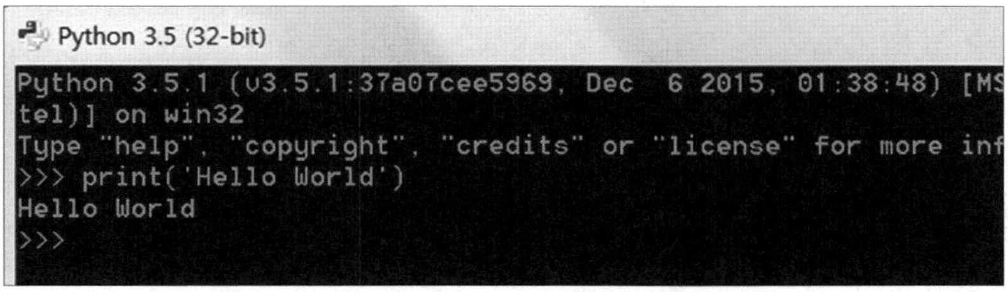

[그림 9-9] 파이썬 대화창

[그림 9-9]와 같이 대화창이 실행되면 파이썬 프롬프트(>>>)가 보인다. 이 프롬프트에 파이썬 명령을 실행하면 바로 다음 줄에 결과 값이 출력되는 것이다. 이러한 방식이 대화형 구조인 것이다. 마치 전자계산기에서 연산하는 것과 비슷하다. 파이썬 대화창에서 print('Hello World')을 입력한 후, 엔터키를 누르면 해당 코드가 즉시 실행되고 결과 값이 바로 다음 줄에 출력된다.

지금까지 파이썬 프로그램을 실행하는 세 가지 방법을 살펴보았다. 위 세 가지 방식들 중에서 어떤 것을 사용해도 무방하지만 필자는 세 번째 방법을 많이 사용한다. 두 번째 방법인 IDLE에서는 이전 명령어를 수행하기 위해서는 방향 키가 아닌 'Alt + p' 키 조합을 눌러야 하는 번거로움으로 인해 필자는 잘 사용하지 않는다. 대화형 기반에서는 간단한 작업들을 바로 확인할 수 있어서 편리하지만 여러 줄의 코드로 구성된 프로그램을 작업하기엔 불편하다. 따라서 파이썬 프로그램을 텍스트 에디터에서 파일로 작업하여 프로그램을 수행하는 것이 더 바람직하다.

이제부터는 파이썬의 문법에 대해서 살펴보도록 한다. 파이썬 기초 문법을 설명할 때 가급적 C언어와 비교하여 설명하는 부분을 추가하도록 하겠다. 프로그램 경험이 풍부한 개발자들에겐 일부 내용들이 쉬울 수 있으니 중간중간 다음 장으로 이동하면서 진행하기 바란다.

9.3.4 파이썬 언어로 프로그램을 실행한다는 의미

C 언어로 프로그램을 작성하여 빌드하면 실행 파일이 생성된다. 사용자가 그 파일을 실행시키면 C 언어에 명시되어 있는 순서로 프로그램이 동작되는 것이다.

파이썬에서는 사용자가 작성한 프로그램이 실행되는 구조가 C 언어 개념과 다르다. 사용자가 파이썬 언어로 프로그램을 작성하면 C 언어와 달리 따로 빌드 과정을 거칠 필요가 없다. 코드는 텍스트 형태의 파일로 저장되어 있는 것이다. 사용자가 작성한 파이썬 코드를 실행하기 위해서는 파이썬 인터프리터로 하여금 사용자가 작성한 텍스트 형태의 코드를 해석하면서 실행시키도록 해야한다. 사용자가 만약 test.py라는 파이썬 프로그램을 작성하였다면 아래와 같은 방법으로 파이썬 프로그램을 수행해야 하는 것이다. 파이썬 프로그램을 실행할 때 인자로 작성된 파일을 넣어준다.

> $ python test.py　　　　← 파이썬 해석기가 test.py를 해석하여 실행시킨다는 의미

위와 같이 사용자가 작성한 파이썬 코드는 파이썬 인터프리터에 의해 한 줄씩 해석되면서 실행되는 것이다. 따라서 프로그램이 동작될 때는 사용자가 작성한 코드만 실행되는 것이 아니라 파이썬이라는 프로그램이 실행되면서 사용자가 작성한 코드를 한 줄씩 해석하여 해당 동작을 수행하는 것이다. 사용자가 작성한 프로그램이 파이썬에 의해 해석되면서 수행되는 인터프리터 구조이므로 C 언어 기반의 프로그램 대비 수행시간이 느릴 수 밖에 없다. 비록 수행시간은 느리지만 파이썬으로 프로그램을 개발하면 개발의 용이성과 체계화된 수많은 라이브러리들로 인해 C 언어 대비 개발기간을 훨씬 단축시킬 수 있는 장점이 있다. 뿐만 아니라 프로그램이 동작되는 CPU가 고속으로 동작하므로 프로그램 수행은 느리더라도 충분히 짧은 시간에 프로그램이 동작되어 실시간 특성이 만족되는 것이다.

이렇게 C 언어 기반의 프로그램과 파이썬 기반의 프로그램이 수행되는 방식이 서로 다르다는 것을 이해하도록 한다.

9.4 연산자

9.4.1 산술 연산자 (+, −, *, /, //, %, **)

연산자	연산 내용	수식 예	연산 결과
+	더하기	1+2.1	3.1
−	빼기	1-2.1	-1.1
*	곱하기	2 * (3 + 2j)	(6+4j)
/	나누기	6/5	1.2
//	몫 구하기	6//5	1
%	나머지 구하기	7%5	2
**	거듭제곱 구하기	3**2	9

사칙연산

```
>>> 3 + (2*3) / 4
4.5
>>> 3/4
0.75
```

위와 같이 일반적인 사칙연산을 프롬프트상에 입력하면 결과가 바로 다음 행에 출력된다. '/' 연산자는 나눗셈 연산자로 동작하지만 파이썬 2.7에서는 제수와 피제수 모두 정수형이면 몫을 반환하는 연산자로 사용된다.

```
파이썬 2.7에서는 다음과 같이 연산된다.
>>> 1/5
0
>>> 1.2/5
0.24
```

몫, 나머지 연산

```
>>> 10 // 3
3
>>> 10 % 3
1
```

정수연산의 몫을 구하기 위해서는 '//' 연산자를 사용하면 된다. 10//3는 10을 3으로 나누었을 때의 몫을 구한다. % 연산자는 C언어와 마찬가지로 피제수로 나누었을 때 나머지를 반환한다.

거듭제곱 연산

```
>>> 2**4
16
```

**를 사용하면 거듭제곱 연산이 가능하다.

복소수 연산

```
>>> (3+1j) * 2j
(-2+6j)
```

파이썬에서는 복소수 연산까지도 가능하다. 복소수에서 한 가지 주의할 점은 허수부에서 j로 표현하면 오류가 발생되고 1j로 표시해야 한다.

9.4.2 관계 연산자 (〈, 〉, 〈=, 〉=, ==, !=)

관계 연산자를 사용하여 두 피연산자 사이의 관계(큰지, 작은지, 같은지, 다른지)를 확인할 수 있다. 결과 값은 True 혹은 False로 반환되고 주로 조건문에 사용된다.

연산자	연산 내용	수식 예	연산 결과
<	작다.	3 < 5	True
>	크다.	3 > 5	False
<=	작거나 같다.	3 <= 5	True
>=	크거나 같다.	3 >= 5	False
==	같다.	3 == 5	False
!=	다르다.	3 != 5	True

```
>>> 1 < 3
True
>>> 1 >= 3
False
>>> 1 == 3
False
>>> 1 != 3
True
```

위에 열거된 관계 연산자들은 C 언어에서 사용되는 관계 연산자와 사용 방법이 동일하다. 다만 출력되는 결과 값들은 True, False와 같이 파이썬에서 사용되는 예약어로 표시된다.

9.4.3 논리 연산자 (and , or, not)

다른 프로그래밍 언어와 마찬가지로 파이썬에서도 and, or, not 과 같은 논리 연산자들이 있다. 주의할 것은 연산 결과가 0과 1 두 값만 가지는 것은 아니다. 예를 들어서 설명해 보도록 하자.

and 연산자

and 연산자는 두 개의 피연산자들에 대해 논리연산을 수행한다.

연산자	수식 예	연산 결과
and	True and False	False
	3 and 2	2
	2 and 3	3
	0 and 2	0
	2 and 0	0
	2 and [1, 2, 3]	[1, 2, 3]
	0 and [1, 2, 3]	0

두 객체 A와 B에 대한 A and B 연산은 A가 참이면 B의 값에 따라 연산 결과가 결정되므로 반환 값은 B이고 A가 거짓이면 B 값에 상관없이 연산 결과가 거짓이므로 반환 값은 A이다.

연산	연산 결과
A and B	A (A가 거짓일 경우) B (A가 참일 경우)

or 연산자

or 연산자는 두 개의 피연산자들에 대해 논리연산을 수행한다.

연산자	수식 예	연산 결과
or	True or False	True
	3 or 2	3
	2 or 3	2
	0 or 2	2
	2 or 0	2
	2 or [1, 2, 3]	2
	0 or [1, 2, 3]	[1, 2, 3]

두 객체 A와 B에 대한 A or B 연산은 A가 거짓이면 B의 값에 따라 연산 결과가 결정되므로 반환 값은 B이고 A가 참이면 B 값에 상관없이 연산 결과가 참이므로 반환 값은 A이다.

연산	연산 결과
A or B	B (A가 거짓일 경우) A (A가 참일 경우)

not 연산자

not 연산자의 결과는 True 혹은 False 하나의 값만 가진다.

연산자	수식 예	연산 결과
not	not True	False
	not 2	False
	not 0	True

9.4.4 시프트 연산자 (《《, 》》)

```
>>> 7 << 2
28
>>> 7 >> 2
1
```

7 << 2 의미는 7을 왼쪽으로 두 비트 이동시키라는 의미이다. 7을 이진수로 표현하면 111이므로 이 값을 왼쪽으로 두 비트 이동시키면 하위 비트들에는 0이 두 개 채워져서 11100이 되고 그 값은 28이 된다. 마찬가지로 7 >> 2는 이진수 111을 오른쪽으로 두 비트 이동하게 되고 결과적으로 이진수 001이 된다.

0x7 << 2 → 0 0 0 0 0 1 1 1 << 2 → 0 0 0 1 1 1 0 0 (0x1C, 28)
좌측으로 두 비트 shift되어 우측에 0 이 두 개 채워진다.

0x7 >> 2 → 0 0 0 0 0 1 1 1 >> 2 → 0 0 0 0 0 0 0 1 (0x01, 1)
우측으로 두 비트 shift 되어 좌측은 0이 두 개 채워지고 우측 두 개의 1은 shift out 되어 없어진다.

9.4.5 비트 연산자 (&, |, ^, ~)

비트 연산자는 데이터를 구성하는 각 비트들에 대하여 AND, OR, XOR, NOT 등과 같은 논리연산을 수행할 수 있다.

연산자	연산 내용	수식 예	연산 결과
&	AND	3 & 7 0xF0 & 0xAB	3 160 (0xA0)
|	OR	3 | 7 0xF0 | 0xAB	7 251 (0xFB)
^	XOR (Exclusive OR)	3 ^ 7 0xF0 ^ 0xAB	4 91 (0x5B)
~	NOT	~3 ~0xF0	-4 -241 (-0xF1, 0x0F)

```
>>> 5 | 7
7
>>> 0x12 & 0xF0
16
>>> hex(0x12 ^ 0xF0)
'0xe2'
>>> ~0x12
-19
>>> hex(~0x12)
'-0x13'                     # 한 바이트 16진수로 표현하면 0xED와 동일
```

비트 연산에 사용되는 AND(&), OR(|), XOR(^) 및 NOT(~) 표현은 C 언어에서 사용되는 비트 연산자들과 동일하다.

16진수 표현은 숫자 앞에 '0x'를 붙여서 표시할 수 있다. 0x12 & 0xF0를 연산하면 0x10이 결과 값이지만 값은 10진수 형태의 16으로 출력된다. 0x12^0xF0에 대한 배타적 논리합 (Exclusive OR) 연산은 결과 값이 0xE2가 되고 16진수로 출력하기 위하여 hex 함수를 사용하였다.

~0x12는 0x12 값에 대한 비트 반전 연산이다. 0x12에 대한 비트 반전 값은 0xED이지만 파이썬에서 현되는 값은 -19 혹은 -0x13으로 표시된다. 한 바이트 관점에서 보면 0xED 와 동일한 값으로 생각하면 된고 두 바이트 관점에서 보면 0xFFED, 네 바이트 관점에서 보면 0xFFFFFFED와 동일하다.

배타적 논리합(Exclusive OR)

A	B	A^B
0	0	0
0	1	1
1	0	1
1	1	0

배타적 논리합은 연산되는 두 비트들 중에서 오직 한 비트만 1일 경우 결과 값이 1이 된다. 3개 이상의 비트들에 대한 배타적 논리합에 대해서는 1의 개수가 홀수 개이면 결과 값이 1이 된다.

```
0x12            →  0 0 0 1  0 0 1 0
0xF0            →  1 1 1 1  0 0 0 0
                   1 1 1 0  0 0 1 0  →  0xE2
```

9.4.6 멤버 연산자 (in, not in)

파이썬에서는 다른 언어와 달리 한 객체가 다른 객체들에 포함되어 있는지 여부를 확인할 수 있는 in 연산자와 not in 연산자가 있다.

연산자	연산 내용	수식 예	연산 결과
in	객체 포함 여부	3 in range(5) 'a' in 'xyz'	True False
not in	객체 비포함 여부	3 not in (5, 6, 7) 'xy' not in 'xyz'	True False

```
>>> a=[1, 2, 3]
>>> b=input( )
0
>>> if b in a:
        print("있음")
else:
        print("없음")

없음                          ← 실행 결과
```

9.4.7 객체 비교 연산자(is)

두 객체가 동일한 지 아닌 지 비교할 때는 is 연산자가 사용된다. 즉, 두 변수가 동일한
객체를 참조하는 지를 판단하는 것이다. 두 변수가 참조하는 객체의 id 정보가 같으면 is
연산자는 True를 반환하고 그렇지 않으면 False를 반환한다.

```
>>> x='abc'
>>> y='abc'
>>> x is y
True                        ← x, y는 동일한 객체를 참조한다는 의미

>>> x=[0, 1, 2]
>>> y=[0, 1, 2]
>>> z=x

>>> x is y
False                       ← x, y가 참조하는 두 객체는 값은 같지만 다른 객체라는 의미
>>> x is z
True                        ← x, z가 참조하는 두 객체는 동일한 객체라는 의미
>>> id(x), id(y), id(z)     ← 객체의 id 정보를 확인하여 동일 객체 여부를 확인할 수 있음
(45338336, 45340072, 45338336)
```

9.5 변수와 객체

일반적으로 변수는 데이터를 포함하고 있는 메모리상의 공간을 가리키며 프로그램상에서 그 데이터를 접근할 때는 변수 명을 사용하고 변수에 어떤 값을 기록할 경우에는 대입 연산자 '='를 사용한다. 하지만 파이썬 언어에서 변수는 위 내용과 다른 의미를 가진다.

```
>>> a = 100
>>> b = 1.75
>>> c = a * b
>>> c
5.25
>>> s = 'abcd'
>>> a = 'xyz'
>>> b = 2
```

파이썬에서는 변수를 사용할 때는 C 언어와 같이 미리 선언할 필요는 없고 심지어 변수의 타입 조차 명시할 필요가 없다. 변수의 타입이 사용되기 전에 결정되지 않고 필요에 따라 여러 다른 형태의 자료를 가질 수 있어서 파이썬에서는 변수의 타입이 C 언어의 정적인 특성과 달리 동적인 특성을 가진다. 이러한 점은 파이썬이 인터프리터로 동작하므로 프로그램상의 코드를 한 줄씩 해석해 나가면서 필요한 자료형을 그때그때 결정하여 메모리를 할당하기 때문이다. 위 코드를 보면 변수 a가 100이라는 정수형을 지시하기도 하고 'xyz' 문자열을 지시하기도 한다.

이러한 점은 상당히 편리하지만 데이터에 대한 연산을 수행할 때 데이터의 타입을 런타임 (Run Time)에 결정해야 하므로 파이썬이 느려지는 원인이 되기도 한다. 반면 C 언어에서는 코드를 빌드할 때 데이터의 타입을 결정하므로 수행시간에 영향을 주지 않는다. 파이썬은 C 언어에 비해 수행속도가 느려지는 단점이 있지만 코드 작업의 용이성과 여러 장점들이 있어 C 언어에 비해 생산성이 있는 언어라 할 수 있다.

객체(object)라는 것은 미리 약속된 형태로 메모리상에 존재하는 데이터라고 생각하면 된다. 약속된 형태라는 것은 정수, 실수, 문자열, 리스트, 튜플, 클래스 등과 같이 프로그래밍 언어에서 사용하는 자료 구조이다. 즉, 특정 자료 구조 형태로 메모리상에 존재하는 데이터가 바로 객체인 것이다. 앞 부분에 인용된 코드에서 사용된 100과 같은 정수와 문자열 등이 모두 객체인 것이다.

9.5.1 변수와 객체의 관계

지금부터는 변수의 의미를 좀더 깊이 있게 설명할 예정이다. C 언어에서 변수가 가지는 의미와 파이썬에서 변수가 가지는 의미는 아주 다르다. 대부분의 개발자들이 변수의 의미를 아주 쉽게 간과하고 있다. 파이썬에서는 변수가 어떤 의미를 가지고 있는 지 좀 더 자세히 살펴보도록 하자.

일반적으로 a=100 의미는 "변수 a의 값은 100이다."라고 해석할 수 있다. 하지만 좀 더 깊은 관점에서 a=100 의미를 살펴보면 변수 a 자체가 100을 의미하지는 않고 100을 내부 값으로 가지는 정수형 객체가 파이썬 해석기에 의해 메모리상 임의의 위치에 생성되고 그 메모리를 참조하기 위해 a라는 이름의 변수를 사용하는 것이라 생각하면 된다. 마찬가지로, s='abcd' 해석은 변수 s가 'abcd' 문자열을 내부 데이터로 가지는 메모리상의 객체를 참조한다고 할 수 있다. 즉, 변수는 메모리상에 존재하는 객체를 참조하는 것이고 프로그램상에서는 객체에 접근하기 위해 그 객체를 참조하는 변수를 사용하는 것이다. 데이터를 객체라는 의미로 접근하는 이유는 객체지향 언어인 파이썬에서 사용되는 모든 데이터들이 객체로 다루어지기 때문이다. 심지어 함수도 하나의 객체로 취급된다.

C언어에서는 변수이름 자체가 메모리를 의미하고 해당 메모리에는 데이터가 있는 구조이므로 변수 값을 변경하면 변수가 위치한 메모리의 이전 값을 새로운 값으로 덮어쓰

면서 값을 변경시키는 것이다. 즉, 변수 자체가 데이터를 가지고 있는 메모리와 동격인 것이다. 하지만 파이썬에서는 변수 값을 변경하면 변경된 새로운 값을 위한 메모리가 파이썬에 의해 내부적으로 새로 할당되고 그 할당된 메모리상에 새로운 값이 기록된다. 변수가 가리키고 있었던 이전 값은 원래 메모리상에 그대로 존재할 수도 있고 사라질 수도 있다. 사라진다는 것은 그 객체를 참조하는 변수가 더 이상 없을 경우 파이썬 내부에서 객체가 사용하던 메모리를 해제하는 것이다. 즉, 변수가 가리키는 객체의 메모리 위치는 변수 값을 변경할 때마다 새로운 메모리 위치로 달라지는 것이다.

```
>>> a=100      # (1)
>>> a=101      # (2)
```

위 두 줄의 코드를 해석하면 (1)에서 변수 a는 100을 내부 값으로 가지는 객체를 처음으로 참조하게 되며 이어서 (2)에서는 변수 a는 101을 내부 값으로 가지는 객체를 다시 참조하는 것이다. **변수는 객체를 참조하기 위한 수단이지 값 자체가 아니다.** 즉 변수 a가 값을 가지는 것이 아니다.

```
>>> a=100
>>> b=100
```

위 코드에서는 변수 a와 변수 b가 100이라는 값을 참조한다. C 언어 경우라면 변수와 메모리가 동격이므로 두 메모리 위치에 각각 100이라는 값이 존재한다. 즉, 변수 a 메모리 위치에도 100이 존재하고 변수 b 메모리 위치에도 100이 존재한다. 100이 두 개 존재하는 것이다. 하지만 파이썬 관점에서는 100이 두 개 존재하지 않는다. 하나만 존재하는 것이다. 따라서 위 코드를 파이썬 관점에서 해석하면 100이라는 정수형 값을 가지는 객체가 하나 존재하고 변수 a와 변수 b는 동일한 객체를 참조하는 것이다. 두 변수가 참조하는 객체가 동일한 객체인지를 판단하는 is 연산자를 사용하면 True가 반환되고 객체의 고유정보를 반환하는 내장함수 id를 사용하면 동일한 값이 반환되어 두 변수는 동일한 객체를 참조하는 것을 확인할 수 있다.

```
>>> a is b                    ← 두 변수가 참조하는 객체가 동일한지 비교
True
>>> id(a), id(b)              ← 두 변수가 참조하는 객체의 고유정보 반환
(1484340544, 1484340544)
```

변수 관점에서 C 언어와 파이썬 언어의 차이는 다음과 같이 해석될 수 있다.

구분	변수의 의미
C 언어	고정된 메모리 위치를 의미 변수 값을 변경하면 메모리의 값이 갱신됨 (이전 값은 사라짐)
파이썬	변수는 메모리 공간상에 있는 객체를 참조 변수 값을 변경하면 변수는 이전과 다른 새로운 메모리를 참조(변수에 의해 새로 참조되는 메모리 위치는 변경된 값을 가지고 있음)

[그림 9-10]과 [그림 9-11]에는 C 언어와 파이썬에서 변수 값을 변경하였을 때의 상황을 나타내고 있다. 이들 그림에서는 두 언어에서 변수의 의미가 다르게 해석되고 있는 것을 알 수 있다.

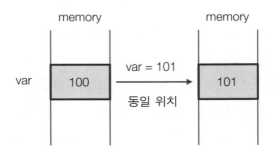

[그림 9-10] C 언어에서 변수 값을 변경한 경우

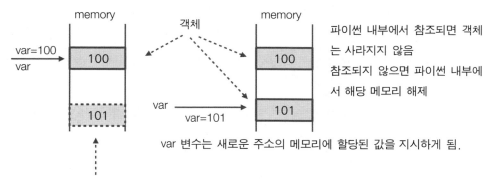

파이썬 내부에서 참조되면 객체는 사라지지 않음

참조되지 않으면 파이썬 내부에서 해당 메모리 해제

var 변수는 새로운 주소의 메모리에 할당된 값을 지시하게 됨.

101을 값으로 가지는 객체는 var=101 이전부터 메모리 상에 존재할 수도 있음

[그림 9-11] 파이썬에서 변수 값을 변경한 경우

C 언어에서 변수는 해당 프로그램이 수행되는 한 사라지지 않고 계속 유지된다. 단 전역변수일 경우에만 해당되고 지역변수는 고려하지 않는다. 파이썬에서는 C 언어와 달리 변수를 실행시간에 명시적으로 삭제할 수 있다. 앞선 내용에서 변수는 값을 가지고 있는 것이 아니라 값을 가지고 있는 객체를 참조한다고 하였다. 이러한 관점에서는 변수를 삭제한다는 것은 변수가 참조하였던 객체를 삭제하는 것으로 해석될 수 있다. 하지만 변수의 삭제가 관련 객체의 삭제를 반드시 의미하지는 않는다. 변수가 참조하였던 객체는 다른 변수에 의해 참조될 수 있으므로 특정 변수를 삭제하더라도 객체는 메모리상에 유지될 수 있다.

특정 객체를 참조하던 변수가 삭제되면 파이썬 내부적으로는 해당 객체에 대한 참조 회수를 감소시키는 작업이 진행된다. 변수는 아래와 같이 내장함수 del로 삭제될 수 있다.

```
>>> a=100
>>> a
100
>>> del(a)      # 변수를 지우더라도 100이라는 값은 메모리상에서 사라지지 않을 수 있음
>>> s='abcd'
>>> del(s)
```

위 코드에서는 del(a)를 사용하여 변수 a를 삭제한다. 변수가 삭제되었으므로 코드에서는 더 이상 a 변수에 접근할 수 없다. 중요한 것은 변수 a가 삭제되었다 하더라도 100이란 값은 메모리상에 그대로 유지될 수도 있다. 위 변수 외에 다른 위치에서 100이라는 값을 사용한다면 100이라는 값은 변수의 삭제와 관계없이 그대로 유지되는 것이다. 변수를 삭제한다는 의미는 변수가 참조하였던 객체의 참조 회수를 1 감소시키는 것이다. 어떤 객체에 대한 참조 회수가 0이 되면 파이썬 내부에서 그 객체를 메모리상에서 삭제하는 것이다. 파이썬에서 사용되는 객체에 대한 참조 회수 정보는 sys 모듈에 getrefcount 메서드를 사용하면 조회할 수 있다.

개발자들은 본인들이 작성한 코드에서 더 이상 사용되지 않는 객체에 대한 메모리 해제를 고민할 필요가 없다. 코드가 수행될 때 파이썬 내부에서 참조되지 않는 객체에 대해서는 자동적으로 메모리 해제가 이루어지기 때문이다. 객체에 대한 보다 자세한 내용은 뒷부분에서 다루도록 하겠다.

9.5.2 다중변수 대입

파이썬에서는 변수에 값을 대입할 때 동시에 여러 변수를 사용할 수 있다.

```
>>> b, c, d, e = 2, 3, 4, 'test'          # 다중변수 대입
```

위 예제는 b, c, d, e 변수들은 2, 3, 4 값을 가지는 정수형 객체들과 'test' 문자열을 가지는 문자열 객체를 각각 참조한다고 할 수 있다. 위와 같이 여러 개의 값들을 하나의 변수가 아닌 여러 변수들을 사용하여 한꺼번에 대입할 수 있다.

9.6 자료형 종류

본 내용에서는 파이썬에서 사용되는 여러 자료 형에 대해서 살펴보도록 한다. 특히 리스트와 튜플 및 딕셔너리 형태는 C 언어에서 사용되지 않는 자료형이라서 관심 있게 살펴볼 필요가 있다.

9.6.1 수치형

파이썬 프로그램에서 사용되는 수(Number)의 형태는 정수, 실수, 복소수로 나누어진다. C 언어에서는 컴파일러가 알 수 있도록 정수, 실수들을 명확하게 구분하여 사용해야 하지만 파이썬에서는 수의 타입을 선언할 필요가 없다. 파이썬에서는 다른 언어에 비해 수를 사용함에 있어 매우 편하고 직관적이다.

```
>>> a = -100          # 정수 형태
>>> b = 0.5           # 실수 형태
>>> c = 1+3j          # 복소수 형태
>>> c.real
1.0
>>> c.imag
3.0
```

파이썬에서는 10진수를 포함한 여러 진수의 숫자들도 아래와 같이 표현할 수 있다.

```
>>> 0xb               ← 16진수 표현
11
>>> 0o13              ← 8진수 표현 (octal)
11
>>> 0b1011            ← 2진수 표현
11
```

정수형 데이터들은 다시 10진수 외에 16진수, 8진수 및 2진수로도 표현될 수 있다. 위와 같이 16진수 경우는 '0x'로 시작하고 8진수는 '0o'로 시작하고 2진수는 '0b'로 시작된다.

파이썬은 프로그램 개발 시에 데이터의 형태를 선언하지 않고 실행 시간(Run Time)에 데이터의 타입이 결정되는 동적 타이핑(Dynamic Typing) 방식이다. C 언어는 프로그램 코드상에서 사용되는 데이터의 타입을 미리 명시해야 하는 정적 타이핑(Static Typing) 방식이다. 파이썬의 동적 타이핑은 프로그래머 입장에서 상당히 편리하다. 하지만 이런 점이 파이썬의 수행 속도가 C와 같은 컴파일러 기반의 언어에 비해 느려질 수 밖에 없는 요인들 중에 하나로 작용한다.

임의의 숫자들은 아래와 같은 방법으로 2, 8, 16진수 형태의 값을 확인할 수 있다.

```
>>> bin(5)
'0b101'
>>> oct(5)
'0o5'
>>> hex(5)
'0x5'
```

위 예제에서 bin, oct, hex 함수들은 숫자를 진수 형태의 문자열로 변환시키는 것을 알 수 있다. 즉 위 함수들이 반환하는 것은 숫자가 아닌 문자열 형태이다.

```
>>> type(bin(5))
<class 'str'>          ← bin 함수가 반환하는 형태는 숫자가 아닌 문자열
```

위 함수들에 의해 반환된 문자열은 int 함수를 사용하여 숫자로 다시 변환될 수 있다.

```
>>> int(bin(5), 2)     ← bin(5)가 반환하는 문자열을 2진수로 해석하여 10진수로 변환
5
>>> int(oct(5), 8)     ← oct(5)가 반환하는 문자열을 8진수로 해석하여 10진수로 변환
5
>>> int(hex(5), 16)    ← hex(5)가 반환하는 문자열을 16진수로 해석하여 10진수로 변환
5
```

```
>>> int('0x1234', 16)
4660
>>> int(0x1234, 16)              ← int 함수의 첫 번째 매개변수는 문자열이 사용되어야 함
Traceback (most recent call last):
  File "<pyshell#8>", line 1, in <module>
    int(0x1234, 16)
TypeError: int( ) can't convert non-string with explicit base
```

파이썬에서는 데이터의 형태를 반환하는 내장함수 type( ) 함수가 있다.

```
>>> type(1.12)
<class 'float'>

>>> b = 3
>>> type(b)
<class 'int'>

>>> c = 3 + 2j
>>> type(c)
<class 'complex'>
```

9.6.2 문자열

프로그램 언어에서 많이 사용되는 자료들 중에 하나가 문자들이다. 데이터가 하나의 문자로 구성될 수도 있으며 문자들의 집합인 문자열로 구성될 수도 있다. C 언어에서는 문자와 문자열이 서로 구분되어 사용되지만 파이썬에서는 모두 문자열로 사용된다. 즉 하나의 문자로만 구성된 데이터도 문자열로 인식된다는 것이다.

```
>>> s = 'Hello, This is Python'
>>> a = "It's Python"

>>> b = 'My name is "JWS".'
>>> print(b)
My name is "JWS".
```

C 언어와 달리 파이썬에서 문자열은 양쪽 끝 부분에 작은 따옴표(')를 사용해도 되고
큰 따옴표(")를 사용하여도 된다. 하지만 작은 따옴표가 문자열의 일부로 구성된다면 문
자열 양단에는 큰 따옴표를 사용해야 하고 큰 따옴표가 문자열의 일부로 구성된다면 문
자열 양단에는 작은 따옴표를 사용해야 오류가 발생하지 않는다. 이러한 점은 파이썬이
문자열 처리에 있어 타 언어에 비해 우수한 점이라 할 수 있다.

문자열의 각 문자들은 수정할 수 없다.

파이썬에서 문자열 데이터는 상수로 취급되어 수정이 불가능하다. 파이썬에서는 수정
불가능한 데이터 타입을 immutable이라 부른다.

```
>>> s='abcd'
>>> s[0] = 'A'                              ← 오류 발생
Traceback (most recent call last):
  File "<pyshell#58>", line 1, in <module>
    s[0] = 'A'
TypeError: 'str' object does not support item assignment
```

위 예에서는 변수 s가 참조하는 문자열에서 첫 번째 문자를 'A'로 변경하려고 하지만
오류가 발생한다. 발생된 오류내용은 문자열 객체에는 대입 연산자를 사용하여 값을 변
경할 수 없다는 의미이다. 파이썬 문자열에서 특정 문자열을 수정하는 방법은 아래와 같
이 문자열 객체에 포함된 replace 메서드를 사용한다.

```
>>> s='abcd'
>>> s.replace('ab', 'AB')
'ABcd'
>>> s                               # 객체 s의 내용이 변경된 것이 아님
'abcd'
>>> ss = s.replace('ab', 'AB')      # 변수 ss에 의해 참조되는 새로운 객체 생성
>>> ss
'ABcd'
```

s.replace('ab', 'AB')를 수행하면 s가 참조하는 객체 내부 문자열에서 'ab' 부분을 'AB'로 변경할 수 있다. 하지만 앞서 언급하였듯이 문자열 객체는 변경 불가능한 immutable 형태이므로 변수 s가 참조하는 객체의 내부가 변경된 것은 아니다. 프롬프트상에서 s를 입력하면 s가 참조하는 객체 내용에 변화가 없었다는 것을 확인할 수 있다. 따라서 특정 문자열을 변경하기 위해서는 새로운 문자열 객체가 생성되고 그 객체 내부에 변경된 문자열이 반영되는 구조로 프로그램이 수행되는 것이다. 위 예제에서는 새로운 문자열 객체를 참조할 변수로 ss를 사용하고, s.replace('ab', 'AB') 함수의 수행결과를 변수 ss에 대입하는 형태로 진행한다. 결과적으로 변수 ss는 'ABcd'라는 문자열을 가지는 새로운 객체를 참조하게 되는 것이다.

문자열에 대한 줄바꿈

```
>>> s='1st line \n2nd line \n3rd line'
>>> print(s)
1st line
2nd line
3rd line

>>> s = '''1st line
... 2nd line
... 3rd line'''
```

```
>>> print(s)
1st line
2nd line
3rd line

>>> h = """첫 번째
… 두 번째"""
>>> print(h)
첫 번째
두 번째
```

문자열을 처리할 때 문자열을 담고 있는 하나의 변수에 줄 바꿈이 들어가야 할 경우가 있다. 이럴 경우에는 ' \ '로 시작되는 이스케이프 문자를 사용하면 되지만 가독성(readability)이 떨어져서 모양새가 좋지 않다. 이럴 경우 큰 따옴표 혹은 작은 따옴표 3개를 양쪽에 사용하여 처리하면 훨씬 보기가 좋다.

파이썬에서는 문자열을 효과적으로 처리하기 위한 여러 방법들 및 처리 함수들이 있다. 이런 내용들은 뒤쪽 문자열 처리 부분에서 다루도록 하겠다.

문자열 처리에 있어 파이썬 2.x에서는 아스키 기반의 문자열과 유니코드 기반의 문자열이 함께 사용되었지만 파이썬 3.x에서는 UTF-8 기반의 유니코드 문자열로 통합되어 사용된다. 파이썬 3.x에서 아스키 기반의 문자열을 처리하기 위해서는 바이트(byte) 데이터 형을 사용하면 된다.

유니코드는 한 문자에 4바이트를 사용하여 표현하도록 설계되었다. 유니코드는 문자 표현을 위해 총 17개의 문자 평면이라는 것으로 다시 세분화되는데, 크게 분류하면 기본 평면과 보조 평면 두 개의 평면으로 나누어진다. BMP(Basic Multilingual Plane)라고 불리는 기본 평면은 두 바이트로 구성되어 있으며 이 평면에는 한글을 비롯한 거의 모든 다국어들 포함되어 있다. 따라서 유니코드로 한 문자를 표현할 때는 2바이트가 일반적으로 사용되는 것이다. BMP 영역에서 한글 문자의 범위는 0xAC00 ~ 0xD7AF 구간에 할당되어 있다.

UTF-8은 무엇인가?

영어 알파벳 문자를 표현할 때는 1바이트이면 충분하다. 1바이트면 256개의 서로 다른 값을 가질 수 있으므로 영문 소문자 및 대문자 모두 표현 가능하다. 알파벳 문자를 사용하는 영어권에서는 1바이트로 처리 가능한 문자를 유니코드로 처리하면 문자당 2바이트가 사용되므로 메모리 낭비의 소지가 생겨 유니코드 사용에 대한 이득이 없는 것이다. 따라서 유니코드와 호환성을 유지하면서 메모리 낭비를 줄이기 위한 문자 인코딩(Encoding) 방식이 필요해지는 것이다. 이러한 방식의 기본은 자주 사용되는 문자에는 적은 데이터를 할당하고 자주 사용되지 않는 문자에 대해서는 상대적으로 많은 데이터를 할당하여 전체적으로 메모리 사용량을 줄이는 가변길이 변환 방법이다. 가변길이 변환 방식들 중에 하나인 UTF-8 방식에서 알파벳은 문자당 1바이트로 표시되고 한글은 3바이트로 표시된다.

'가' 문자에 대한 표현 방식

유니코드 (0xAC 0x00)

UTF-8 (0xEA 0xB0 0x80)

9.6.3 리스트 (List)

리스트는 여러 항목들을 저장할 수 있는 자료구조로 C언어의 배열과 아주 흡사하다. 하지만 C언어의 배열과 달리 각 항목의 데이터가 같은 자료형이 아니어도 상관없다. 리스트 내부의 각 항목들은 순서화(sequence)되어 있으며 ','로 구분되어야 하고 시작과 끝은 대괄호'[ ]'를 사용한다. 파이썬에서 리스트는 아주 많이 사용되는 매우 중요한 자료형이다. 먼저 리스트는 어떻게 사용되고 있는 지 살펴보자.

```
>>> L=[ ]
>>> L= [1, 2, 3.14, 'test']
>>> L[2]
3.14
>>> L[3]
'test'
>>> L[-1]
'test'
```

```
>>> L[1] = 1.0          # 두 번째 항목이 2에서 1.0으로 교체됨
>>> L[3][2]             # 네 번째 항목이 문자열이고, 그 문자열의 세 번째 문자 추출
's'
```

위와 같이 리스트는 빈 항목이 될 수 있으며 형태가 다른 여러 항목들이 섞여 있을 수 있다. 각 항목들의 형태는 정수, 실수, 문자열 어떠한 형태의 데이터들이 함께 포함되어도 상관없다.

리스트의 각 항목들에 대한 인덱싱은 문자열 객체와 마찬가지로 인덱스가 0부터 시작되고 마지막 항목에 대한 인덱스로 -1을 사용할 수 있다. L= [1, 2, 3.14, 'test']에서 L[3]은 문자열 'test'로 되어 있으며 L[3][2]는 다시 문자열의 세 번째 항목인 's'를 가리킨다.

항목 추가, 삭제 및 수정

리스트에 새로운 항목을 추가할 경우에는 append( ), insert( )와 같은 리스트 내장 메서드를 사용하도록 한다. 리스트 내장 메서드에 대한 설명은 뒤쪽 클래스 메서드 부분을 살펴보도록 한다.

리스트에 있는 항목을 삭제할 경우에는 del( ) 내장함수를 다음과 같이 사용한다.

```
>>> L=[1,2,3,4,5,6,7,8]
>>> del(L[2])           # 리스트의 세 번째 항목 3을 삭제
>>> L
[1, 2, 4, 5, 6, 7, 8]
>>> del(L[1:5])         # 리스트의 두 번째 항목부터 다섯 번째 항목까지 삭제
>>> L                   # L[1], L[2], L[3], L[4]가 삭제된 상태
[1, 7, 8]
```

리스트의 항목을 수정할 경우에는 대입 연산자('=') 사용하여 다음과 같이 수정할 수 있다.

```
>>> L=[1, 2, 3, 4, 5]
>>> L[0] = 10
>>> L
[10, 2, 3, 4, 5]
>>> L[1:3] = [20, 30, 40, 50]
>>> L
[10, 20, 30, 40, 50, 4, 5]
```

"L[0]=10"은 리스트의 첫 번째 항목을 10으로 변경한다. 결과 값은 [10, 2, 3, 4, 5]와 같이 첫 번째 항목이 10으로 변경되었다.

리스트의 여러 항목들을 수정할 경우에는 주의가 필요하다. "L[1:3]=[20, 30, 40, 50]"에서 L[1:3]은 L[1]과 L[2] 두 항목들을 의미하는 데, [20, 30, 40, 50]은 네 개의 항목이 포함되어 있다. 대입하려는 항목의 개수도 L[1:3]에 맞추어 두 개가 되어야 할 것 같지만 그렇지는 않다. L[1]과 L[2]를 대신하여 [20, 30, 40, 50] 항목들이 들어간다고 생각하면 쉽게 이해된다. 결과적으로 L[1:3] 항목인 [2, 3]이 사라지고 [20, 30, 40, 50]이 그 자리에 들어가서 [10, 20, 30, 40, 50, 4, 5]로 수정되는 것이다.

합치기

리스트 객체는 '+' 연산자를 사용하여 여러 리스트 객체들을 하나의 리스트 객체로 합칠 수 있다.

```
>>> m = [1, 2, 3]
>>> n = [4, 5, 6]
>>> m+n
[1, 2, 3, 4, 5, 6]
```

반복하기

리스트 객체는 '*' 연산자를 사용하여 객체 내부 값이 반복적으로 구성되어 있는 객체로 만들 수 있다.

```
>>> m = [1, 2, 3]
>>> m = m * 3
>>> m
[1, 2, 3, 1, 2, 3, 1, 2, 3]
```

m*3은 객체 m의 데이터가 3번 반복되는 객체를 생성한다.

클래스 메서드

```
>>> m = [1, 2, 3]          # 리스트 객체 생성
>>> m.append(5)            # 리스트 끝부분에 5을 추가              [1, 2, 3, 5]
>>> m.insert(3, 7)         # 리스트 네 번째 항목에 7을 추가        [1, 2, 3, 7, 5]
>>> m.reverse( )           # 항목들의 순서를 반대로 함             [5, 7, 3, 2, 1]
>>> m.sort( )              # 항목들을 크기 순서대로 나열           [1, 2, 3, 5, 7]
>>> m.pop( )               # 리스트의 마지막 항목을 반환 후 그 항목을 삭제
7
>>> m                      # 메서드 pop( )에 의해 리스트의 마지막 항목 7은 삭제됨
[1, 2, 3, 5]
```

위와 같이 리스트 클래스의 내부 메서드들을 사용하면 리스트에 대한 다양한 처리를 할 수 있다. 클래스 내부의 메서드를 사용하여 데이터를 처리할 때는 객체 이름 뒤에 '.'을 붙이고 그 뒤에 해당 메서드 이름을 적으면 된다.

리스트 처리에 주의할 점

리스트 데이터 처리에 있어 한 가지 주의할 점은 일부 메서드들은 결괏값을 반환하는 것이 아니라 리스트 항목들을 변경한다는 것이다. 따라서 아래와 같은 코드는 적합하지 않다.

```
>>> m = [1, 2, 3]
>>> n = m.append(5)
>>> n                      # 변수 n은 어떠한 객체도 참조하지 않는다.(결과 값이 없음)
>>> type(n)                # <class 'NoneType'>
>>> m
[1, 2, 3, 5]
```

위와 같이 n=m.append(5)를 실행하면 n 변수는 변경된 리스트를 참조하지 않는다. 변수 n은 아무런 값도 가지지 않는 'NoneType' 객체를 참조하게 된다. 변경된 객체 내용은 여전히 n 변수가 아닌 m 변수에 의해서만 참조되고 있다.

리스트의 대입과 복사

```
>>> m = [1, 2, 3, 5]
>>> n = m
>>> n
[1, 2, 3, 5]
>>> m.append(6)            # m 변수는 객체 [1, 2, 3, 5, 6]을 참조하게 된다.
>>> n                      # n 변수가 참조하는 객체가 변화되었음.
[1, 2, 3, 5, 6]
>>> n is m                 # 동일 객체 참조여부 확인
True
```

위 예제에서 보면 m.append(6) 수행 후 n 변수가 참조하는 리스트 객체 항목을 확인하면 변화가 있었다. 즉, n=m 수행은 복사본을 생성시키는 것이 아니라 동일한 객체가 두 변수에 의해 참조되도록 하는 것이다. 따라서 변수 m과 n은 동일한 객체를 참조하므로 m.append(6) 수행 후 변수 n을 출력하면 리스트의 마지막 항목에 6이 추가되어 있는 것을 확인할 수 있다. 두 변수가 참조하는 객체가 동일한 객체인지 여부를 판단할 때는 비교 연산자 'is'를 사용하여 확인할 수 있다. 위 예에서는 n is m을 수행하였을 때 True가 반환되므로 두 변수는 동일한 객체를 참조한다.

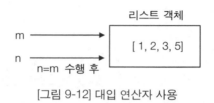

[그림 9-12] 대입 연산자 사용

이번에는 변수 n을 만들어 변수 m이 참조하는 객체의 복사본을 가지도록 해보자. 복사본을 가리킨다는 의미는 m이 참조하는 객체와 n이 참조하는 객체가 서로 별개의 객체라는 의미이다.

```
>>> n = m.copy( )          # 리스트 클래스 copy 메서드 사용
>>> n is m                 # 동일 객체 참조 여부 확인
False
>>> m.append(6)
>>> m
[1, 2, 3, 5, 6]
>>> n                      # m 변수와 n 변수가 참조하는 객체들이 서로 다르다.
[1, 2, 3, 5]
```

리스트 클래스의 copy 메서드는 리스트 항목에 대한 복사를 수행하여 새로운 객체를 생성한다. 새로이 만들어진 객체는 변수 n에 의해 참조되게 된다. 변수 m과 변수 n이 참조하는 것이 서로 별개의 객체이므로 m.append(6)를 실행하더라도 n이 참조하는 객체에는 전혀 영향을 주지 않는다.

리스트의 참조 및 복사에 대한 내용은 뒷부분에서 다루어질 것이다.

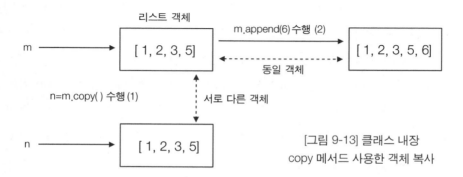

[그림 9-13] 클래스 내장 copy 메서드 사용한 객체 복사

is와 == 연산자의 차이점을 살펴보자

```
>>> a = [1, 2, 3, 5]
>>> b = a          → 새로운 변수 b가 a가 참조하던 객체를 참조하게 함(변수 간의 단순 대입)
>>> b is a                  → True
>>> b == a                  → True

>>> c = a.copy( )           → 복사하여 새로운 객체 생성
>>> c is a                  → False (a와 c가 참조하는 객체는 별개의 객체임)
>>> c == a                  → True (True를 반환)
>>> a[0] = 0                → 변수 a가 지시하는 객체 내부 항목 값을 변경
>>> c == a                  → False
```

정리하면

is 연산자는 두 변수에 의해 참조되는 객체가 동일한 객체인지 판단

== 연산자는 두 변수에 의해 참조되는 객체 내부의 데이터가 동일한지 판단

리스트 클래스의 메서드들에 대한 정보는 >>>help(list) 혹은 >>>dir(list)를 실행하면 확인할 수 있다.

9.6.4 튜플 (Tuple)

튜플 자료형은 리스트와 아주 흡사하다. 리스트에서는 대괄호가 사용되지만 튜플에서는 아래와 같이 소괄호를 사용한다.

```
>>> t = (1, 2, 3, 4, 5)
>>> t = ('abc', 'def', 0)
>>> t[0]
'abc'
```

튜플과 리스트의 가장 큰 차이점은 튜플의 값은 변경될 수 없다는 것이다.

각 항목은 상수 형태의 값이라서 변경될 수 없으며 값을 변경하려 하면 아래와 같은 오류 메시지가 출력된다.

```
>>> t[0]=0
Traceback (most recent call last):
  File "<pyshell#45>", line 1, in <module>
    t[0]=0
TypeError : 'tuple' object does not support item assignment
```

더하기 및 곱하기 연산

튜플도 문자열이나 리스트 타입과 마찬가지로 더하기('+') 및 곱하기('*') 연산자를 사용할 수 있다. 더하기 연산으로 두 개 이상의 튜플들을 하나의 튜플로 합치고, 곱하기 연산으로 튜플 내부에 값들이 반복적으로 구성되는 튜플로 만들 수 있다.

```
>>> t0 = (1, 2, 3)
>>> t1 = (4, 5)

>>> t = t0 + t1
>>> t
(1, 2, 3, 4, 5)

>>> t = 2*t1
>>> t
(4, 5, 4, 5)
```

9.6.5 딕셔너리 (Dictionary)

딕셔너리라는 사전을 의미한다. 사전에서 정보를 검색할 때는 특정 키를 사용하여 검색이 시작된다. 키를 사용하여 검색이 이루어지고 키에 대응되는 값을 살펴보는 것이다. 파이썬에서는 딕셔너리 자료 구조가 사용되는데 이 자료 구조는 **키와 값들의 조합**으로 구성되어 있다. 아래와 같이 딕셔너리는 키와 값이 하나의 쌍으로 구성되어 있는 집합이라고 생각하면 된다.

```
{key1 : value1,  key2 : value2, . . . }
```

딕셔너리 객체의 특징을 요약하면 다음과 같다.

- 항목들 사이에 키(key)는 절대 중복될 수 없음(변경될 수 없는 고유한 값을 가져야 함)
- 항목들 사이에 값(value)은 중복될 수 있음(변경될 수도 있음)
- 여러 자료형의 키가 포함될 수 있음(변경 가능한 속성을 가진 리스트 타입은 안됨)
- 각 항목은 키:값 형태로 구성
- 객체 내부 데이터 접근에는 키를 사용함
- 객체는 중괄호 '{ }'를 사용

아래와 같이 구성된 딕셔너리에 대해 설명하도록 하겠다.

```
>>> d = { 1:'1', 2:0, 'test':3, (0, 1, 2):[1, 2, 3] }
>>> type(d)
<class 'dict'>
```

키	값
1(정수)	'1'(문자열)
2(정수)	0(정수)
'test'(문자열)	3(정수)
(0, 1, 2)(튜플)	[1, 2, 3](리스트)

위와 같이 하나의 객체에는 여러 자료형의 키들이 존재할 수 있다. 마찬가지로 키에 대응되는 값들도 다양한 형태의 자료형이 사용될 수 있다. 하지만 키는 변경될 수 없는 속성을 가져야 한다. 따라서 변경 가능한 속성을 가지는 **리스트 자료형은 키로 사용될 수 없다.**

```
>>> d={[1,2,3]:5}                    # 리스트 자료형은 키로 사용될 수 없음
Traceback (most recent call last):
  File "<pyshell#16>", line 1, in <module>
    d={[1,2,3]:5}
TypeError: unhashable type: 'list'
```

딕셔너리 자료형은 키와 값이 관계를 가지는 부분에서 많이 사용될 수 있다. 예를 들면 사람 이름을 신장, 나이, 전화번호와 같은 정보들과 관련 지을 때 사용될 수 있다. 사람 이름은 키로 사용하고 나머지 정보들을 값들로 사용하면 해당 정보들을 딕셔너리로 쉽고 편리하게 자료화 시킬 수 있다

딕셔너리 값 추출

딕셔너리 자료 구조는 문자열, 리스트 및 튜플처럼 각 항목들이 순차적(sequence)인 형태로 구성되는 형태가 아니라서 임의의 항목을 추출할 때 번호를 사용한 인덱싱 방식을 적용할 수 없다. 딕셔너리 객체에서 임의의 값을 추출할 경우 [그림 9-14]와 같은 구조로 사용되어야 한다.

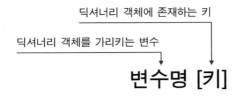

딕셔너리 객체에 존재하는 키
딕셔너리 객체를 가리키는 변수

변수명 [키]

[그림 9-14] 딕셔너리 객체 내부 값을 가져올 경우는 값에 해당하는 키를 사용

아래 예제는 학생들의 신장과 몸무게 정보를 딕셔너리 형태로 자료화시키고 특정 학생의 신장과 몸무게 정보를 추출하는 것이다. 객체 내부 값을 추출하기 위해서는 리스트나 튜플처럼 숫자가 사용되는 것이 아니라 키를 사용해야 한다. 키를 사용하여 그 변수가 지시하는 객체의 키들을 검색하여 키에 해당되는 값이 추출되는 것이다.

```
>>> student = {'홍길동' : [179, 65], '김철수' : [165, 60], '박영수' : [182, 70]}
>>> student['박영수']          # student가 참조하는 딕셔너리 객체에서 '박영수' 키에
                               해당하는 값을 추출
[182, 70]                      # 키('박영수')에 해당되는 값([182, 70]) 반환됨

>>> student[0]                 #  student 변수에는 0을 키로 가지는 항목이 없음
Traceback (most recent call last):
  File "<pyshell#49>", line 1, in <module>
    student[0]
KeyError: 0
```

위와 같이 student[0]을 수행하면 변수 student가 참조하는 딕셔너리 객체에서 키 값으로 0을 가진 항목이 존재하지 않아서 발생하는 오류이다.

딕셔너리 객체에서 값을 추출할 경우는 위와 같이 '변수명[키]'와 같은 방법을 사용해야 키에 해당되는 값을 추출할 수 있다.

딕셔너리 항목 추가, 삭제 및 수정

이미 생성된 딕셔너리 객체에 새로운 항목을 추가할 수도 있다.

```
>>> d={0 : 'x', 2 : 'z'}
>>> d['x']='xyz'               # 키('x')와 값('xyz') 추가
>>> d
{0 : 'x', 2 : 'z', 'x' : 'xyz'}
```

객체 내부의 특정 항목을 del 명령어를 사용하여 삭제할 수 있다.

```
>>> d={0 : 'x', 2 : 'z'}
>>> del d[0]                          # 키(0)를 가진 항목을 삭제
>>> d
{2 : 'z'}
```

객체 내부의 항목의 값을 변경할 수도 있다.

```
>>> d={0 : 'x', 2 : 'z'}
>>> d[0]='y'                          # 키(0)를 가진 항목의 값을 'y'로 변경
>>> d
{0 : 'y', 2 : 'z'}
```

9.7 시퀀스 자료형

C언어에서 문자열이나 배열은 하나의 변수가 여러 항목들을 가지는 경우라고 할 수 있다. 파이썬에도 이와 유사하게 하나의 객체에 여러 항목들이 포함되어 있는 객체들이 있다. 대표적으로 문자열, 리스트, 튜플과 같은 자료형이다. 이러한 자료형들을 시퀀스(sequence) 자료형이라 부른다. 시퀀스 자료형은 객체 내부의 각 항목들이 순서 정보를 가지고 있어서 인덱스(Index)와 슬라이스(Slice) 값을 사용하여 내부 항목들을 참조할 수 있는 자료형이다. 이러한 자료형은 프로그램에서 자주 사용되며 컨테이너(Container) 자료형이라 불리기도 한다. 이러한 시퀀스 자료형들 중에서 문자열, 튜플 내부의 각 항목들은 변경 불가능 (immutable)하고 리스트 내부 각 항목은 변경 가능(mutable)하다. 키와 값의 조합으로 구성된 딕셔너리 경우는 여러 개의 항목들을 가지지만 순서 정보를 가지고 있는 자료 구조가 아니라서 시퀀스 자료형이라 볼 수 없다.

시퀀스 자료형은 일반적인 숫자 형태의 자료형처럼 다양한 연산이 적용될 수 있다. 예를 들면 일반 숫자처럼 '+' 연산이 적용될 수 있지만 숫자에 적용된 연산과는 다른 동작을 수행한다.

시퀀스 자료형에 적용될 수 있는 연산들은 다음과 같다.

- 더하기 (Addition)
- 곱하기 (Multiplication)
- 항목 확인 (Item Check)
- 내장 함수 (Built-in Function)

9.7.1 인덱싱 (Indexing)과 슬라이싱 (Slicing)

시퀀스 자료형 객체의 임의의 항목에 인덱스를 사용하여 접근할 수 있다. 인덱스는 0부터 시작되어 증가되거나 -1부터 시작되어 감소될 수 있다. 인덱스 값이 0이면 객체의 첫 번째 항목을 가리키고, 1이면 두 번째 항목을 가리킨다. 만약 인덱스 값이 -1이면 객체의 마지막 항목을 가리키고, -2이면 마지막에서 두 번째 항목을 가리킨다.

```
L=[1, 2, 3, 4, 5]
L[0]                    # 객체의 첫 번째 항목인 1을 가리킴
L[1]                    # 객체의 두 번째 항목인 2를 가리킴
L[-1]                   # 객체의 마지막 항목인 5를 가리킴
L[-2]                   # 객체의 마지막에서 두 번째 항목인 4를 가리킴
```

인덱싱이 시퀀스 자료형 객체의 임의의 항목 하나하나를 가리킨다면 슬라이싱은 여러 항목들을 가리킬 수 있다. 기본적으로 슬라이싱은 항목의 시작 인덱스와 마지막 인덱스로 구성된다. 예를 들어 L[0:3] 의미는 객체 L의 첫 번째 항목부터 세 번째 항목까지 가리키게 된다. 0부터 인덱싱이 시작되므로 3 의미는 네 번째를 의미하지만 슬라이싱에서는 마지막 인덱스 직전까지만 포함되므로 L[0:3] 의미는 L[0], L[1], L[2]까지 세 개의 항목들만 포함되는 것이다.

```
L=[1, 2, 3, 4, 5]
L[0:3]                  # [1, 2, 3]
L[1:4]                  # [2, 3, 4]
```

시작 인덱스가 명시되지 않으면 첫 번째 항목인 0부터 시작되는 것이고 마지막 인덱스가 명시되지 않으면 마지막까지 인덱싱되어 마지막 항목은 포함된다.

```
L[:3]              # [1, 2, 3], 첫 번째 항목 포함
L[1:]              # [2, 3, 4, 5], 마지막 항목 포함
L[:-1]             # [1, 2, 3, 4], 첫 번째 항목부터 마지막 직전 항목까지
```

슬라이싱에서 마지막 인덱스에 해당하는 항목을 포함시키지 않도록 설계한 것은 상당히 합리적이라는 생각이 든다. 가령, L[:3] 의미는 네 번째 항목이 포함되지 않는 L[0], L[1], L[2] 세 항목들만 포함된다. 아래 경우와 같이 시퀀스 데이터에서 처음 두 개 항목 혹은 마지막 두 개 항목을 추출하는 경우를 생각해보자.

```
L[:2]              # [1, 2], 처음 두 개 항목들을 추출
L[-2:]             # [4, 5], 마지막 두 개 항목들을 추출
```

0부터 인덱싱이 시작되므로 슬라이싱 구간에 명시된 마지막 인덱스를 포함시키지 않는 것은 직관적이고 타당해 보인다.

슬라이싱에서 좀 더 복잡한 경우에 대해서 살펴보도록 하자.

```
L[:5:2]            # [1, 3, 5]
L[::3]             # [1, 4]
L[::-1]            # [5, 4, 3, 2, 1]
L[4:0:-1]          # [5, 4, 3, 2]
```

L[:5:2] 의미는 처음부터 4번 인덱스까지 2씩 증가시키면서 참조하는 것이다. 즉, L[0], L[2], L[4]들이 참조된다. L[::3] 의미는 처음부터 마지막까지 인덱스를 3씩 증가시키면서 각 항목들을 참조하는 것이다. 결국 L[0], L[3]이 참조되어 결과 값은 [1, 4]가 된다. L[::-1] 의미는 인덱싱 방향이 반대 방향으로 움직인다는 것을 의미하고 마지막부터 처음까지 인덱스를 감소시키면서 각 항목들을 참조하는 것이다. 결과적으로 [5, 4, 3, 2, 1]이 참조된다. L[4:0:-1] 의미는 인덱싱 방향을 반대로 움직이면서 다섯 번째 항목부터 두 번째 항목

까지 각 항목들을 참조하여 결과 값은 [5, 4, 3, 2]가 된다.

```
s = 'abcdef'
s[::-1]                    # 'fedcba'
```

문자열 객체도 시퀀스 형태의 객체이므로 슬라이싱 연산이 적용될 수 있다.

9.7.2 더하기 (Addition)

시퀀스 형태의 객체에 더하기('+') 연산을 적용하면 두 객체가 서로 산술적으로 더해
지는 것은 아니고 객체가 서로 연결(concatenation)된다.

```
s0 = 'abc'
s1 = 'def'
s = s0 + s1            # 'abcdef'
```

위와 같이 두 개의 문자열 객체들이 합쳐져서 새로운 객체로 생성된다. 'abc' 문자열을
가진 객체와 'def' 문자열을 가진 객체가 '+' 연산으로 'abcdef' 문자열을 가진 새로운 객
체로 생성되는 것이다. 시퀀스 객체에 대한 '+' 연산은 문자열 객체뿐만 아니라 리스트,
튜플에도 적용될 수 있으며 두 객체가 서로 연결되어 합쳐지는 연산을 의미한다.

9.7.3 곱하기

시퀀스 형태의 객체에 곱하기('*') 연산을 적용하면 두 객체가 서로 산술적으로 곱해지
는 것은 아니고 객체에 포함된 항목들이 곱해지는 회수만큼 반복(Repetition)된다.

```
s0 = 'abc'
s = s0 * 2              # 'abcabc'
```

문자열 'abc'를 가진 객체에 2를 곱하면 'abc' 문자열이 두 번 반복되는 'abcabc' 문자열
을 가진 새로운 객체가 생성되는 것이다. 이 연산은 리스트, 튜플 자료형에도 적용될 수
있다.

9.7.4 항목 확인 (Item Check)

시퀀스 형태의 객체에는 여러 항목들이 포함되어 있다. 이 항목들에 특정 항목이 포함되어 있는지 없는지를 확인하는 방법은 프로그램에서 자주 사용된다. 주로 조건문 처리를 담당하는 if 문장과 함께 사용되는 경우가 많다.

항목 확인에 사용되는 연산은 in과 not in 연산이 사용된다. in 연산은 특정 항목이 객체 내부에 포함되어 있는지 확인하는 것이고, not in 연산은 특정 항목이 객체 내부에 포함되지 않는 것을 확인하는 것이다. 이러한 연산의 결과는 True, False 형태로 반환된다.

```
>>> 3 in [1, 2, 3, 4, 5]
True
>>> 1 not in [1, 2, 3, 4, 5]
False
>>> 'test' in ['abc', 'def', 'ghi']
False
```

9.7.5 내장 함수(Built-in Function)

파이썬에서는 다양한 내장 함수들이 있다. 이러한 내장 함수들에서 시퀀스 형태의 객체와 더불어 자주 사용되는 몇 개의 함수들을 살펴보도록 하자.

len

시퀀스 객체의 길이를 반환한다.

```
>>> s = 'abcde'
>>> len(s)
5
>>> L=[0, 1, 2, 'test']
>>> len(L)
4
```

sum

시퀀스 객체에 포함된 항목들의 합을 구한다.

```
>>> L = [1, 2, 3, 4, 5, 6]
>>> sum(L)
21
>>> sum( L[0:5:2] )                    # L[0], L[2], L[4] 데이터들에 대한 합을 구함
9
```

min

시퀀스 객체에 포함된 항목들 중에서 가장 작은 값을 반환한다.

```
>>> L=[1, 2, 3, 4, 5]
>>> min(L)
1
>>> s = 'abcde'
>>> min(s)
'a'
```

min 함수의 매개변수가 문자열 객체일 경우 해당 문자열에서 각 문자에 해당하는 코드 값 기준으로 가장 작은 코드 값을 가진 문자를 반환한다. 위 예제에서는 'a' 문자에 해당하는 아스키 코드 값이 0x61로 가장 작은 값을 가지므로 min('abcde') 함수는 문자 'a'를 반환한다.

max

시퀀스 객체에 포함된 항목들 중에서 가장 큰 값을 반환한다.

```
>>> L=[1, 2, 3, 4, 5]
>>> max(L)
5
>>> s = 'abcde'
>>> max(s)
'e'
```

파이썬에서 '+' 및 '*' 연산자를 사용하여 객체를 합치거나 반복할 수 있는 이유는 해당 클래스 내부에 특별히 구현된 메서드를 통해서 위와 같은 연산이 가능해진다.

'+' 연산의 경우는 __add__, '*' 연산의 경우는 __mul__ 메서드가 내부적으로 호출되어 실행되는 것이다. 이러한 메서드들은 이름 앞 뒤로 두 개의 '_'가 사용된다.

파이썬에서는 위 외에도 다양한 연산을 위한 메서드들이 준비되어 있으며 이러한 메서드들을 "magic method"라고 부르고 연산자 오버로딩(overloading)에 사용된다.

9.8 프로그램 제어문

일반적으로 프로그램이라는 것은 코드를 순차적으로 수행시키는 것을 의미한다. 하지만 코드를 수행하다 보면 특정 조건에 따라 선택적으로 실행되거나 순차적이지 않고 분기가 필요한 경우도 있다. 그리고 특정 위치의 코드 영역들을 지정한 횟수만큼 반복적으로 수행해야 하는 경우도 있다. 이렇게 코드가 순차적으로 수행되지 않고 경우에 따라 비순차적으로 수행되도록 하는 것을 일반적으로 흐름 제어(Flow Control)라고 부른다. 이러한 흐름 제어에 사용되는 프로그램의 문법적인 요소들인 if, for, while 사용법에 대하여 살펴보도록 한다.

9.8.1 if, elif, else (조건문)

'if' 문장은 특정조건을 판단할 경우에 사용한다. 특정 조건 만족 여부에 따라 프로그램이 실행되는 순서가 달라지는 것이다.

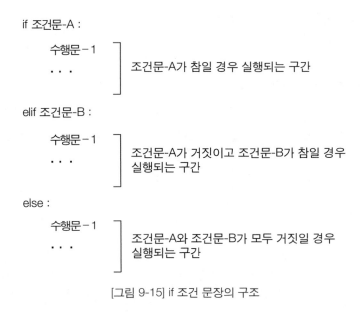

[그림 9-15] if 조건 문장의 구조

[그림 9-15]와 같이 if 문장에 있는 조건문은 참일 경우와 거짓일 경우 두 가지로만 구분된다. 해당 조건문이 참일 경우는 바로 다음 줄의 코드부터 else 혹은 elif 문장 바로 직전까지 수행된다. 그 다음 if ~ else 문장을 빠져 나온다. 경우에 따라 if 아래에 문장들만 있고 else 혹은 elif 영역 아래에는 문장들이 없을 수도 있다.

파이썬에서는 [그림 9-15]에서와 같이 if 영역, else 영역에 해당되는 프로그램 문장들이 C 언어처럼 중괄호 '{ }'를 사용하여 영역을 구분되지 않고 들여쓰기를 사용하여 각 영역들을 구분한다. if, elif, else 코드가 있는 마지막 줄에는 반드시 콜론(:) 문자가 사용되어야 한다.

```
a=5
if (a%2) == 0:
    print('even number')          # (1)
else:
    print('odd number')           # (2)
print('done')                     # (3)
```

위 예에서 if 문장은 "(a%2) == 0"을 수행하여 변수 a가 참조하는 객체의 값이 짝수 혹은 홀수 여부를 판단한다. 변수 a가 참조하는 객체의 값이 5(홀수) 값이므로 (2), (3) 문장이 차례로 실행된다. 만약 객체의 값이 짝수였다면 (1)과 (3) 문장이 차례로 실행되었을 것이다.

아래는 여러 조건을 체크하는 부분으로 elif를 사용하고 있다. elif는 여러 번 중복해서 사용될 수 있다.

```
if a > 0:
    print('plus')
elif a < 0:
    print('minus')
else:
    print('zero')
```

9.8.2 for (반복문)

for 문장은 특정 문장들을 반복적으로 수행할 때 사용된다. for 문장의 형식은 아래와 같은 형식으로 표현된다. for 문장도 if 문장과 마찬가지로 for 내부코드와 외부코드를 구분하기 위해서 들여쓰기를 사용해야 한다. 들여쓰기를 할 때는 탭 문자를 사용하는 것이 좋다.

for 변수 in 객체:
       수행문 - 1
         . . .
       수행문 - n

"for 변수 in 객체"에서 객체는 반복자(iterator)를 사용하여 데이터에 접근할 수 있는 객체만 사용될 수 있다. 반복자를 사용할 수 있는 객체는 객체 내부에 다수의 데이터를 가지고 있는 객체로 생각하면 쉽다. 지금까지 배운 자료형들 중에서 다수의 데이터를 가질 수 있는 객체는 문자열, 리스트, 튜플, 딕셔너리 등이 있다. 반복자에 대한 설명은 파이썬 기초 내용의 범위를 넘어서기 때문에 다루지 않겠다. 파이썬 관련 전문서적을 참고하기 바란다.

아래 예제 코드는 for 문장과 함께 사용되는 가장 대표적인 코드이다.

```
for k in range(0, 4):
    print(k)

출력결과
0
1
2
3
```

for 문장과 함께 range 함수가 많이 사용되는데 range 함수는 range 객체를 반환한다. 파이썬 2.x에서는 range 함수가 반환하는 객체는 리스트 형태였지만 3.x에서는 range 형태의 객체로 반환된다. range 형태의 객체는 반복자를 사용하여 데이터에 접근할 수 있는 객체이므로 for 문장에 사용될 수 있다.

range(0, 4)가 반환하는 값은 [0, 1, 2, 3]으로 마지막 4는 포함되지 않는다. 결과적으로 위 문장은 "for k in [0, 1, 2, 3]"처럼 해석되어 k 값이 0, 1, 2, 3을 가지면서 print(k) 함수가 반복적으로 수행되는 것이다.

```
for k in 'abcd':
    print(k, end=' ')

출력결과
a b c d
```

위 코드는 시퀀스 객체인 문자열 객체 내부 각 문자들을 차례로 출력하는 예제이다. 변수 k 값이 문자열 객체 'a', 'b', 'c', 'd'를 차례로 참조하면서 for 문장 내부의 코드인 print(k, end=' ')를 반복적으로 수행하는 것이다. print 함수 내부에서 end=' '를 사용하여 print 함수 수행 때마다 줄 바꿈이 되지 않도록 하였다.

9.8.3 while (반복문)

while 문장도 for 문장과 함께 코드의 특정 구간을 반복적으로 수행할 수 있지만 특정 구간을 한 번 반복할 때마다 조건 식을 판단하여 해당 코드영역을 다시 수행할지 말지를 결정할 수 있다.

```
while 조건문:
        수행문 – 1
        · · ·
        수행문 - n
```

다음 코드는 0부터 100까지의 값을 1씩 증가시키면서 더하여 그 결과 값을 출력하는 예제 코드이다.

```
sum = 0
a = 0
while a <= 100:
    sum = sum + a
    a = a + 1

print(sum)
```

위와 같이 while 구간의 코드들은 반복적으로 수행되는데, 한 번 수행될 때마다 조건을 판단하여 계속 수행될 지 여부를 판단하게 된다.

아래 예제는 while 반복문 내부에 if 문장이 사용되는 코드로 0부터 100까지의 값들에서 짝수만 더하여 출력한다.

```
sum = 0
a = 0
while a <= 100:
    if (a%2) == 0:
        sum = sum + a
    a = a + 1

print(sum)
```

9.9 문자열 처리

문자열이라는 것은 문자들이 순서적으로 나열된 집합체이다. 문자열은 프로그램에서 아주 많이 사용되는 기본 자료형 중에 하나이다. 그만큼 문자열에 대한 연산 및 처리가 중요하다는 의미가 된다. 문자열에서 임의의 문자를 제거할 수도 있고 혹은 새로운 문자로 치환 및 삭제될 수도 있다. 뿐만 아니라 다른 문자열과 합쳐질 수도 있고 일부 문자열이 변환될 수도 있다.

9.9.1 문자열 대입

```
>>> s = 'abcd'
>>> x = "xyz"
```

위와 같이 s 변수에 문자열 'abcd'를 대입할 수 있다. 문자열에는 작은 따옴표를 사용할 수도 있고 큰 따옴표를 사용할 수도 있다.

9.9.2 문자열 합치기

```
>>> s = s + 'efg' + 'hij'
>>> s1 = "It's"
>>> s2 = 'me.'
>>> s = s1 + ' ' + s2          ← s 변수는 It's me. 라는 문자열을 지시하게 된다.
```

서로 다른 문자열들을 하나의 문자열로 합치려면 '+' 연산자를 사용하여 두 개 이상의 문자열들을 하나로 합칠 수 있다.

9.9.3 문자열 반복하기

```
>>> s = 'abc'
>>> s = s * 3
>>> s
>>> 'abcabcabc'          ← 문자열이 3번 반복됨
```

문자열을 반복시키기 위해서는 '*' 연산자를 사용하면 쉽게 구현할 수 있다.

9.9.4 개별문자 접근

개별문자에 접근하기 위해서는 문자열 내부의 각 문자들을 인덱싱(Indexing) 해야 한다. C 언어로 본다면 마치 배열의 각 원소에 접근하는 것과 동일한 개념이라 할 수 있다. 인덱스 번호는 0부터 시작한다.

```
>>> s = 'abcd'
>>> s[0]
'a'
>>> s[3]
'd'
>>> s[-1]
'd'
>>> s[-4]
'a'
>>> s[4]
Traceback (most recent call last):
  File "〈pyshell#5〉", line 1, in 〈module〉
    s[4]
IndexError : string index out of range
```

위 예제에서 s 변수가 문자열 'abcd'를 가질 경우 s[0]는 문자열의 첫 번째 문자인 'a' 문자를 가리키고, s[3]은 문자열의 네 번째 문자인 'd' 문자를 가리킨다. 그리고 **C 언어와 달리 인덱스 번호에 음수 값을 사용할 수 있다.** s[-1]이 의미하는 것은 문자열 맨 끝에 있는 문자를 의미한다. s[-1]은 'd'를 가리키고, s[-4]는 첫 번째 문자인 'a'를 가리키게 된다. s[4]를 입력하면 문자의 마지막 범위를 벗어나는 위치를 가리키므로 위와 같이 오류 메시지가 출력된다.

문자열 내부 개별문자 인덱싱에서 꼭 알아야 할 내용은 다음과 같다.

- 인덱스 번호의 시작은 0부터 시작(0의 의미는 첫 번째)
- 인덱스 번호 '-1'은 문자열 내부에서 마지막 문자 위치를 의미

9.9.5 문자열 추출

한 문자열 내부에서 임의의 문자열을 추출할 수 있다. 예를 들여서 "Let's study Python" 문자열에서 Python 문자열을 추출해 보도록 하자. 위 문자열에서 'Python' 문자열은 문자의 13번째부터 시작된다. 13번째부터는 인덱스 번호 12로 시작된다.

```
>>> s = "Let's study Python"
>>> s[12:17]
'Pytho'                          # 마지막에 'n' 문자가 보이지 않음
>>> s[12:18]
'Python'                         # 정상적으로 추출
```

s[12:17]을 사용하면 마지막에 'n' 문자가 포함되어 있지 않다. s[12:18]에는 'n' 문자가 정상적으로 포함되어 있다. **s[12:18]에서 12는 포함되어 있지만 18은 포함되지 않는다.** 위와 같이 문자열을 마지막까지 추출할 경우에는 s[12:]를 사용해도 된다. **s[12:] 의미는 13번째부터 마지막까지를 의미한다.**

문자열 추출에 자주 사용하는 몇 가지 보기를 들면

- s[12:]   ← 13번째부터 마지막까지
- s[12:-1]   ← 13번째부터 마지막 직전 문자까지 "Pytho"
- s[:5]   ← 처음부터 5번째(인덱스 4번)까지 "Let's", s[0], s[1], s[2], s[3], s[4]

문자열 s에서 s[a:b] 의미를 정리하면

s 문자열 인덱스 번호 a번부터
s 문자열 인덱스 번호 (b-1)까지
b 값이 -1이면 마지막 문자 직전까지

9.9.6 문자열 포맷 변환

특정 변수의 값을 문자열로 변환하는 작업을 문자열 포맷 변환이라 한다.

```
>>> version = 3.5
>>> s = 'Python version : %d' %version
>>> s
'Python version : 3'
```

변수의 값을 특정 포맷으로 변경하여 출력할 경우 변수 앞에 '%' 기호를 붙여서 사용한다. 문자열 내부에 포함된 **%d** 의미는 문자열 다음에 위치하는 변수를 정수 형태의 문자로 변환시킨다. 3.5라는 실수 값이 정수 형태로 변환되면 정수부만 선택되므로 3이 출력되었다. 실수 형태로 변환하기 위해서는 **%f**를 사용하면 된다.

문자열 포맷 지정자

지정자	의미
%d	정수 (integer number)
%f	실수 (floating point number)
%s	문자열 (string)
%c	하나의 문자 (character)
%x	16진수(hexadecimal) 소문자
%X	16진수(hexadecimal) 대문자

아래 내용은 문자열 포맷 지정자를 사용한 몇 가지 많이 사용되는 예를 들어 보았다.

```
>>> a=127
>>> s='value : %d' %a                   # 정수 형태로 출력
>>> s
'value : 127'
```

```
>>> b=200
>>> s='a[%d], b[%d]' %(a, b)          # 두 개의 변수 출력
>>> s
'a[127], b[200]'

>>> s='value : %x' %a                 # 16진수 형태로 출력
>>> s
'value : 7f'

>>> s='value : 0x%x' %a               # 0x를 사용하여 16진수 형태로 출력
>>> s
'value : 0x7f'
```

실수를 출력할 경우에는 출력할 실수 값의 소수점 이하 자릿수를 제한하여 출력하는
경우가 많이 있다. 이 경우에는 '.' 문자와 숫자를 함께 사용하여 소수점 이하 자릿수를
제한할 수 있다. 아래 예제에서는 실수를 출력하기 위한 몇 가지 예를 들어 보았다.

```
>>> a=1/3
>>> s = 'val : %f' %a                 # 실수 형태로 출력
>>> s
'val : 0.333333'

>>> s = 'val : %.3f' %a               # 소수점 이하 3자리 실수 형태로 출력
>>> s
'val : 0.333'
```

9.9.7 문자열 처리 내장 함수

파이썬은 C++처럼 객체지향 언어라서 모든 데이터가 객체(class) 형태로 구성되어 있으며 각 객체 내부적으로는 사용할 수 있는 다양한 내장 함수들이 준비되어 있다. 메서드(method)라 불리는 객체의 내장 함수들은 해당 객체가 가지는 데이터에 대한 여러 처리 작업들을 할 수 있다.

문자열 객체에서 사용하는 내부 메서드 종류를 확인하려면 help, dir 함수를 사용하고 인자로 문자열 객체를 의미하는 str을 넘겨준다.

```
>>> help(str)              #str은 string 형태의 객체를 의미
>>> dir(str)
```

위와 같이 help(str) 혹은 dir(str)을 수행하면 문자열 객체 내부에서 사용하는 메서드들에 대한 사용 방법을 확인할 수 있다.

```
다른 형태의 객체에 대한 메서드 정보를 출력하기 위해서는 아래와 같이 사용한다.

>>> help(int)              # 정수 객체에 대한 도움말 출력
>>> help(list)             # 리스트 객체에 대한 도움말 출력
```

객체 내부 메서드를 사용하기 위해서는 아래와 같이 객체와 메서드 사이에 '.'을 사용한다.

객체명. 메서드명

```
>>> s='abcd'               # 문자열 객체 생성
>>> s.__len__( )           # s 문자열 길이
4
>>> s.upper( )             # s 문자열을 모두 대문자로 변경
'ABCD'
>>> s.isalpha( )           # s 문자열이 모두 알파벳으로 구성되어 있는지 확인
True
>>> s.find('c')            # 문자열에서 'c' 문자의 위치를 반환
```

```
2                                       # 3번째를 의미
>>> s.capitalize( )                     # 첫 번째 문자를 대문자로 치환
'Abcd'
```

위 예에서 문자열 길이를 구하기 위해 s.__len__( )을 사용하여도 되지만 len(s)로 사용하는 것이 더 바람직하다.

C++ 언어와 달리 파이썬 클래스 내부에서는 private, protected, public와 같은 접근 지시자가 존재하지 않는다. 모두 public 형태로 구성되어 있다고 생각하면 된다. 하지만 기능적으로 private와 같은 역할을 하는 변수와 메서드들을 구현할 수 있다. 방법은 메서드 및 변수이름 앞에 '_'(underscore)를 붙이는 것이다. 경우에 따라 하나 혹은 두 개의 underscore를 이름 앞에 붙일 수 있고, 이름 양쪽에 두 개의 underscore를 사용할 수도 있다. 의미는 모두 다르다.

1. _xxx (하나의 underscore 사용)

2. __xxx (두 개의 underscore 사용)

3. __xxx__ (메서드 및 변수 양단에 두 개의 underscore 사용)

이 내용에 대해서는 파이썬 객체 부분에서 자세히 다루도록 하겠다.

9.9.8 문자열, 숫자 상호 변환

프로그래밍 작업을 진행하다 보면 문자를 숫자로 숫자를 문자로 변환해야 하는 경우가 자주 있다. 아래 내용처럼 숫자를 문자로 변환하기 위해서는 내장 함수 str에 해당 숫자를 넣어주면 된다. 반대로 문자열을 숫자로 변환하려면 내장 함수 int에 해당 문자열을 넣어주면 된다.

```
>>> s = str(55)
>>> s                                   # s는 문자열 객체 '55'를 참조하는 변수
'55'

>>> a = int(s)
```

```
>>> a                            # a는 정수형 객체 55를 참조하는 변수
55

>>> s = str(3.14)
>>> a = float(s)                 # a는 실수형 객체 3.14를 참조하는 변수

>>> a = complex('1+ 2j')         # a는 복소수형 객체 1+2j를 참조하는 변수
>>> s = str(a)
>>> s                            # s는 문자열 객체 '(1+2j)'를 참조하는 변수
'(1+2j)'
```

9.9.9 문자열 인코딩 및 디코딩

파이썬 2와 파이썬 3의 가장 큰 차이점 중에 하나가 바로 문자열 처리 방법에 있다. 파이썬 2에서는 기본 문자열이 바이트 단위의 문자열이지만 파이썬 3에서 처리되는 문자열은 기본적으로 유니코드 형태로 되어있다. 정확하게 언급하면 UTF-8로 인코딩된 유니코드가 사용되는 것이다. 기본 문자열이 바이트 형태로 구성된 파이썬 2에서 유니코드를 사용하려면 문자열을 유니코드 형태로 변환해야만 한다. 즉, 파이썬 2에서는 기본 문자열이 바이트 열로 구성되어 있으며 파이썬 3에서는 UTF-8 기반의 유니코드가 기본 문자열이다.

하지만 지금도 상당히 많은 분야에서는 아스키 코드처럼 바이트 단위의 문자열이 많이 사용되고 있어서 유니코드 문자열을 기본으로 하는 파이썬 3에서 이러한 바이트 문자열을 처리하기 위해서는 유니코드와 바이트 문자열의 상호 변환 작업이 필요하다는 것이다.

파이썬 3에서는 문자열에 대한 두 개의 타입이 존재한다.

- str (유니코드 문자열, 문자열에 대한 기본 타입)
- bytes (아스키 형태의 바이트 문자열)

파이썬 3에서 기본 문자열의 형태는 UTF-8 형태의 유니코드지만 다음과 같이 바이트 문자열을 사용할 수도 있다.

```
>>> m='abcd'            ← 유니코드 문자열(utf-8)
>>> n=b'abcd'           ← 바이트 문자열(문자열 앞에 b를 붙여 바이트 문자열로 치환)
>>> type(m)
〈class 'str'〉          ← 문자열 m은 str 타입(utf-8 기반의 유니코드)
>>> type(n)
〈class 'bytes'〉        ← 문자열 n은 아스키 형태의 bytes 타입
```

파이썬 3에서 유니코드 문자열과 바이트 문자열을 상호 변환하기 위해 사용되는 함수는 아래와 같다.

- encode : 유니코드 문자열을 바이트 문자열로 변환 (기본 문자열을 변환)
- decode : 바이트 문자열을 유니코드 문자열로 변환 (기본 문자열로 변환)

위 함수에 대한 도움말은 help(str.encode), help(bytes.decode)을 실행하면 확인할 수 있다. 유니코드 문자열과 바이트 문자열을 상호 변환하는 encode 함수와 decode 함수의 사용법에 대해서 살펴보도록 하자.

```
>>> a='abcd'            ← 유니코드 문자열
>>> a.encode( )         ← 바이트 문자열로 변환
b'abcd'                 ← 바이트 문자열
>>> b=b'abcd'           ← 바이트 문자열
>>> b.decode( )         ← 유니코드로 변환
'abcd'                  ← 유니코드 문자열 (기본 문자열)
```

9.10 사용자 입력 및 문자열 출력

프로그램이 동작할 때는 기본적으로 사용자로부터 입력을 받은 후, 그 데이터를 내부적으로 처리하여 결과를 출력하는 구조가 상당히 빈번하다. 이번 내용에서는 사용자로부터 문자열을 입력 받는 방법 그리고 문자열을 터미널상에 출력하는 방법에 대해서 살펴보도록 하겠다.

9.10.1 사용자 입력

사용자 입력은 기본적으로 텍스트 기반이다. 사용자 입력은 input( ) 함수를 통해 가능하고 input( ) 함수는 사용자가 입력한 문자열을 반환하는 기능을 한다.

```
>>> s= input( )
1234                        # 사용자가 입력
>>> s                       # 변수 s는 문자열 객체를 참조
'1234'
```

위와 같이 input 함수 수행 후 사용자가 키보드에서 문자열을 입력한 다음 엔터키를 누르면 입력된 문자열은 변수 s에 의해 참조되는 문자열 객체로 저장된다.

한 가지 예를 더 들어 보겠다.

```
>>> s = input('입력 : ')
입력 : 1234
>>> s
'1234'
>>> int(s)
1234
>>>float(s)
1234.0
```

위 예제는 "입력"이라는 문자열을 input 함수의 매개변수로 전달할 때 매개변수로 전달된 문자열이 출력되고 바로 이어서 사용자 입력을 기다린다. 사용자가 문자열을 입력하면 앞서 언급한 것처럼 변수 s는 사용자가 입력한 문자열 객체를 참조하는 것이다.

프로그램을 개발할 때는 사용자가 입력한 문자열을 숫자로 변환해야 하는 경우가 많다. 사용자가 입력한 문자열을 정수로 변환하기 위해서는 int(s)를 사용하고 실수로 변환하기 위해서는 float(s)를 사용하면 된다.

> 파이썬 2.x에서는 input( ) 함수를 사용하지 않고 raw_input( ) 함수를 사용한다.

9.10.2 문자열 출력

이번에는 문자열 출력에 대해서 살펴보도록 하자. C 언어에서도 문자열 출력할 때 printf 함수가 사용되듯이 파이썬 언어에서도 유사한 print 함수가 사용된다. print 함수는 매개인자로 문자열뿐만 아니라 상수나 변수도 전달받을 수 있다. 가령 숫자 1234를 출력하기 위해서는 print(1234)라고 하면 되고 변수 a가 참조하는 객체의 내용을 출력하기 위해서는 print(a)하면 된다. 출력 문자열은 전달되는 매개인자의 타입에 맞추어 자동적으로 변환되어 출력된다.

몇 가지 예를 들어 print 함수의 사용법을 확인해 보겠다.

```
>>> print(1234)
1234

>>> a=1
>>> print(a)
1
>>> print('a 값은', a, '입니다.')
a 값은 1 입니다.

>>> b=2
>>> print(a, b)
1 2
```

```
>>> s="Hello World"
>>> print(s)
Hello World

>>> a=[1,2,3,4]
>>> print(a)
[1,2,3,4]
```

print 함수의 도움말을 보면 다음과 같이 출력된다. 여기서 자주 사용될 수 있는 sep, end 키워드들에 대해서 살펴보도록 하겠다.

```
>>> help(print)
Help on built-in function print in module builtins:
print(...)
    print(value, ..., sep=' ', end='\n', file=sys.stdout, flush=False)

    .  .
    sep:   string inserted between values, default a space.
    end:   string appended after the last value, default a newline.
```

sep는 separation 약어로 분리라는 의미를 가지고 있다. 즉 분리되는 문자열 위치마다 임의의 문자열을 삽입할 수 있는 것이고 기본 값은 ' '(space)를 가진다.

end는 print로 출력되는 문자열의 마지막에 추가되는 문자열로 기본값은 개행문자 (newline)이다. 따라서 print 함수 실행 때마다 문자열의 마지막에 개행문자가 자동적으로 삽입되어 줄 바꿈이 발생한다.

sep 키워드로 문자열 분리

```
>>> print('abc', 'def', 'ghi')          # 문자열 사이는 sep 기본 값인 공백문자
                                         (space)로 분리됨

abc def ghi
```

```
>>> print('abc', 'def', 'ghi', sep='::')        # 문자열 사이는 '::'로 분리됨
abc::def::ghi

>>> print('abc', 'def', 'ghi', sep='\t')        # 문자열 사이는 탭 문자로 분리됨
abc        def        ghi
```

end 키워드로 마지막 문자열 변경

print 함수를 사용할 때 가끔씩은 줄 바꿈이 발생되지 않도록 출력해야 하는 경우가 있다. 아래와 같은 코드를 수행시키면 print 함수 수행할 때 마다 마지막에 줄 바꿈 문자가 자동적으로 삽입되므로 아래와 같이 매 출력 때마다 줄 바꿈이 일어난다.

```
for k in range(0, 10):
    print(k)

출력결과
0
1     .
      .
      .
      .
9
```

print 함수를 사용하더라도 줄 바꿈이 일어나지 않도록 하기 위해서는 아래와 같이 print 함수의 매개변수에 end 키워드를 사용하고 키워드 값에는 마지막에 출력될 문자열을 넣어준다. 그러면 각 문자열 마지막에는 개행문자가 삽입되지 않고 문자열의 마지막에 end 키워드 값에 명시된 문자열이 덧붙여지는 것이다.

```
for k in range(0, 10):
    print(k, end='')            # 작은 따옴표 두 개 사용(따옴표 사이에는 공백이 없음)
출력결과
0123456789
```

```
for k in range(0, 10):
    print(k, end=' ')          # 작은 따옴표 두 개 사용(따옴표 사이에는 공백이 있음)
출력결과
0 1 2 3 4 5 6 7 8 9

for k in range(0, 10):
    print(k, end='::')         # 작은 따옴표 사이에 문자열 '::'을 사용
출력결과
0::1::2::3::4::5::6::7::8::9::
```

9.11 객체에 대한 참조 및 복사

이번 단원에서는 객체에 대하여 좀 더 깊이 있게 살펴보도록 하겠다. 파이썬에서는 모든 데이터들이 객체로 취급되고 코드상에서는 그 객체를 참조하기 위해 변수가 사용되는 것이다. 즉 변수는 객체를 참조하는 것이다. 객체를 복사한다는 의미는 복사되는 새로운 객체를 위해 메모리가 추가 할당되고 그 할당된 영역에 복사되는 값이 쓰여지는 것이다. 객체에 대한 참조와 복사를 수행할 때 내부적으로 어떠한 동작이 발생되는지 구체적인 예를 들어서 알아보도록 하겠다.

9.11.1 객체에 대한 참조

아랫부분에 간단한 예를 들어 보았다. a라는 이름의 변수에 1을 대입하는 문장이다. C 언어 입장에서 해석하면 변수 a가 1을 가지고 있다라고 할 수 있다. 하지만 파이썬 언어에서는 다르게 해석해야 한다.

    a=1

위 문장은 "정수형 객체가 메모리상에 존재하며 그 객체는 1이란 값을 가지고 있으며 변수 a는 그 객체를 참조한다"라고 해석해야 한다. 해당 객체가 파이썬 내부적으로 관리되는 객체이므로 메모리상에 어디에 존재하는지 알 필요는 없다. 다만, id라는 함수로 추측할 수는 있지만 id 함수가 반환하는 정보는 메모리 주소를 반드시 의미하는 것은 아니다.

C 언어적 해석	변수 a가 참조하는 메모리상에 1이 기록됨 변수 a는 항상 동일한 메모리를 참조 (전역 변수일 경우) 변수는 메모리 주소와 동일하게 취급
파이썬 해석	변수와 객체는 별개임 변수 a는 파이썬 내부적으로 관리되는 객체를 참조 해당 객체는 1을 가지고 있음

C 언어처럼 변수 a가 1을 가지고 있다고 해석하면 위 내용은 아주 쉽게 이해되지만 변수가 객체를 참조한다는 관점에서 해석하면 상당히 복잡하고 이해하기 쉽지 않다. "변수

가 어떤 객체를 참조한다."라는 용어로 인해 문맥 상에 혼란이 있을 수도 있다고 생각된다. 따라서 지금부터의 내용들은 집중해서 파악해야 한다.

```
>>> a=1
>>> id(a)
1444886288
>>> a=2
>>> id(a)                          # 동일한 변수가 새로운 객체를 참조하게 됨
1444886304
```

객체를 인자로 받는 id 함수를 사용하였는데, 이 함수의 도움말을 살펴보면 "Return the identity of an object"라고 되어 있다. 즉, 객체의 고유번호를 반환하는 함수이다. 객체의 고유번호는 반드시 주소를 의미하지는 않지만 그 객체가 존재하고 있는 메모리상의 주소라고 생각하면 이해하기 쉽다. id(a) 문장을 수행하여 변수 a가 참조하는 객체의 고유번호가 반환되었다. 이번에는 a=2를 수행하였다. 그리고 id(a)를 다시 수행하면 이전과 다른 값이 반환된다. 이 의미는 "변수 a가 이전 객체가 아닌 새로운 객체를 참조한다"라고 할 수 있다.

a=1, a=2 문장들 수행을 통하여 알 수 있는 것은 객체 내부의 값이 1에서 2로 변경되는 것이 아니라 a 변수가 참조하는 객체가 변경된 것이다. 즉, 변수에 새로운 값을 대입하면 그 변수가 참조하였던 원래 객체 내부의 값은 변동이 없고 메모리상의 다른 영역에 있는 새로운 객체에 대한 참조로 바뀌는 것이다. 1을 내부 값으로 가진 객체가 코드상에서 더 이상 참조되지 않을 때 파이썬 내부적으로 해당 객체를 메모리에서 해제시킨다.

변수를 또 다른 변수에 대입하면 어떻게 될까? 아래와 같은 예를 들어 보겠다.

```
>>> a=1
>>> b=a
>>> id(a)
1444886288
>>> id(b)
1444886288
```

1은 객체이고 변수 a는 그 객체를 참조하는 변수이다. b=a와 같이 변수 a를 변수 b에 대입하였다. 그리고 변수 a와 변수 b가 참조하는 객체의 고유번호를 차례로 출력해 보았다. id(a)와 id(b)가 동일한 값을 반환하므로 두 변수들은 동일한 객체를 참조하는 것이다. 즉, 1을 내부 값으로 가지는 객체는 오직 하나만 있으며 두 변수가 그 객체를 동일하게 참조하는 것이다.

변수 a와 b가 동일한 객체를 참조하는 상태에서 a=a+1을 수행해 보자. a가 참조하는 객체의 값은 2로 출력되지만 b가 참조하는 값은 2가 아니라 여전히 1로 남아있다. 분명히 동일한 객체를 참조하고 있었는데 값이 달라진 것이다.

```
>>> a=a+1
>>> a
2
>>> b
1
>>> id(a), id(b)        # id(a)와 id(b) 값이 달라 두 변수는 서로 다른 객체를 참조
(1444886304, 1444886288)
```

id(a)와 id(b)를 수행하면 이전과 달리 반환되는 값이 달라진 것을 확인할 수 있다. 즉, 변수 a와 b가 참조하는 객체가 서로 달라진 것이다. 이유는 a+1을 수행하면 2를 값으로 가지는 새로운 객체가 메모리상에 새롭게 생성되고 그 객체는 a=a+1 문장으로 인해 변수 a에 의해 새롭게 참조되는 것이다.

이번에는 리스트 자료형에 대해서 적용해 보겠다. 위 내용을 충분히 이해하였다면 아래 내용은 쉽게 이해할 수 있을 것이다.

```
>>> a=[1,2,3,4]
>>> b=a                 # 새로운 변수 b는 변수 a가 참조하는 객체를 참조 (동일 객체 참조)
>>> a[3]=0

>>> a
[1, 2, 3, 0]
```

```
>>> b
[1, 2, 3, 0]

>>> id(a), id(b)          # id(a)와 id(b) 결과 값이 동일(변수 a, b는 동일한 객체를 참조)
(48210528, 48210528)
```

변수 a, b는 b=a 문장에 의해 동일한 리스트 객체를 참조한다. a[3]=0을 통해 a가 참조하는 객체의 네 번째 항목 값을 변경하였다. 그리고 변수 a, b가 참조하는 객체를 차례로 출력하였다. 변수 a가 참조하는 객체의 값은 당연히 변경되었지만 변수 b가 참조하는 객체의 값도 동일한 값으로 변경되었다. 위 내용은 b=a 문장에 의해 복사가 아닌 두 변수가 동일한 객체를 참조하도록 설정되었던 것이다.

9.11.2 객체의 복사

그렇다면 두 변수가 동일한 데이터를 가진 서로 다른 객체를 참조하려면 어떻게 하면 되는지 살펴보자. 즉 객체를 복사하여 새로운 객체를 생성하는 것이다. 그러면 한 쪽 객체의 값을 변경시키더라도 다른 객체의 값은 변경되지 않을 것이다. 이러한 객체에 대한 복사는 실무에서 많이 사용되므로 상당히 중요하다. 객체를 복사하여 새로운 객체를 생성할 경우에는 얕은복사와 깊은복사의 개념이 사용되므로 두 개념의 차이점을 확실히 이해하도록 하자.

얕은 복사(copy)

a=b 같은 변수의 대입은 복사 개념이 아닌 동일 객체 참조 개념이었다. 복사를 하기 위해서는 copy 모듈에 포함되어 있는 copy 함수를 사용하면 된다. 모듈에 있는 함수를 사용하기 위해서는 모듈명.함수명 형태로 사용하면 된다. 모듈에 대한 자세한 내용은 뒷부분 파이썬 모듈(module) 단원에서 다루도록 하겠다.

```
>>> import copy          # copy 함수를 사용하기 위한 모듈 임포트
>>> a=[1,2,3]
>>> b=copy.copy(a)       # copy 함수를 사용한 객체 복사
                         # b는 복사된 새로운 객체를 참조하게 됨
```

```
                        # a, b 변수에 의해 참조되는 객체는 서로 다른 메모리상에 존재

>>> id(a), id(b)        # id(a), id(b)의 결과 값이 다름 (변수 a, b는 서로 다른 객체를 참조)
(48209872, 48631160)

>>> a[0]=10
>>> a                   # a가 참조하는 객체의 항목이 변경됨
[10, 2, 3]
>>> b                   # a가 참조하는 객체 항목이 변경되어도 b가 참조하는 객체는 변화 없음
[1, 2, 3]
```

    b=copy.copy(a) 수행 후 변수 a, b가 참조하는 객체 정보를 확인하기 위해 id(a), id(b)를
수행하면 서로 다른 값이 반환되는 것을 확인할 수 있다. 즉 copy 함수에 의해 동일한 데
이터를 가지는 새로운 객체가 생성됨을 확인할 수 있다. [그림 9-16]에서 알 수 있듯이 리
스트 객체의 각 항목들은 값 자체가 아니라 또 다른 객체를 참조하는 내용으로 구성되어
있다고 생각하면 된다. [그림 9-16]에서 사각형 표시는 모두 객체이다. 리스트 객체가 두
개 있으며 정수형 객체가 세 개 있다.

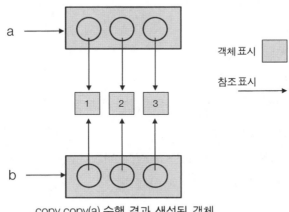

copy.copy(a) 수행 결과 생성된 객체

[그림 9-16] copy 함수에 의해 생성된 새로운 객체 참조

```
>>> a=[1, 2, 3]
>>> b=copy.copy(a)                    # b=a와 같지 않음
>>> id(a[0]), id(b[0])
(1508914960, 1508914960)              # 동일한 객체를 참조한다는 의미
```

위 코드에서 변수 a가 참조하는 리스트 객체의 첫 번째 항목은 1을 내부 값으로 가지는
정수형 객체를 참조하는 내용이다. 마찬가지로 변수 b가 참조하는 리스트 객체의 첫 번
째 항목도 1을 내부 값으로 가지는 동일한 객체를 참조한다. 즉, a[0]와 b[0]는 동일한 객
체를 참조하는 것이다.

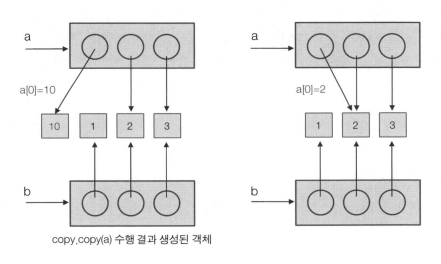

[그림 9-17] 객체 내부의 항목이 참조하는 객체 값 변경

[그림 9-17]에서는 a[0]=10과 같이 리스트 객체의 항목 값을 변경하였을 때의 객체들
의 참조 관계를 보여준다. 리스트 내부 항목의 값을 변경하게 되면 해당 항목은 원래의 값
이 아닌 새로운 값을 가지고 있는 객체를 참조하는 것으로 변경되는 것이다. 마찬가지로,
a[0]=2를 수행 후, id(a[0]), id(a[1]), id(b[1]) 값은 모두 동일한 값을 반환하는 것을 확인
할 수 있고 결과적으로 a[0], a[1], b[1] 항목들은 내부 값이 2인 정수형 객체를 동일하게
참조하는 것이다.

```
>>> a[0]=2
>>> id(a[0]), id(a[1]), id(b[1])
(1444886304, 1444886304, 1444886304)
```

여기서 한 가지 꼭 주의할 내용

a[0]=2 수행 후, id(a[0]), id(a[1]), id(b[1]) 값들은 동일하다고 언급하였다. 하지만 이 경우는
리스트 객체의 항목 값들이 256 이하의 값들로 구성되어 있을 경우에만 해당된다. 파이썬
에서는 자주 사용되는 256 이하 값들을 가진 객체들은 내부적으로 메모리상에 미리 생성시
켜 놓고 사용한다. 그렇게 해야만, 객체 생성에 필요한 메모리 할당으로 인한 시간 낭비를
줄일 수 있는 것이다. 즉, 두 객체가 256 이하의 동일한 값을 가지고 있으면 두 객체는 동일
한 메모리에 위치하는 동일 객체이다. id 함수로 확인 가능하다. 반면, 두 객체가 256보다 큰
동일한 값을 가지고 있는 경우에는 두 객체가 위치한 메모리가 서로 다른 위치일 수 있으며
결과적으로 서로 다른 객체이고 서로 다른 id 값을 가질 수 있는 것이다.

깊은 복사(deepcopy)

copy 모듈에 있는 copy 함수의 동작을 살펴보기 위해 다음과 같이 도움말을 확인해 보
도록 하자.

```
>>> import copy
>>> help(copy.copy)
Help on function copy in module copy:
copy(x)
    Shallow copy operation on arbitrary Python objects.
    See the module's __doc__ string for more info.
```

위 도움말을 분석하면 내용 중에 "Shallow copy"란 문구가 나온다. 번역하면 얕은 복사
의미로 번역할 수 있겠다. 반대로 깊은 복사 의미도 존재할까?

help(copy.deepcopy)으로 deepcopy 함수의 도움말을 확인해 보면 "Deep copy"라는 문구가 나온다. 얕은 복사와 깊은 복사가 기능적으로 분명한 차이가 있어 보인다.

```
>>> help(copy.deepcopy)
Help on function deepcopy in module copy:
deepcopy(x, memo=None, _nil=[ ])
    Deep copy operation on arbitrary Python objects.
    See the module's __doc__ string for more info.
```

그 차이에 대해 예제 코드를 통하여 살펴보도록 하자. 이 예제는 먼저 살펴본 예제와 달리 리스트 객체 내부에 다시 리스트 객체가 포함되어 있다.

```
>>> import copy
>>> a=[1,2,[4,5]]                  # 리스트 객체 내부에 리스트 객체가 있는 형태
>>> b=copy.copy(a)                 # 변수 b에 의해 참조되는 객체 생성

>>> id(a), id(b)
(47701248, 47702744)              # a, b는 서로 다른 객체를 참조

>>> id(a[2]), id(b[2])
(47566936, 47566936)             # a[2]와 b[2]에 의해 참조되는 객체는 동일한 객체임

>>> a[2][0]=10
>>> a
[1, 2, [10, 5]]
>>> b
[1, 2, [10, 5]]                   # a 객체 항목 변경으로 b 객체의 항목이 동일하게 변경됨
```

a[2][0]=10은 변수 a에 의해 참조되는 객체의 세 번째 항목 [4,5] 객체의 첫 번째 값을 10으로 변경하는 코드이다. 코드 수행 후 a 값을 확인하면 예상대로 [1,2,[10,5]]로 변경되어 있다. 하지만 변수 b에 의해 참조되는 객체의 세 번째 항목 [4,5] 객체의 값이 예상과 달리 [10, 5]로 변경되어 있다. 객체 복사로 인해 변수 a와 b가 참조하는 객체들은 전혀 별개의

객체로 되었으므로 한 쪽 객체의 값 변경이 다른 객체에 영향을 주지 않을 것으로 예상했지만 예상과 달리 값이 변경된 것이다. 그림으로 확인해 보도록 하겠다.

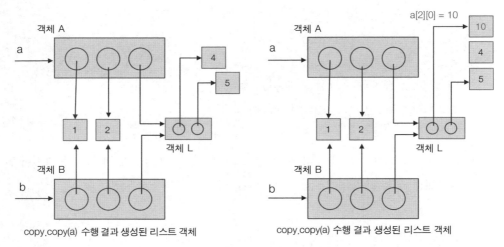

[그림 9-18] 얕은 복사로 인한 문제점

앞서 언급하였듯이 리스트 내부 각 항목들은 실제 객체 값이 아니라, 리스트 항목에 명시된 실제 값들을 참조하는 정보들이다. 세 번째 항목에 의해서 참조되는 리스트 객체를 객체 L이라고 가정하자. b=copy.copy(a)의 수행으로 생성된 객체 B에는 1을 값으로 가지는 정수형 객체의 참조 정보, 2를 값으로 가지는 정수형 객체의 참조정보 그리고 리스트 객체 L에 대한 참조 정보가 포함되어 있다. 이 상태에서 a[2][0]=10을 수행하면 [그림 9-18]과 같이 a[2][0]가 참조하는 객체가 4에서 10으로 변경된다. 객체 L이 객체 A의 세 번째 항목과 객체 B의 세 번째 항목에 의해 공통적으로 참조되므로 b[2][0]와 a[2][0]는 동일한 객체를 참조하게 되어 a[2][0]과 b[2][0]의 값이 같아지게 된다.

이것은 우리가 예상하던 바와 다른 결과이다. a[2][0]의 값이 변경되더라도 b[2][0]의 값에는 영향이 없도록 하려면 어떻게 하면 될까? 객체 L에 대해서도 복사하면 가능하다. 파이썬에서는 리스트 항목에 리스트 객체의 참조 정보가 있으면 그 객체까지도 복사의 대상이 되도록 하는 재귀적 개념의 함수가 존재한다. 이것이 바로 깊은 복사의 개념이고 이때 사용하는 함수가 바로 deepcopy 함수이다.

```
>>> import copy
>>> a=[1,2,[4,5]]
>>> b=copy.deepcopy(a)        # 객체에 대한 깊은 복사

>>> id(a[2]), id(b[2])
(47566936, 47540144)         # a[2]와 b[2]에 의해 참조되는 객체는 서로 다른 객체임

>>> a[2][0]=10
>>> a
[1, 2, [10, 5]]
>>> b                        # a[2][0]의 수행과 관계가 없어짐
[1, 2, [4, 5]]
```

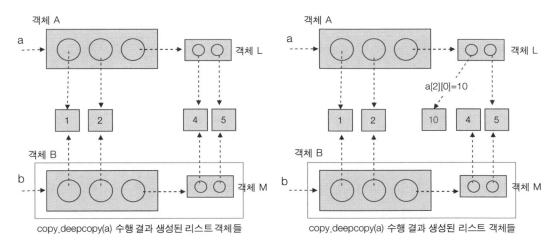

[그림 9-19] 얕은 복사로 인한 문제점 해결(깊은 복사 사용)

[그림 9-19]에서는 b=copy.deepcopy(a)를 수행하여 객체 A의 복사본뿐만 아니라 객체 L의 복사본인 객체 M도 새롭게 생성되었다. [그림 9-19]에서 변수 b가 참조하는 객체는 객체 B이고 객체 B의 세 번째 항목이 참조하는 객체는 객체 M이다.

b=copy.deepcopy(a) 수행 후, a[2][0]=10을 수행하면 객체 L의 첫 번째 항목이 참조하는 객체가 4에서 10으로 변경되었지만 객체 M의 첫 번째 항목이 참조하는 객체는 여전히 4를 값으로 가지는 객체로 a[2][0]=10 수행 여부와 관계없다. 객체 L과 객체 M은 서로 별개의 객체이기 때문에 가능해지는 것이다.

지금까지 객체에 대한 참조 및 객체 복사에 대해서 살펴보았다. 파이썬에서는 정수를 포함한 모든 데이터들이 객체화되어 있으며 객체는 변수를 통해서 참조되는 것이다. b=a 와 같이 변수를 새로운 변수에 대입하는 것은 객체에 대한 복사가 아니라 객체에 대한 동일한 참조가 되는 것이다. 하나의 객체에 여러 항목들이 포함되어 있는 시퀀스 형태의 객체에 포함된 각 항목들도 실제는 객체가 아니라 객체를 참조하는 정보인 것이다.

객체를 복사할 경우에는 copy 모듈에 포함되어 있는 copy 함수를 사용하였다. 이 함수는 객체를 복사하여 새로운 객체를 생성하는 함수이고 얕은 복사 기능을 수행하였다. 얕은 복사 기능은 객체에 포함되어 있는 내용들만 그대로 복사하여 새로운 객체를 생성시키는 것이었다. 반면 깊은 복사는 객체 내부에 리스트와 같은 시퀀스 객체의 참조가 포함되어 있는 경우 참조되는 시퀀스 객체까지도 추가적으로 복사하는 기능이었다. 얕은 복사 및 깊은 복사의 기능적인 차이점을 명확히 이해하여 객체의 복사로 인한 프로그램상에 오류가 발생되지 않도록 하자.

9.12 함수

지금까지 파이썬을 공부하면서 함수를 많이 사용하였지만 파이썬에서 제공되는 함수들 위주로 사용하였다. 지금부터는 함수를 직접 만들어서 사용하도록 해 보자. 일반적으로 함수의 기능은 함수로 입력되는 값들을 사용하여 특정 연산을 수행 후 그 작업 결과를 반환하는 역할을 한다. 함수로 전달되는 입력 값을 매개변수라 하고 반환하는 값을 리턴 값이라 한다. 파이썬에서는 C 언어와 달리 반환되는 값이 두 개 이상 될 수 있다. 프로그램의 규모가 커질수록 자주 사용되는 기능을 함수로 만들어서 구현하면 전체 프로그램의 크기도 줄어들고 프로그램 관리도 수월해지고, 가독성(readability)도 뛰어나게 된다.

[그림 9-20] 함수의 입력 및 출력 구성

9.12.1 함수의 정의

파이썬에서 함수는 다음 그림과 같이 표현된다. 함수명 앞에는 def라는 예약어를 사용해야 하고 함수명을 정의하는 줄의 마지막에는 콜론(:)이 사용되어야 한다. 프로그램상에서 함수의 몸체를 구분하기 위해서는 C 언어처럼 중괄호를 사용하지 않고 들여쓰기로 구분한다. 들여쓰기를 할 경우 탭 문자를 사용하는 것이 가장 좋다.

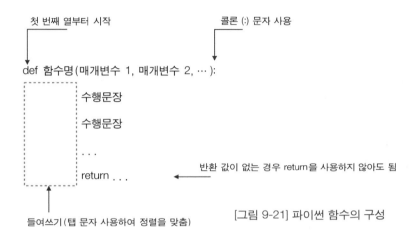

[그림 9-21] 파이썬 함수의 구성

간단한 예를 들어서 함수의 동작을 설명하겠다. 아래 프로그램을 파이썬 IDLE 에디터에 입력 및 저장 후 F5 혹은 Run Module를 선택하면 프로그램의 결과 값으로 -2가 출력된다.

```
# DoAdd
def DoAdd(a, b):                    # 함수 정의 (두 개의 매개변수 입력)
        return (a+b)

x=3
y=DoAdd(x, -5)                      # 함수 호출
print(y)
```

다음으로 하나 이상의 결과 값들을 반환하는 함수를 작성해 보도록 하자.

```
def DoOperation(a, b):                    # 함수 정의 (2개의 매개변수 입력)
    return (a+b), (a-b), (a*b), (a/b)     # 다수의 결과 값 반환

a, b, c, d = DoOperation(3, 4)            # 함수 호출
print(a, b, c, d)
```

위 프로그램은 4개의 결과 값들을 반환하는 함수로 프로그램의 출력 결과는 다음과 같다.

```
7 -1 12 0.75
```

4개의 변수 a, b, c, d는 차례로 7, -1, 12, 0.75 객체를 참조하게 된다.
만약 아래와 같이 반환되는 값을 하나의 변수에 대입하면 어떻게 될까?

```
A=DoOperation(3, 4)
print(A)
```

출력 결과는 다음과 같이 튜플 형태로 출력된다.

```
(7, -1, 12, 0.75)                         # 튜플 타입의 객체
```

즉, 다수의 값을 반환하는 함수에서 반환 값을 하나의 변수에 대입하면 함수가 리턴될 때 튜플 형태의 객체가 생성되고 반환 값이 대입되는 변수는 생성된 튜플 객체를 참조하게 된다.

9.12.2 기본인자 값 전달

함수를 호출할 때 특정한 값들을 매개변수로 전달할 수 있다고 하였다. 매개변수를 전달 받도록 정의된 함수에 매개변수를 전달하지 않은 상태로 함수를 호출하면 어떻게 될까? 당연히 오류가 발생할 것이다. 하지만 함수를 정의할 때 매개변수의 기본 값을 설정해 놓으면 함수를 호출할 때 매개변수를 전달하지 않은 상태로 함수를 호출할 수 있다.

```
def AddVar(m, n=1):      # 두 개의 매개변수를 전달받는 함수, 두 번째 인자에 기본 값 설정
    m = m + n
    return m

var = 0

var = AddVar(var, 2)     # 일반적인 방법처럼 두 개의 매개변수 전달
print(var)               # 2가 출력됨

var = AddVar(var)        # 하나의 매개변수만 전달, 두 번째 매개변수는 기본 값 사용됨
print(var)               # 3이 출력됨
```

위 코드에서 AddVar 함수는 두 개의 매개변수를 전달받을 수 있도록 정의되었으며 두 번째 매개변수는 기본 값을 1로 미리 설정해 두었다. 이 함수를 호출할 때 AddVar(var)처럼 하나의 매개변수만 사용하면 첫 번째 매개변수로 var가 전달되고 두 번째 매개변수로는 기본 값인 1이 전달되는 것이다. 즉, 사용자가 두 번째 매개변수를 생략한 채, 하나의 변수만을 사용하여 함수를 호출하면 두 번째 매개변수는 기본 값인 1이 전달되는 것과 같다. 함수의 모든 매개변수는 기본인자 값으로 설정될 수 있으며 기본인자 값 설정은 반드시 매개변수의 뒤 쪽부터 앞쪽 방향으로 설정되어야 한다. 즉, 아래와 같이 기본인자를 설정하면 문법적인 오류가 발생한다.

```
def AddVar(n=1, m):      ← 오류 발생 (문법적인 오류)
```

두 개 이상의 기본인자를 사용할 경우도 아래와 같이 구현할 수 있다.

```
def AddVar(m, a=1, b=1):
    m = m + a + b
    return m

m = AddVar(m)              # AddVar(m, 1, 1)와 동일
m = AddVar(m, 2)           # AddVar(m, 2, 1)와 동일
m = AddVar(m, 3, 4)        # AddVar(m, 3, 4)와 동일
```

9.12.3 가변인자 함수

C언어에서도 함수의 매개변수로 가변인자들을 전달할 수 있듯이 파이썬에서도 함수의 매개변수를 가변적으로 전달할 수 있다. 함수의 매개변수가 가변이라는 의미는 함수를 정의할 때 매개변수의 개수를 명시하지 않는다는 의미이다. 매개변수가 한 개가 될 수도 있고 여러 개가 될 수도 있다는 것을 의미한다.

파이썬에서는 아래와 같이 가변인자 함수들을 정의할 수 있으며 개수를 알 수 없는 매개변수 표현을 위해 *가 사용되거나 **가 사용되기도 한다. 하나의 *가 사용되면 매개변수들은 튜플 형태로 처리되고 두 개의 *가 사용되면 매개변수들은 딕셔너리 형태로 처리된다.

```
def FuncA(*args):          # 함수에서 매개변수들을 튜플 형태로 처리
    . . .

def FuncA(**kwargs):       # 함수에서 매개변수들을 딕셔너리 형태로 처리
    . . .
```

튜플 형태로 처리되는 간단한 예제를 들어보도록 하자.

```
#
# 아래 함수는 매개변수로 넘어오는 문자열들을 결합하여 대문자로 변환한다.
def MakeUpper(*args):
    out = ''
    for k in args:
        out = out + k + ' '
    out = out + '.'
    return out.upper( )

str = MakeUpper('I', 'love', 'python')
print(str)
I LOVE PYTHON .                          # 출력결과

#
# 아래 함수는 매개변수로 넘어오는 값들을 모두 더하여 반환한다.
def MakeSummation(*args):
    print(args)
    return sum(args)

a = MakeSummation(1, 3, 5, 7)
(1, 3, 5, 7)                             # 출력결과

b = MakeSummation(0, 1)
(0, 1)                                   # 출력결과
```

위 예제 코드에서 MakeSummation 함수를 호출하여 매개변수인 **args**를 출력하면 튜플 형태로 출력되는 것을 확인할 수 있다. 이 의미는 매개변수의 개수가 가변적일 때는 매개 변수들이 튜플 형태로 처리된다는 것이다.

이번에는 딕셔너리 형태로 처리되는 예제를 살펴보도록 하자.

```
#
# 함수로 넘어오는 매개변수들을 딕셔너리 형태로 처리함
def Average(**man):
    print(man)                              # 넘어오는 매개변수 출력
    height = 0
    weight = 0
    for k in man:
        height = height + man[k][0]
        weight = weight + man[k][1]

    height = height / len(man)
    weight = weight / len(man)
    return [height, weight]

a = Average(홍부장=(173, 67), 정이사=(170, 62), 김부장=(190, 95), 장사장=(180, 72))
print(a)

# 처리결과
{'김부장': (190, 95), '홍부장': (173, 67), '장사장': (180, 72), '정이사': (170, 62)}
[178.25, 74.0]
```

위 예제에서 print(man)을 수행하면 딕셔너리 형태로 매개변수가 출력되는 것을 확인할 수 있다. 즉, 매개변수로 넘어온 "홍부장=(173, 67), 정이사=(170, 62), 김부장=(190, 95), 장사장=(180, 72)" 값이 함수 내부에서 딕셔너리로 처리되는 것이다. '=' 표시를 기준으로 좌측은 키이고 우측은 키에 해당되는 값이 되는 것이다.

9.13 지역 및 전역변수

앞서 언급한 변수는 지역변수와 전역변수로 구분되어 사용될 수 있다. 지역변수는 함수 내부에서 사용되는 변수이고 전역변수는 프로그램 전체에 걸쳐서 사용되는 변수이다. 함수 내부에서 사용되는 변수는 기본적으로 지역변수이지만 전역변수를 사용해야 하는 경우도 많다. 함수 내부에서 지역변수와 전역변수가 같은 이름으로 사용되면 지역변수 우선으로 인해 지역변수로 취급된다.

```
var=0                    # 전역변수

def SetVar(n):
    var = n              # var는 지역변수임 (함수 내부에서만 유효)

SetVar(1)
print(var)               # 0이 출력됨 (전역변수 출력)
```

위 예제에서 SetVar 함수 내부에서 사용되는 var 변수는 전역변수로 취급되지 않고 지역변수로 취급되므로 함수 내부에서 var=n을 수행하더라도 전역변수에는 영향을 주지 않는다. 따라서 마지막 문장의 전역변수를 출력할 때는 1이 출력되는 것이 아니라 0이 출력되는 것이다.

그렇다면 함수 내부에서 전역변수를 사용하기 위해서는 어떠한 방법을 취해야 하는가? 함수 내부에서 전역변수를 사용하기 위해서는 사용할 변수를 전역으로 사용하겠다라는 의미로 global 키워드를 사용하여 파이썬에게 알려줘야 한다.

```
var=0

def SetVar(n):
    global var           # var를 전역변수로 취급하겠다는 의미
    var = n              # 지역변수가 아닌 전역변수임

SetVar(1)
print(var)               # 1이 출력됨
```

위와 같이 함수 내부에서 전역변수를 사용할 경우는 사용할 전역변수 명을 global 키워드와 함께 사용하여 전역변수를 사용하겠다고 명시해야 한다. C 프로그램과 마찬가지로 함수 내부에서 전역변수 사용을 너무 남발하면 프로그램은 쉽게 구현될 수도 있겠지만 함수 자체의 독립성이 떨어져서 전체 프로그램의 모듈화가 잘 되지 않아 관리에 문제가 되는 경우가 많다. 함수 내부에서는 전역변수 사용을 최소화하는 습관을 기르도록 한다.

9.14 파일 다루기

파이썬에서 파일을 제어할 경우에는 아래와 같이 네 개의 함수들이 기본적으로 사용된다.

- open (파일 열기)
- write (파일에 데이터 쓰기)
- read (파일로부터 데이터 읽기)
- close (파일 닫기)

위 네 개의 함수들을 사용하여 파일을 생성하고 읽는 방법에 대해 살펴보도록 하겠다.

9.14.1 파일 생성

파일은 크게 두 종류의 파일이 있다. 하나는 텍스트 형태의 파일이고 나머지는 바이너리 형태의 파일이다. 파이썬에서는 두 형태의 파일을 생성시키는 방법이 조금 다르다. 텍스트 기반의 파일과 바이너리 기반의 파일을 생성하고 데이터를 기록하는 방법에 대해서 살펴보도록 하겠다.

텍스트 파일

"This is Python Test !!!" 문자열을 파일로 저장하는 간단한 예를 들어 설명하겠다.

```
s = "This is Python test !!!"
f=open('c:\\temp\\test.txt', 'w')          # 파일 객체 생성
f.write(s)                                 # 파일에 데이터 쓰기
f.close( )                                 # 파일 닫기
```

먼저 open 함수를 수행하여 파일을 생성한다. open 내장 함수에는 두 개의 인자들이 전달되는데, 첫 번째 인자는 파일명이고 두 번째 인자는 파일의 처리모드이다. 위 예제에서는 'w'를 전달하여 파일을 쓰기전용으로 열겠다는 의미이다. 위 코드의 경로명은 윈도우즈 기반에서만 유효한 것이고 드라이버 개념이 없는 리눅스 기반에서는 경로명을 달리해야 한다.

위 내용이 수행되면 [그림 9-22]처럼 test.txt가 생성되고 해당 문자열이 파일에 기록되어 있는 것을 확인할 수 있다.

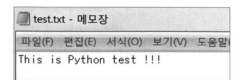

[그림 9-22] 생성된 파일내용

바이너리 파일

텍스트 형태의 파일과 달리 이번에는 바이너리 파일을 생성시켜 보도록 하겠다. 파일에 저장할 데이터는 0부터 255까지의 바이트 단위 데이터를 사용하겠다.

```
f=open('e:\\tmp\\test.bin', 'wb')              # wb 사용
for k in range(0, 256):
        data = k.to_bytes(1, 'little')         # 정수형 객체를 바이트 객체로 변환
        f.write(data)                          # 파일 쓰기
f.close( )                                     # 파일 닫기
```

텍스트 기반의 파일과 달리 바이너리 형태의 파일을 생성시키기 위해서는 open 함수의 두 번째 매개변수로 'wb'(write binary)를 사용해야 한다. 바이너리 파일은 바이트 단위의 데이터로 저장되어야 하므로 정수형 객체를 바이트 객체로 변환하기 위하여 to_bytes( ) 메서드를 사용하였으며 1바이트 단위 및 Little 엔디안 포맷으로 변경하기 위해 1과 'little' 매개변수를 사용하였다. 1바이트 단위의 변환이므로 Big 엔디안 포맷을 사용하여도 상관없다.

바이너리 파일을 열 수 있는 유틸리티를 사용하여 생성된 파일을 열면 아래 [그림 9-23]과 같이 정상적인 바이너리 파일이 생성된 것을 확인할 수 있다.

test.bin

Offset(h)	00	01	02	03	04	05	06	07	08	09	0A	0B	0C	0D	0E	0F
00000000	00	01	02	03	04	05	06	07	08	09	0A	0B	0C	0D	0E	0F
00000010	10	11	12	13	14	15	16	17	18	19	1A	1B	1C	1D	1E	1F
00000020	20	21	22	23	24	25	26	27	28	29	2A	2B	2C	2D	2E	2F
00000030	30	31	32	33	34	35	36	37	38	39	3A	3B	3C	3D	3E	3F
00000040	40	41	42	43	44	45	46	47	48	49	4A	4B	4C	4D	4E	4F
00000050	50	51	52	53	54	55	56	57	58	59	5A	5B	5C	5D	5E	5F
00000060	60	61	62	63	64	65	66	67	68	69	6A	6B	6C	6D	6E	6F
00000070	70	71	72	73	74	75	76	77	78	79	7A	7B	7C	7D	7E	7F
00000080	80	81	82	83	84	85	86	87	88	89	8A	8B	8C	8D	8E	8F
00000090	90	91	92	93	94	95	96	97	98	99	9A	9B	9C	9D	9E	9F
000000A0	A0	A1	A2	A3	A4	A5	A6	A7	A8	A9	AA	AB	AC	AD	AE	AF
000000B0	B0	B1	B2	B3	B4	B5	B6	B7	B8	B9	BA	BB	BC	BD	BE	BF
000000C0	C0	C1	C2	C3	C4	C5	C6	C7	C8	C9	CA	CB	CC	CD	CE	CF
000000D0	D0	D1	D2	D3	D4	D5	D6	D7	D8	D9	DA	DB	DC	DD	DE	DF
000000E0	E0	E1	E2	E3	E4	E5	E6	E7	E8	E9	EA	EB	EC	ED	EE	EF
000000F0	F0	F1	F2	F3	F4	F5	F6	F7	F8	F9	FA	FB	FC	FD	FE	FF

[그림 9-23] 생성된 바이너리 파일

9.14.2 파일 읽기

이번에는 반대로 파일로부터 데이터를 읽어서 출력해 보도록 하겠다.

```
f=open('c:\\temp\\test.txt', 'r')
s = f.read( )
f.close( )
print(s)
```

위와 같이 수행하면 test.txt 파일의 문자열이 읽혀져 문자열 객체로 생성되고 그 객체는 변수 s에 의해 참조된다. 마지막에 print 함수를 수행하면 s 변수에 의해 참조되는 문자열 객체의 내용이 프롬프트상에 출력된다.

9.14.3 open 함수의 매개변수

open 함수에는 두 개의 매개변수를 사용할 수 있다. 첫 번째 매개변수는 파일의 경로를 명시하는 것이고 나머지는 파일을 열 때 파일 속성에 관한 것이다. 파일 속성은 C언어의 문법과 거의 흡사하다. 파일 속성 관련해서는 여러 모드를 인자로 사용할 수 있지만 자주 사용되는 경우는 아래와 같다.

모드	설명
r	파일 읽기 모드
w	파일 쓰기 모드
a	파일 끝 부분에 쓰기 추가
rb	파일 읽기 모드(바이너리 파일)
wb	파일 쓰기 모드(바이너리 파일)

9.15 주석 처리

대부분의 프로그래밍 언어가 그렇듯이 파이썬에서도 주석 처리를 위한 방법이 있다. 줄 단위로 주석을 처리할 수도 있으며 구간을 정하여 주석 처리를 할 수도 있다. 줄 단위의 주석 처리는 # 문자를 사용하여 # 문자 이후의 내용을 주석 처리하고, 구간별 주석 처리에는 큰 따옴표 혹은 작은 따옴표를 세 개씩 구간 앞 뒤에 사용하여 처리한다.

```python
# print('Hello World')
print('This is Python')                 # 이것은 주석입니다.

'''                                      # 구간별 주석 시작
a=1
s = 'abcd'
'''                                      # 구간별 주석 종료
"""                                      # 구간별 주석 시작
a=1
s = 'abcd'
"""                                      # 구간별 주석 종료
```

클래스

파이썬은 객체지향 프로그래밍 언어이다. 객체지향이라는 의미는 모든 데이터들을 하나의 객체라는 관점에서 접근하는 것이다. 객체라는 것은 데이터와 그 데이터에 대한 처리 방법들을 클래스라는 하나의 틀에 묶어놓은 것으로 볼 수 있다. 클래스라는 것은 객체를 추상화시켜 놓은 것이고 객체라는 것은 클래스의 실체(Instance)라고 할 수 있다. 객체 내부에 존재하는 데이터의 처리 방법을 구현한 것을 메서드라고 부른다. 결국 하나의 객체 내부에는 데이터와 메서드들이 포함되어 있는 것이다.

클래스라는 의미는 이미 언급하였듯이 객체를 추상화(Abstraction)시켜 놓은 것이다. 추상화의 의미는 아직 메모리에 할당된 실체가 아니라 데이터와 그 데이터의 처리 동작을 명시하고 있는 하나의 틀이라고 생각하면 된다. 그리고 이 틀의 모양, 내용 및 기능들은 컴파일러나 혹은 인터프리터에 전달해줘야 하는 정보들이고 이런 정보를 가지고 있는 컴파일러나 인터프리터는 객체 생성이 필요한 시점에 이미 전달받은 틀 모양대로 메모리를 할당 및 구성하게 된다. 이렇게 구성된 메모리가 바로 객체가 되는 것이다. 즉 객체는 메모리상에 존재하는 실체인 것이고 클래스는 메모리상에 존재하지 않고 컴파일러나 인터프리터가 내부적으로 가지고 있는 틀(추상화된 내용)이라고 생각하면 된다. 결국, 추상화된 틀 모양대로 메모리 할당된 내용이 객체인 것이다.

10.1 구성

클래스는 어떤 모양으로 생겼을까? 아마도 데이터와 그 데이터에 대한 처리 방법을 명시하고 있을 것이다.

```
class 클래스명:
        클래스 변수-1
        . . .
        클래스 변수-N

        def __init__(self, 인자, …):              # 생략 가능
                수행할 문장
                . . .
        def __del__(self):                       # 생략 가능
                수행할 문장
                . . .
        def 처리함수-1(self, 인자, …):
                수행할 문장
                . . .
        . . .
        def 처리함수-M(self, 인자, …):
                수행할 문장
                . . .
```

클래스를 구성하는 멤버

클래스를 구성하는 멤버들을 살펴보면 다음과 같다.

- 생성자 (__init__)
- 소멸자 (__del__)
- 메서드
- 변수
    클래스 변수
    인스턴스 변수

생성자(__init__)는 객체가 메모리상에 생성될 때 호출되어 클래스 내부 데이터들을 초기화할 수 있으며, 소멸자(__del__)는 객체가 메모리에서 제거될 때 호출된다. 이 두 함수들은 클래스 선언에서 생략될 수 있다.

메서드들은 클래스의 동작 및 행위를 처리하는 함수들로써 일반 함수와 달리 첫 번째 매개변수로 self를 전달 받는다. self는 해당 메서드를 호출한 객체의 고유 정보를 가지고 있다. 클래스는 실체화된 것이 아닌 단순한 틀이므로 해당 클래스로 만들어진 객체는 여러 개가 생성될 수 있다. 따라서 파이썬 내부에서는 어떤 객체가 해당 메서드를 호출하였는지에 대한 정보가 필요하고 그 정보에 따라 각 객체에서 사용하는 고유의 데이터를 접근해야 하므로 객체를 구분할 수 있는 self 정보가 반드시 필요한 것이다.

클래스 내부에서는 일반적인 전역 및 지역 변수들은 당연히 사용될 수 있으며 클래스 의존적인 변수들을 사용할 수도 있다. 클래스 의존적인 변수는 클래스 변수와 인스턴스 변수로 구분될 수 있다. 클래스 변수는 클래스 이름공간에서 사용되고 인스턴스 변수는 객체 이름공간에서 사용된다.

클래스 변수

- 클래스 이름공간에서 사용됨
- 클래스 내부 및 메서드 외부 위치에 선언되어야 함
- 해당 클래스 형태로 정의된 모든 객체에서 접근(공유)할 수 있음

클래스 이름공간에서 사용된다는 의미는 "클래스명.변수명"으로 접근해야 한다는 의미
메서드 내부에 선언된 변수는 해당 메서드에서만 사용 가능한 지역 변수임
동일 형태의 클래스로 정의된 모든 객체에서 접근(공유) 가능한 일종의 정적 전역변수 개념으로 해석

인스턴스 변수

- 객체 이름공간에서 사용됨
- 메서드 내부에서 선언되어야 함
- self.변수명 형태로 사용되어야 함

객체 이름공간에서 사용된다는 의미는 "객체명.변수명" 으로 접근해야 한다는 의미
메서드 내부에 선언하므로 지역변수와 구분하기 위해 인스턴스 변수 앞에 "self."을 붙여서 사용
클래스 내부 여러 메서드들에서 접근(공유) 가능

좀 더 현실적이고 간단한 예를 들어서 클래스를 설명하도록 하겠다.

어떤 상자가 있으며 그 상자에 들어갈 수 있는 물건은 공이라 가정하자. 상자를 클래스화시키면 데이터는 공의 개수로 볼 수 있고 메서드는 공을 상자에 넣거나 빼내는 동작이라 할 수 있다. 객체지향 언어에서는 클래스 내부 데이터를 직접 접근하는 것보다 메서드를 통해 간접적으로 접근하는 것이 데이터 은닉 차원에서 더 바람직하므로 상자 내부의 공의 개수를 확인하는 것도 하나의 메서드로 구현할 수 있다.

```python
class  MyBox:
    nNumBox = 0                                 # 몇 개의 객체가 생성되었는지 확인 용도

    def __init__(self, n=0):                    # n 개의 공이 들어있는 상자를 생성
        self.num = n
        MyBox.nNumBox = MyBox.nNumBox + 1       # 새로운 객체 생성될 때 1 증가

    def __del__(self):                          # 객체 삭제
        MyBox.nNumBox = MyBox.nNumBox - 1       # 객체 소멸될 때 1 감소

    def insert(self):                           # 공을 상자에 넣는 메서드
        self.num = self.num + 1

    def extract(self):                          # 상자에서 공을 빼내는 메서드
        if self.num > 0:
            self.num = self.num - 1

    def get_item_number(self):       # 상자에 있는 공의 개수를 확인하는 메서드
        return  self.num

    def get_box_number(self):        # 생성된 객체의 수를 반환하는 메서드
        return MyBox.nNumBox
```

```
A = MyBox( )                              # A 이름의 객체 생성
B = MyBox(2)                              # 공이 2개 들어있는 B 이름의 객체 생성

>>> A
<__main__.MyBox object at 0x02D4D0F0>    # 클래스가 A 이름으로 인스턴스(객체)화됨
>>> B
<__main__.MyBox object at 0x02DB9FD0>
```

위 예제의 MyBox 클래스 내부의 각 요소들에 대해 살펴보도록 하자.

nNumBox

MyBox 형태의 여러 객체에서 공유되는 클래스 변수이다. 기능은 MyBox 형태의 객체가 몇 개 생성되어 있는가에 대한 정보를 담고 있다. 처음 생성되는 객체에서 0으로 초기화된다. 클래스 외부 코드에서 위 변수를 접근할 경우에는 MyBox.nNumBox와 같이 사용하여 접근할 수 있다. 외부에서 직접 접근하는 방식보다 클래스 내부에 메서드를 하나 만들고 그 메서드를 통해 간접적으로 접근하는 방식이 객체지향 관점에서 더 바람직하다. 위 코드에서는 get_box_number 메서드가 그 기능을 수행한다.

self.num

객체 내부에서만 사용되는 인스턴스 변수로 객체 내부에 있는 공의 개수 정보를 가지고 있다. 각 객체마다 별도의 인스턴스 변수를 가지고 있다. 클래스 외부에서 이 변수에 접근하기 위해서는 객체명.num 방식으로 접근하면 된다. 위 예제 코드에서 생성된 객체명은 A, B이므로 A.num, B.num처럼 사용하면 된다. 이 변수 역시 객체지향 관점에서 메서드를 통해 접근되도록 구현하는 것이 바람직하다. 위 코드에서는 get_item_number가 그 기능을 수행한다.

def __init__(self, n=0):

객체가 생성될 때 호출되는 메서드이고 매개변수인 "n=0"은 객체가 생성될 때 전달되는 인자가 없으면 기본 값인 0으로 전달된다는 의미이다. 전달되는 인자는 상자 내부에 포함될 공의 개수를 의미한다. 전달되는 인자는 인스턴스 변수인 self.num에 대입되어 공

의 개수 정보를 보관하고 있다. 생성자 메서드는 전달할 인자가 없는 경우에는 생략될 수도 있다.

> A = MyBox( ) → __init__ 메서드에 0이 전달되면서 MyBox 객체 생성
> B = MyBox(2) → __init__ 메서드에 2가 전달되면서 MyBox 객체 생성

def __del__(self):

객체가 메모리에서 소멸될 때 호출되어 클래스 변수인 nNumBox 값을 1 감소시켜 현재 메모리상에 있는 객체의 개수 정보를 갱신한다. 소멸자 메서드는 구현되지 않아도 큰 문제는 없다.

def insert(self):

상자에 공을 하나 추가하기 위해 호출한다. 이 메서드가 호출되면 상자 안에 공의 개수 정보를 가지는 인스턴스 변수 self.num 값이 1 증가된다.

def extract(self):

상자에서 공을 하나 빼내기 위해 호출한다. 이 메서드가 호출되면 상자 안에 공의 개수 정보를 가지는 인스턴스 변수 self.num 값이 1 감소된다.

def get_item_number(self):

상자 내부에 있는 공의 개수를 반환한다. 공의 개수 정보는 인스턴스 변수인 self.num에 저장되어 있다.

A = MyBox( )

공을 담을 수 있는 객체(상자) A를 생성하고 생성된 객체 내부에는 공이 비어 있다. 내부적으로 __init(self, 0)__ 메서드가 수행된다.

B = MyBox(2)

공이 두 개 들어 있는 객체(상자) B를 하나 생성한다. 내부적으로 __init(self, 2)__ 메서드가 수행된다.

10.2 클래스 상속

클래스에는 상속이라는 개념이 있다. 상속해 주는 클래스의 데이터와 메서드들을 상속받는 클래스가 사용할 수 있도록 하는 것이다. 상속해 주는 클래스를 부모 클래스 혹은 기반 클래스라 부르고, 상속받는 클래스를 자식 클래스 혹은 파생 클래스라 부른다. 객체지향 언어에서는 이러한 상속 개념을 통해 클래스 기능을 확장시킬 수 있으며 코드의 재사용성을 높여 결과적으로 프로그램 개발에 생산성을 향상시키는 역할을 한다. 파생 클래스를 선언할 때는 다음과 같이 기반 클래스의 이름을 괄호로 묶어서 처리한다. 아래와 같이 파생클래스를 구현하면 파생 클래스에서는 기반 클래스의 메서드를 상속받아 사용할 수 있는 것이다.

```
class 파생 클래스명(기반 클래스명):
        . . .
        . . .
```

코드의 재사용성

객체지향 언어에서 이러한 상속이 필요한 가장 큰 이유는 코드의 재사용 때문이다. 파생 클래스에서는 상속을 통해 기반 클래스의 메서드를 사용하여 코드의 재사용성을 높여 결국 프로그램 개발에 생산성을 높일 수 있는 것이다.

메서드 오버라이딩

상속에 있어서 한 가지 더 중요한 개념이 있는 데 바로 오버라이딩(overriding)이다. 오버라이딩이라는 용어는 한글로 표현하면 "재정의"라고 표현될 수 있다. 오버라이딩이라는 것은 기반 클래스의 메서드와 동일한 이름의 메서드를 파생 클래스에서 재정의하여 사용하는 것이다. 동일한 이름의 메서드가 기반 클래스 및 파생 클래스에도 존재하면 파생 클래스의 메서드가 기반 클래스의 메서드를 오버라이딩(재정의)하는 것이다. 이러한 오버라이딩을 사용하는 이유는 기반 클래스의 메서드에 기능을 더 추가하는 것과 같은 기능상의 일부 변경이 필요할 때 사용할 목적으로 만들어진 것이다. 기반 클래스의 메서드와 동일한 이름의 메서드가 파생 클래스에 존재하며 기능은 일부 변경되는 것이다.

앞서 언급하였던 MyBox 클래스를 기반 클래스로 사용하여 MyNewBox 이름으로 파생 클래스를 선언하고 NewA라는 이름의 MyNewBox 객체를 만들어 보도록 하자.

```
class MyNewBox(MyBox):
        def insert(self):                              # 재정의할 메서드
                self.num = self.num + 2

NewA = MyNewBox( )                                      # NewA 이름의 객체 생성
NewA.insert( )
n = NewA.get_item_number( )

print(n)                                               # 2를 반환한다.
```

MyNewBox 클래스 기반의 객체에 구현할 insert 기능은 상자에 공을 두 개씩 넣는 동작이므로 상자에 공을 하나씩 넣는 MyBox 클래스의 insert 메서드를 그대로 사용할 수 없으므로 기능 변경이 필요한 상태다. 즉, 메서드 이름을 insert 그대로 유지하려면 메서드 오버라이딩(재정의)이 필요하다. 위 파생 클래스의 insert 메서드는 self.num 값을 2씩 증가시키기 위해 기반 클래스의 insert 메서드를 오버라이딩 하였다. MyNewBox 형태의 객체를 생성 후, 그 객체 내부의 insert 메서드를 호출하면 기반 클래스의 insert 메서드가 수행되는 것이 아니라, 파생 클래스에서 재정의된 insert 함수가 수행되는 것이다.

10.3 연산자 오버로딩 (overloading)

객체지향 언어에서 오버로딩이라는 것은 "중복 정의"라는 개념이다. 오버로딩은 함수와 연산자에 대해 적용될 수 있다. 파이썬에서는 함수에 대한 오버로딩은 기본적으로 지원하지 않고 연산자 오버로딩에 대해서는 클래스 내부에서만 사용된다.

우리가 연산자로 부르는 것은 다음 표에 있는 연산자처럼 더하기 혹은 빼기 등과 같은 연산을 수행하는 것을 의미한다.

아래 표는 대표적으로 많이 사용되는 연산자들로만 구성되어 있다.

연산자	내용	연산자	내용
+	더하기	>=	크거나 같은지
-	빼기	<=	작거나 같은지
*	곱하기	&	논리곱
/	나누기	|	논리합
%	나머지	^	배타적 논리합
//	몫	~	논리부정
==	같은지	<<	좌측 시프트
!=	다른지	>>	우측 시프트
>	큰지	. . .	
<	작은지	. . .	

연산자 오버로딩은 위 표의 연산자들을 숫자가 아닌 일반 객체에 사용하였을 때 특정 기능을 수행하기 위해 클래스 내부적으로 메서드를 구현하는 것이다. 예를 들면 숫자가 아닌 문자열 객체에 '+' 연산자를 사용하는 것이다. 'abc' + 'def'와 같이 수행하면 결과는 'abcdef'라는 새로운 문자열이 반환된다. 숫자가 아닌 문자열에 더하기 연산이 적용된 것이다. 어떻게 이런 연산이 가능할까? 이유는 문자열 클래스 내부에 '+' 연산자에 대해 오버로딩된 메서드가 구현되어 있기 때문이다. 즉, 문자열에 대해서 '+' 연산을 수행하면 문자열 객체 내부에 있는 두 문자열을 합치는 메서드가 실행되는 것이다.

그렇다면 연산자 오버로딩을 사용하는 이유는 뭘까? 간단한 예를 들어 보도록 하겠다. 문자열 객체에는 두 문자열을 합치는 __add__ 메서드가 존재한다.

```
>>> a
'abc'
>>> b
'def'
>>> a+b                    ← 두 문자열을 합침 (+ 연산자가 __add__ 내장함수를 오버로딩 함)
'abcdef'
>>> a.__add__(b)          ← 두 문자열을 합침 (내장함수 사용)
'abcdef'
```

위 코드에서 보듯이 두 문자열을 합치는 두 가지 방법이 존재한다.

(1) a+b

(2) a.__add__(b)

이 두 가지 방법들 중에 어떤 것이 더 명시적인가? 이와 같이 연산자에 대해서 오버로딩을 적용하면 코드를 아주 직관적으로 구성할 수 있고 다양한 객체에 적용하여 연산자를 추상화시킬 수 있는 장점도 있다.

파이썬에서는 메서드 이름 앞에 두 개의 '__'(underscore)로 시작되고 이름 끝에 두 개의 '__'로 끝나면 그 메서드는 연산자 오버로딩에 사용되도록 되어있다. 이러한 메서드들을 매직 메서드(magic method)라고 부른다.

문자열 객체에 '+' 연산자를 사용하면 문자열 클래스 내부의 __add__ 메서드가 수행되어 두 문자열이 합쳐지는 것이다. 마찬가지로 리스트나 튜플 객체를 합칠 때에도 해당 클래스 내부에 __add__ 메서드가 수행되어 합치는 작업이 수행되는 것이다. 결과적으로 __add__ 메서드는 '+' 연산자를 오버로딩하고 있는 것이다. 파이썬에서 사용되는 각 연산자 및 해당 연산자들에 대한 오버로딩 함수와의 관계는 [표 9-1]과 같다.

연산자	메서드	연산자	메서드
+	__add__	>=	__ge__
-	__sub__	<=	__le__
*	__mul__	&	__and__
/	__truediv__	|	__or__
%	__floordiv__	^	__xor__
//	__mod__	~	__invert__
==	__eq__	<<	__lshift__
!=	__ne__	>>	__rshift__
>	__gt__	. . .	. . .
<	__lt__	. . .	. . .

[표 10-1] 연산자와 오버로딩 메서드와의 관계

위에서 구현한 MyBox에 연산자 오버로딩을 적용해 보도록 하자. 사용할 연산자는 '+', '-'를 사용하도록 하겠다. insert 메서드와 extract 메서드와 유사한 역할을 하는 '+', '-' 연산자를 구현해 보도록 하자.

언급하였다시피 '+' 연산자는 __add__ 메서드로 오버로딩하고, '-' 연산자는 __sub__ 메서드를 사용하여 오버로딩해야 한다. 오버로딩 메서드를 적용하여 클래스를 다시 구현하면 다음과 같이 될 것이다.

```
class MyBox:

    . . .
    def __add__(self,n):
        self.num = self.num + n
        return self


    def __sub__(self,n):
        self.num = self.num - n
        if self.num < 0:
            self.num = 0
        return self
```

위와 같이 클래스를 구현한 다음 오버로딩 연산자를 다음과 같이 테스트하여 원하는
동작을 확인할 수 있다.

```
>>> A=MyBox( )                          # 객체 A 생성
>>> A.get_item_number( )                # 상자 내부 공의 개수 확인
0

>>> A=A+2                               # 상자 내부에 공을 두 개 삽입
>>> A.get_item_number( )                # 상자 내부 공의 개수 확인
2

>>> A=A-2                               # 상자 내부에서 공을 두 개 추출
>>> A.get_item_number( )                # 상자 내부 공의 개수 확인
0
```

위 예제 코드에서도 알 수 있듯이 "A+2"에 대한 연산은 A.__add__(2)와 동작이 동일
하며 '+' 연산자가 클래스 내부 __add__ 메서드에 의해 오버로딩되는 것을 확인할 수 있
다. '-' 연산자도 동일하게 __sub__ 메서드에 의해 오버로딩되는 것을 확인할 수 있다.

파이썬에서는 함수에 대한 오버로딩(중복 정의)이 기본적으로는 지원되지 않지만 함수의 매
개변수를 가변인자 형태로 처리하면 중복 정의 효과를 낼 수 있다.

Using the RaspberryPi 3 for Internet of Things
파이썬 모듈 (Module)

파이썬에서 모듈이라는 의미는 파이썬 프로그램으로 작성되어 있는 파일이다. 프로그램 규모가 커지면 하나의 파일에서 모든 동작을 구현하기 힘들다. 이럴 경우는 기능 별로 분류된 여러 파이썬 파일들이 하나의 프로그램으로 구성될 수 있다. 하나의 파이썬 파일에서 다른 파이썬 파일에 있는 심볼(함수 이름, 클래스 이름, 변수 이름)을 불러와서 사용할 수 있도록 하는 것이 바로 모듈의 개념이다.

11.1 모듈의 구현 및 사용

모듈에 대한 이해를 높이기 위해 아래와 같이 간단한 프로그램을 작성하고 module.py 라고 저장하자.

```
# module.py
class MyBox:
    def __init__(self):
        print('MyBox is created')

def DoAdd(a, b):
    return a+b
```

```
def DoSub(a, b):
    return a-b

s = 'This is python module'
```

그리고 아래와 같이 test_module.py 프로그램을 추가로 만들고 그 내부에서 module.py에 있는 DoAdd 함수를 사용해 보자.

```
#test_module.py
import module                        #module.py 임포트

a = module.DoAdd(1, -3)              # module.DoAdd
b = module.DoSub(1, -3)             # module.DoSub
print(a, b)

print(module.s)                      # module.s
module.MyBox( )                     # module.MyBox
```

위 코드와 같이 임포트되는 모듈 이름과 사용할 심볼 사이에 '.'(dot)을 사용하여 모듈 내부의 심볼을 사용한다. 위 코드를 아래와 같이 실행하여 결과를 확인하자.

```
$ python3 test_module.py
-2  4
This is python module
MyBox is created
```

위와 같이 다른 파이썬 파일에 구현되어 있는 심볼들을 사용할 때는 사용하는 파일에서 다음과 같이 import 키워드를 사용하면 된다. 모듈 이름은 파일 이름에서 확장자를 뺀 부분이다.

```
import 모듈이름
...
모듈이름.함수
모듈이름.변수
모듈이름.클래스
```

코드 내에서 다른 모듈에 있는 심볼들을 사용할 때 모듈.심볼처럼 심볼 앞에 import되는 모듈의 이름을 반드시 붙여야 한다. 이것은 번거로운 작업일 수 있다. 하지만 아래와 같이 from 키워드를 사용하면 모듈이름을 앞에 붙이지 않아도 된다.

from 모듈 import 심볼 (심볼에는 import 하려는 것들을 명시)

위와 같이 from **모듈** import **심볼**을 사용하면 코드 본문에서 심볼 앞에 모듈 이름을 붙일 필요가 없어진다.

```
#test_module.py
from module import DoAdd, DoSub, s, MyBox    # from 모듈명 import 함수, 변수,
                                                     클래스, …

a = DoAdd(1, -3)                             # module.DoAdd가 아닌 DoAdd로 호출
b = DoSub(1, -3)
print(a, b)

print(s)
MyBox( )
```

위 내용에서는 module.py에 있는 모든 심볼들을 사용하기 위해서는 심볼 위치에 모든 내용을 의미하는 asterisk(*) 기호를 사용하여도 된다.

```
from module import DoAdd, DoSub, s, MyBox  →  from module import *
```

11.2 if __name__ == '__main__':

파이썬 프로그램을 사용하다 보면 if __name__ == '__main__': 문구를 자주 접할 때가 있다. 이것이 무엇을 의미하는 지 살펴보도록 하자.

앞선 테스트에서 module.py와 test_module.py 파일들을 작성 후, test_module.py 파일에서 module.py 파일 내부에 있는 심볼들을 사용하기 위해 import module을 명시하였다. 간단한 테스트를 위해 module.py와 test_module.py 맨 아래 부분에 아래 코드를 삽입한 다음 test_module.py를 실행해 보도록 하자.

```
print(__name__)
```

라즈베리파이에서 **$python3 test_module.py**를 실행하면 아래와 같은 결과가 출력된다.

```
$ python3 test_module.py
module                          ← module.py 에서 수행된 print(__name__)
-2 4
This is python module
MyBox is created
__main__                        ← test_module.py에서 수행된 print(__name__)
```

똑같은 print(__name__) 코드가 module.py 및 test_module.py에도 있었지만 module.py에 있는 코드에서는 'module' 문자열이 출력되었으며, test_module.py에서는 '__main__' 문자열이 출력되었다.

__name__ 변수가 가지는 문자열	설명
'__main__'	파이썬 해석기에 의해 직접 실행되는 파일
파일 이름(확장자 제외)	내부적으로 임포트되는 파일

__name__ 변수가 가지는 값은 파이썬 해석기에 의해 직접 실행되는 test_module.py와 같은 파일의 경우는 '__main__' 문자열을 가지고 내부에서 임포트되는 파일들의 경우는

해당 파일명(확장자 제외)을 문자열로 가진다. 프로그램을 개발하면서 특정 파일을 임포트할 때는 해당 파일 내부의 함수, 변수, 클래스와 같은 심볼들만 임포트하고 나머지 실행되는 부분은 임포트하지 않는 것이 일반적이다.

임포트되는 module.py 파일에서 print(__name__) 코드가 실행되지 않도록 해보자. module.py는 다른 코드에 의해 임포트되는 파일이므로 module.py 내부의 print(__name__)가 실행되지 않도록 하기 위해서는 아래와 같은 조건문을 사용하면 된다.

```
if __name__ == '__main__':
        print(__name__)
```

다른 코드에 의해 임포트되는 module.py 파일에서 사용되는 __name__ 변수는 확장자를 제외한 파일명과 같은 'module' 문자열을 가지므로 결과적으로 __name__는 '__main__' 문자열과 같지 않으므로 print(__name__)가 실행되지 않는 것이다. 앞선 내용에서 $python3 test_module.py를 수행에서는 test_module.py가 파이썬 해석기에 의해 직접 수행되는 파일이므로 test_module.py 내부에서 사용되는 __name__ 변수는 '__main__' 문자열을 가지게 된다.

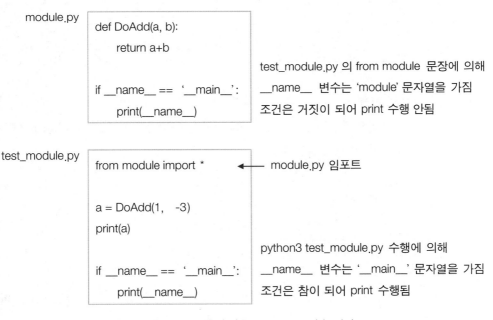

module.py

```
def DoAdd(a, b):
        return a+b


if __name__ == '__main__':
        print(__name__)
```

test_module.py 의 from module 문장에 의해
__name__ 변수는 'module' 문자열을 가짐
조건은 거짓이 되어 print 수행 안됨

test_module.py

```
from module import *

a = DoAdd(1,   -3)
print(a)


if __name__ == '__main__':
        print(__name__)
```

← module.py 임포트

python3 test_module.py 수행에 의해
__name__ 변수는 '__main__' 문자열을 가짐
조건은 참이 되어 print 수행됨

[그림 11-1] 모듈에 따른 __name__ 변수 의미

만약 [그림 11-1]의 test_module.py 파일이 다른 파일에 의해 임포트될 가능성이 있으면 임포트하는 코드에 의해 수행되지 않도록 할 영역을 if __name__=='__main__': 문장을 사용하여 지정하도록 한다.

```
from module import *
if __name__ == '__main__':        # test_module.py가 다른 파일에 의해 import 되면 아래
        a = DoAdd(1, -3)           # 코드들은 실행되지 않음
        print(a)
        print(__name__)
```

데코레이터 (decorator)

데코레이터는 사전적으로 "장식자(꾸밈)"라는 의미를 가지고 있다. 파이썬에서 데코레이터는 '@' 문자로 시작한다. 데코레이터는 함수와 함께 사용되어서 함수를 꾸미는 역할을 한다. 함수를 꾸민다는 의미는 함수 호출을 기준으로 새로운 전처리 및 후처리 작업을 진행할 수 있다는 것이다. 함수 호출 전에 새로운 전처리 작업을 하고 함수 호출 후에 새로운 후처리 작업을 할 수 있으므로 함수를 감싸는 래퍼(wrapper)로 해석될 수도 있다. 즉 데코레이터는 함수가 가지고 있던 원래 기능에다 새로운 기능들을 추가하여 함수를 새롭게 꾸며주는 것이다.

12.1 함수 꾸미기

예를 들어서 아래와 같이 'ABC' 문자열을 출력하는 함수가 있다고 가정하자.

```
def func( ):
    print('ABC')
```

사용자는 이 함수 수행 전에 '+++' 문자열을 출력하고 수행 후에는 '---' 문자열을 출력하기 위해서 아래와 같이 구현할 수도 있다.

```
def func( ):
        print('+++')
        print('ABC')
        print('---')
```

위와 같이 구현하면 가독성이 떨어질 뿐만 아니라 위와 같은 방법으로 구현하려는 함수가 많을 경우 각 함수마다 print('+++'), print('---') 구현해야 하는 번거로움이 있고 코드양을 증가시킬 수 있다. 함수 내부에서는 함수 본연의 충실한 기능만 구현하고 부가적인 기능들을 데코레이터를 사용하여 구현하면 코드의 가독성을 유지하면서 효율적으로 구현할 수 있다.

함수 수행 전후로 부가적인 기능을 수행하는 것을 구현해 보도록 하자.

```
def make_decoration(f):                        # 함수 객체를 매개변수로 전달받음
        def decorated( ):                       # 내부함수 정의
                print('+++')
                f( )
                print('---')
        return decorated                        # 내부함수 객체를 반환
```

파이썬에서는 모든 데이터들이 객체로 취급되듯이 함수도 객체로 취급되어 함수의 매개변수로 전달할 수 있고 또한 함수 내부에서 함수 객체를 반환할 수 있다. 매개변수로 함수의 객체를 전달받는 make_decoration 함수를 위와 같이 정의한다. 이 함수 내부에는 decorated 함수가 구현되어 있으며, 기능은 make_decoration의 매개변수로 전달된 함수를 수행하기 전에 '+++' 문자열을 출력하고 수행 후에는 '---' 문자열을 출력한다. make_decoration 함수의 기능은 내부에 구현된 decorated 함수의 객체를 반환만 한다.

```
def func( ):
        print('ABC')

func = make_decoration(func)                    # 함수를 데코레이션
```

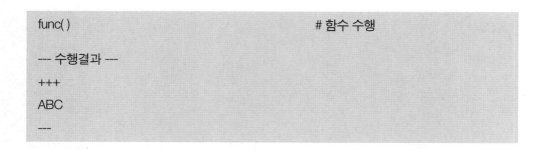

```
func( )                                                    # 함수 수행

--- 수행결과 ---
+++
ABC
---
```

func=make_decoration(func) 수행에 의해 func 변수는 make_decoration 함수 내부에 구현된 decorated 함수의 객체를 지시하게 되고 func( )가 수행되면 ABC 문자열 출력 전과 출력 후에 '+++' 문자열과 '---' 문자열이 출력되게 된다.

func=make_decoration(func)처럼 전달하는 함수와 반환되는 함수 이름을 동일하게 하면 func 변수는 원래 수행하였던 함수가 아닌 아래와 같은 새로운 기능을 수행하는 함수 객체를 새롭게 지시하게 된다. 즉, func 변수에는 기존 함수가 아닌 새로운 함수가 바인딩 되는 것이다. 바인딩(Binding)이라는 의미는 변수와 같은 이름을 객체와 묶어 이름을 통해 객체에 접근한다는 의미이다.

1. '+++' 문자열 출력	[호출 전 추가된 작업]
2. 'ABC' 문자열 출력	[함수의 원래 작업]
3. '---' 문자열 출력	[호출 후 추가된 작업]

마찬가지로 다른 함수들로 make_decoration 함수의 매개변수로 전달한다면 위와 같은 방법으로 함수의 수행 전과 수행 후에 사용자가 원하는 작업이 수행되도록 구현할 수 있다.

12.2 '@' 키워드를 이용한 데코레이터 구현

앞선 내용에서 func 함수 정의와 func = make_decoration(func) 문장을 다음과 같이 데코레이터 키워드'@'를 사용하여 하나의 문장으로 표현할 수 있다. 데코레이터 키워드를 사용하여 표현하면 코드를 훨씬 더 가독성이 있게 표시할 수 있다. 파이썬에서는 특정 함수를 데코레이션할 때 해당 함수 위에 @기호와 데코레이션 함수이름을 함께 사용하면 된다.

```
def func( ):                              @make_decoration
    print('ABC')               ⟶         def func( ):
func= make_decoration(func)                   print('ABC')
```

@make_decoration 부분은 바로 아래 줄에 있는 func 함수를 매개변수로 받아 데코레이션된 동일한 이름의 함수를 반환한다. 즉, 바로 아래 줄에 있는 함수를 데코레이션하는 것이다. 결과적으로 함수 이름에 바인딩되는 함수 객체가 달라지는 것이다. 즉, 새로운 기능을 하는 함수로 다시 만들어지는 것이다.

간단한 예제를 사용하여 설명하도록 하겠다. 이 예제에는 function_a( ) 함수와 function_b( ) 함수가 있으며 각 함수가 호출되기 전과 호출된 후에 아래와 같은 동작들을 수행하려 한다.

```
function_a 경우
'function_a is being called.'                    # 함수 호출 전 문자열 출력
function_a( )                                     # 함수 수행
'function_a was executed.'                        # 함수 호출 후 문자열 출력

function_b 경우
'function_b is being called.'                    # 함수 호출 전 문자열 출력
function_b( )                                     # 함수 수행
'function_b was executed.'                        # 함수 호출 후 문자열 출력
```

앞서 언급한 방법으로 원래 함수에 기능을 추가하는 make_decoration 함수와 데코레이션된 함수들을 다음과 같이 작성한다.

```
def make_decoration(func):                        # 데코레이션을 수행하는 함수
    def decorated_func( ):                        # 내부함수 정의
        print(func.__name__, 'is being called.')  # 함수 호출 전에 수행할 내용
```

```
            func( )
            print(func.__name__, 'was executed.')          # 함수 호출 후에 수행할 내용
        return decorated_func                              # 내부함수 객체를 반환

@make_decoration                                           # function_a 함수를 데코레이션
def function_a( ):
    print('ABC')

@make_decoration                                           # function_b 함수를 데코레이션
def function_b( ):
    print('DEF')
```

function_a와 function_b는 @make_decoration 구문에 의해 장식된 상태이므로 두 함수를 수행하게 되면 원래 동작과 달리 아래와 같이 수행된다.

```
function_a is being called.                    ← 추가된 내용
ABC
function_a was executed.                        ← 추가된 내용

function_b is being called.                    ← 추가된 내용
DEF
function_b was executed.                        ← 추가된 내용
```

이번에는 함수가 호출될 때마다 현재 시각이 함께 출력되는 예제를 살펴보도록 하자.

```
import time

def display_time(f):
    def decorated( ):
        print(time.asctime( ))                     # 현재 시각이 출력됨
        f( )
    return decorated
```

```
@display_time
def func( ):
    print('ABC')

func( )
```

위와 같이 코드를 작성 후 실행하면 아래 함수가 호출되어 실행되는 시각이 출력된다.

```
# 실행 결과
Sat Dec 24 06:45:26 2016          ← 함수 호출 시각이 출력됨(추가되는 내용)
ABC
```

이번 단원에서는 파이썬에 대하여 기본적인 내용을 살펴보았다. 여러 프로그래밍 언어들 중에서 비록 C 언어를 가장 많이 사용하지만 라즈베리파이는 교육용 목적으로 제작된 소형 컴퓨터이므로 목적에 맞고 배우기 쉬운 파이썬이 기본 프로그래밍 언어로 라즈비안에 포함되어 있다. 우리는 파이썬을 공부하기 위해 윈도우 기반의 PC 환경에서 파이썬을 설치하여 기본적인 문법과 핵심 내용들을 살펴보았다. 기본적으로 파이썬은 일부 호환이 되지 않는 2.x 버전과 3.x 버전이 있지만 우리는 3.x 기준으로 살펴보았다.

파이썬은 절차적인 C 언어와 달리 객체지향 언어이고 대표적인 객체지향 언어인 컴파일러 기반의 C++과 달리 인터프리터 방식의 언어이다. 파이썬 언어가 C 언어 대비하여 속도 면에서는 비록 느리지만 플랫폼에 독립적이라서 PC 환경에서 개발된 코드가 리눅스 기반의 라즈베리파이에서도 동작 가능하고 풍부한 라이브러리와 간단한 문법, 코드의 간결성으로 인해 개발기간을 많이 단축시킬 수 있다. 이번 내용에서는 파이썬의 기본적인 문법을 비롯한 연산동작에서부터 클래스, 모듈 및 데코레이터에 이르기까지 프로그래밍에 필요한 여러 내용들을 살펴보았고 기본적인 예제도 구현해 보았다. 특히 C 언어에는 없는 리스트, 튜플, 딕셔너리 자료 구조에 대해서 살펴보았고 객체에 대한 자세한 개념도 살펴보았다.

앞으로 진행될 시리얼 통신을 포함한 여러 하드웨어 제어, 웹 서버 구현에 이르기까지 C 언어와 더불어 파이썬 언어를 많이 사용할 것이다.

Using the RaspberryPi 3 for Internet of Things

03

사물인터넷을 활용한 라즈베리파이

리눅스에 대한 이해

리눅스 기반의 라즈베리파이

    라즈베리파이가 가지는 여러 장점들 중에 하나가 바로 운영체제를 사용할 수 있다는 것이다. 아두이노와 같은 시스템은 배우기에 쉽고 가격도 저렴하고 솔루션이 많은 장점이 있지만 핵심 부품인 CPU 구조상 가상주소 기반의 운영체제를 사용할 수 없으므로 어플리케이션 수준의 여러 작업을 동시에 수행하거나 복잡한 작업을 처리할 수 없다. 하지만 라즈베리파이에 사용되는 CPU 내부의 Cortex-A 프로세서는 구조적으로 MMU(Memory Management Unit)를 내장하고 있어서 소프트웨어에서 가상주소를 사용할 수 있다. 가상주소를 사용할 수 있으므로 리눅스, 윈도우즈와 같은 가상주소 기반의 운영체제 포팅(porting)이 가능할 뿐만 아니라 운영체제가 동작되고 있는 상황에서도 여러 프로그램을 설치 및 실행도 가능한 구조가 되는 것이다.

    라즈베리파이에서 하드웨어를 제어할 경우에도 개발자는 하드웨어에 대한 깊은 지식이 없어도 쉽게 제어할 수 있다. 하드웨어에 대한 실제적인 제어는 운영체제 기반에서 동작되는 디바이스 드라이버 내부에서 이루어지기 때문이다. 이와 같이 라즈베리파이에는 운영체제가 구동될 수 있으므로 운영체제가 없는 시스템에 비해 개발자들이 구현할 수 있는 기능과 범위가 상당히 넓다고 할 수 있다. 이러한 특징이 라즈베리파이가 가지는 큰 장점들 중 하나이다.

    GUI 기반으로 라즈베리파이를 제어하는 경우도 있을 수 있지만 Host PC에서 터미널 프로그램을 사용하여 라즈베리파이에 원격으로 접속하여 제어하는 경우가 대부분이다. 이러한 원격 제어 방법에서는 사용자가 터미널상에서 명령어를 입력하여 라즈베리파이를 제어한다. 라즈베리파이에서는 리눅스 기반의 운영체제가 이미 동작되고 있으므로 사용자는 터미널상에 리눅스 명령어를 입력해야 한다. 따라서 자주 사용되고 중요한 명령어는 반드시 숙지하도록 한다.

리눅스는 기본적으로 다수의 사용자들이 시스템에 접속할 수 있도록 되어 있다. 그래서 사용자와 계정이라는 용어가 자주 사용된다. 사용자도 다시 일반 사용자와 관리자로 구분될 수 있으며 일반 사용자는 프로그램 설치나 민감한 시스템 부분에는 접근할 수 없도록 권한이 제한되어 있다. 반면 관리자는 프로그램 설치를 포함한 시스템의 모든 부분을 사용할 수 있으며 권한 제한도 없다. 일반 사용자들은 다수로 존재할 수 있으며 관리자에 의해 사용자 추가 및 삭제도 가능하다. 하지만 관리자는 오직 root 계정 하나만 사용할 수 있다.

이와 같이 라즈베리파이를 제대로 사용하려면 리눅스 명령어뿐만 아니라 리눅스 기반의 폴더 구조, 계정 관리등과 같은 리눅스 시스템 전반적인 사항들에 대한 지식을 갖추어야 한다.

13.1 폴더 구조

리눅스 운영체제의 폴더 구조는 윈도우즈와 달리 C, D와 같은 드라이버 개념이 존재하지 않는다. 최상위 폴더를 루트 폴더라 부르며 '/'와 같이 표시한다. 최상위 폴더가 '/'로 표시되므로 모든 폴더의 절대 경로명도 '/'로 시작된다. /home/pi/tmp 폴더 위치를 그림으로 표시하면 [그림 13-1]과 같이 나타낼 수 있다.

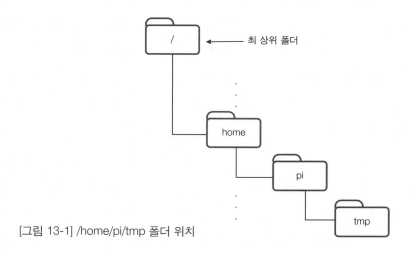

[그림 13-1] /home/pi/tmp 폴더 위치

리눅스 폴더 이름과 각 폴더에 대한 설명은 아래 표를 참고하도록 한다.

폴더	설명
/	루트 폴더 (최상위 폴더)
/bin	기본적인 리눅스 명령어가 저장된 폴더
/boot	커널 및 부팅에 관련된 파일
/dev	시스템 장치파일 (하드디스크, 시리얼, CD-ROM, …)
/etc	시스템 관련 설정파일
/home	사용자 홈 폴더
/lib	공유 라이브러리 폴더
/media	탈 부착 가능한 장치들의 마운트 포인트로 사용되는 폴더
/mnt	일시적인 마운트 용 폴더 (가상 파일 시스템)
/proc	시스템 정보를 위한 가상 폴더
/root	루트 사용자 홈 폴더
/sbin	시스템 관리용 실행파일
/tmp	임시 파일 생성용 폴더

각 폴더 내부에는 '.'(하나의 dot) 과 '..' (두 개의 dot) 폴더들이 포함되어 있다. '.' 의미는 현재 폴더를 의미하고 '..'는 상위 폴더를 의미한다. ../../와 같이 표시하면 현재 폴더에서 두 단계 상위 폴더를 의미하는 것이다. 따라서 폴더 위치를 변경하는 cd 명령어와 함께 사용하면 현재 위치를 기준으로 상대적인 폴더 위치로 이동할 수 있다.

```
pi@raspberrypi:~/tmp $ cd ../../        ← 현재 폴더 위치에서 두 단계 상위 폴더로 이동
pi@raspberrypi:/home $
```

이러한 폴더들은 상대적 경로 개념으로 폴더를 이동할 때 유용하게 사용될 수 있다. 위와 달리 폴더 위치를 명시할 때 최상위 폴더명인 '/'를 함께 사용하면 절대경로 개념으로 폴더 이동이 되는 것이다.

```
pi@raspberrypi:/home $ cd /home/pi/tmp ← 절대경로 개념으로 /home/pi/tmp 위치로 이동
pi@raspberrypi:~/tmp $
```

13.2 프롬프트 구조

라즈베리파이가 부팅된 후 Host PC에서 SSH 클라이언트로 접속하면 '$' 프롬프트가 표시되는 것을 이미 많이 보았다. 이번 내용에서는 이러한 프롬프트에 대해서 자세히 살펴보고자 한다. 라즈베리파이에서 사용되는 프롬프트의 구조는 다음과 같이 구성된다.

```
사용자@호스트:~ $(#)
```

사용자는 일반 사용자와 관리자로 다시 구분될 수 있다. 일반 사용자는 마지막에 '$' 표시의 프롬프트를 사용하고 관리자(root)는 '#' 표시의 프롬프트를 사용한다. 라즈베리파이에 설정된 초기 사용자와 호스트 이름은 pi와 raspberrypi이므로 라즈베리파이를 기본 설정 값으로 사용하였을 때 표시되는 프롬프트는 아래와 같다.

```
pi@raspberrypi:~ $
```

관리자로 접속한다면 아래와 같은 프롬프트로 표시된다.

```
root@raspberrypi:~ #
```

그리고 ':' (colon) 표시 뒤쪽에는 현재 디렉토리 위치가 표시된다. 위 예에서 '~'(tilde) 기호는 라즈베리파이에 접속한 사용자의 홈 디렉토리를 의미한다. 위와 같이 사용자가 pi일 때 ~가 나타내는 디렉토리 위치는 /home/pi 이다. 마찬가지로 일반 사용자가 아닌

관리자(root) 계정으로 접속하면 ~가 표시하는 디렉토리 위치는 /root 이다. 이해를 돕기 위해 아래와 같이 예를 들어 보겠다.

- pi@raspberrypi:/tmp $

   pi 사용자가 시스템에 접속하였으며 현재 디렉토리 위치는 /tmp 폴더를 의미

- pi@raspberrypi:~/tmp $

   pi 사용자가 시스템에 접속하였으며 현재 디렉토리 위치는 ~/tmp 폴더를 의미
   접속한 사용자가 pi이므로 ~/tmp 표시는 /home/pi/tmp를 의미

- root@raspberrypi:~/tmp $

   root 사용자가 시스템에 접속하였으며 현재 디렉토리 위치는 ~/tmp 폴더를 의미
   접속한 사용자가 root이므로 ~/tmp 표시는 /root/tmp를 의미

13.3 명령어

리눅스 운영체제에는 너무나 많은 명령어들이 존재한다. 라즈베리파이를 사용할 때 이모든 명령어들을 다 알 필요는 없다. 일부 자주 사용되는 명령어들만 숙지하고 나머지 명령어들은 필요할 때마다 찾아서 사용하는 것이 바람직하다. 먼저 명령어를 사용하는 구조에 대해서 알아보도록 하자.

13.3.1 명령어 구조

리눅스 명령어를 사용할 때는 다음과 같은 형태로 사용한다.

명령어 [options] [parameters]

명령어는 대소문자를 구분하고 options은 하나의 '-'(dash) 혹은 두 개의 '--'(double dash)로 시작되고 마지막에 parameter들은 한 개 이상 사용될 수 있다. 예를 들어 아래 명령은 /etc 폴더 아래의 모든 파일들을 리스트 형태로 출력하라는 의미이다.

```
$ ls -al /etc
명령어 : ls,
option : -al                          ← -a 옵션과 l 옵션이 합쳐진 것 (all, list)
parameter : /etc
```

13.3.2 명령어 도움말

명령어는 종류도 많고 사용되는 옵션도 많아서 외우기가 쉽지 않다. 리눅스에서는 각 명령어에 대한 도움말 기능을 제공해 주는 "man"(manual) 명령어가 있다. 만약 ls 명령어에 대한 여러 기능들을 확인해 보려면 아래와 같이 한다.

```
$ man ls        ← ls 명령어에 대한 설명이 출력되고 도움말을 나가려면 'q' 문자를 입력
$ ls --help     ← ls 명령어에 대한 간단한 도움말 출력
```

13.3.3 자주 사용되는 명령어

앞서 언급한 것처럼 리눅스에는 아주 많은 명령어들이 존재하고 각 명령어마다 아주 다양한 옵션들을 사용할 수 있으므로 이번 내용에서는 자주 사용되는 명령어들과 옵션에 대해서 설명하도록 하겠다.

ls   [파일목록 보기]

- ls -a

  폴더 안의 (숨김 파일을 포함해서) 모든 파일을 보여줌

- ls -l

  파일 사용 권한, 소유자, 그룹 등의 자세한 정보를 리스트 형태로 출력

- ls -al

  a와 l 옵션이 합쳐진 형태

- ls -al test.txt

  text.txt 파일의 정보를 자세히 출력

pwd [현재 폴더위치 출력]

cd [폴더이동]

- cd tmp

  상대경로 개념으로 tmp 폴더로 이동, 현재 폴더 아래에 있는 tmp 폴더

- cd ..

  상위 폴더로 이동

- cd /home/pi/tmp

  절대경로 개념으로 해당 폴더로 이동

mkdir [새로운 폴더생성]

- mkdir MyDir

  현 작업폴더 아래에 MyDir 폴더 생성

rmdir [폴더삭제]

- rmdir MyDir

  현 작업폴더 아래의 MyDir 폴더 삭제
  폴더가 비어있는 경우에만 삭제됨

rm [파일 및 폴더삭제]

- rm test.txt

  text.txt 파일삭제

- rm -r folderA

  -r 옵션을 사용하여 folderA의 하위 폴더까지 삭제

cp [파일 및 폴더복사]

- cp a.txt /home/pi/tmp

  현 폴더 아래 a.txt 파일을 /home/pi/tmp 폴더로 복사

- cp -r dirA dirB

  -r 옵션을 사용하여 dirA 폴더를 dirB 폴더로 재귀적 복사

mv [파일 및 폴더 이동, 이름 변경]

- mv ~/tmp1 ~/tmp2

  홈 폴더 아래 tmp1을 홈 폴더 아래 tmp2로 이동

  기존 파일 및 폴더가 삭제되므로 이름 변경과 동일한 기능

- mv a.txt b.txt

  a.txt를 b.txt로 파일명을 변경, a.txt는 삭제됨

touch [파일생성 및 갱신]

- touch test.txt

  test.txt 파일이 이미 존재하면 시간 정보가 최신으로 갱신됨

  파일이 존재하지 않으면 0 바이트 크기의 빈 파일이 생성됨

cat [파일내용 보기]

- cat hello.c

  현재 폴더 아래 hello.c 파일의 내용을 터미널 상에 출력

chmod [파일권한 변경]

- chmod u+rwx test

  test 파일의 소유자에게 읽기/쓰기/실행 권한 부여

- chmod o-wx test

  3자(other)의 경우 test 파일에 대해 쓰기/실행 권한 제거

- chmod –R u+wx, o-wx temp

  하위 디렉토리의 모든 파일 및 폴더에 적용

  파일 소유자에 쓰기/실행 권한 추가

  3자에 대해 쓰기/실행 권한 제거

- chmod 755 test

  파일 소유자에 읽기/쓰기/실행 권한 부여

  파일 소유자가 속한 그룹에게 읽기/실행 권한 부여

  나머지 일반 사용자에게 읽기/실행 권한 부여

sudo [명령어를 관리자 권한으로 실행]

- sudo –s

  관리자 쉘로 전환

  사용자 쉘로 복귀하기 위해서는 exit 명령어 입력

- sudo 명령어

  명령어를 관리자 권한으로 실행

clear [명령어 창 지우기]

find [파일검색]

- sudo find / -name ttyS0

  모든 폴더 위치에서 ttyS0 파일검색

  일반 사용자에 접근 금지된 폴더가 있으므로 sudo 사용

- find /home/pi –name *.jpg

  지정된 폴더 아래에서 확장자가 jpg 파일들을 검색

history [명령어 이력 출력]

- history

  사용하였던 명령어 리스트 출력

- history 10

  사용하였던 최근 10개의 명령어 출력

- !123

  출력된 명령어 리스트에서 123번 명령어 실행

more [화면 단위로 출력]

- ls -al | more

  출력되는 리스트를 한 화면씩 나누어 출력

hostname [호스트 명 및 IP 주소 출력]

- hostname

호스트 명 출력

- hostname –I
  시스템에 할당된 IP 주소 출력

ifconfig [네트워크 정보 표시]

- ifconfig
  eth, lo, wlan 네트워크 카드 정보들이 표시됨
  네트워크 카드 별로 할당된 IP 주소 및 MAC 주소 표시

ping [인터넷 연결정보 확인]

- ping 192.168.0.19
  명시된 IP 주소 연결 확인

- ping www.google.com
  명시된 URL 연결 확인

reboot [시스템 재시작]

- sudo reboot
  관리자 권한으로 시스템 재시작, 일반 사용자는 사용 불가

shutdown [시스템 종료]

- sudo shutdown -h now
  관리자 권한으로 시스템 종료, 일반 사용자는 사용 불가

- sudo shutdown -P now
  위 명령어와 동일, 대문자 P

- sudo poweroff
  위 명령어와 동일

ps [프로세서 조회]

- ps -ef
  실행 중인 모든 프로세서의 상세정보 출력

grep [문자열 검색]

- ps -ef | grep output

  ps 명령어에 의해 출력되는 리스트에서 output 문자열 검색

  'ㅣ'표시는 파이프(pipe)를 의미, 파이프 좌측 명령의 결과가 파이프 우측 명령의 입력으로
  사용됨

iwconfig [무선랜 정보 확인]

- iwconfig

  무선랜 카드에 대한 다양한 세부정보 출력

adduser [사용자 추가]

- sudo adduser pi2

  관리자 권한으로 사용자를 시스템에 추가

  사용자 추가는 관리자 권한으로만 수행되어야 함

13.4 파일 속성

리눅스는 다수의 사용자들이 동시에 시스템에 접근할 수 있도록 설계되었으며 각 파일에 대한 소유자가 서로 다를 수 있다. 따라서 리눅스에서는 자신의 파일을 다른 사용자가 접근하지 못하도록 하는 보안 설정이 필요할 수 있다. 리눅스에 있는 각 파일들에 대해서 사용자 별로 읽기, 쓰기, 실행과 같은 사용권한을 부여할 수 있다. **ls -al** 명령어를 사용하면 각 파일 별로 설정된 권한을 확인할 수 있다.

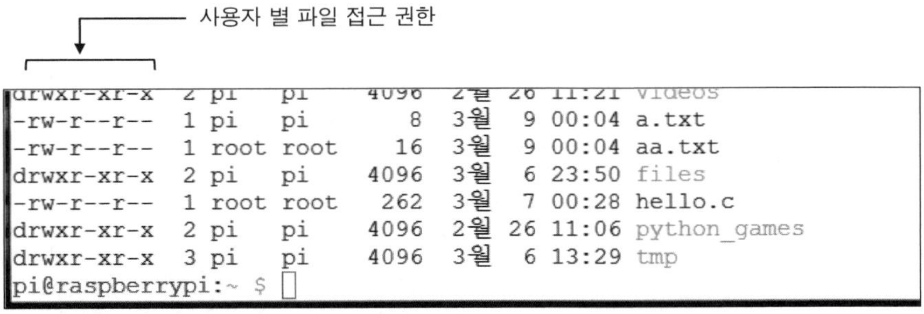

[그림 13-2] ls -al 명령을 사용한 파일 리스트 출력

위 그림에서 **-rwxr-xr-x**와 같은 부분이 파일에 대한 사용자 권한을 명시하고 있다. 모두 10개의 문자 및 네 블록으로 구성된다. 첫 번째 블록은 하나의 문자로 구성된 파일 식별자로 파일 유형의 정보를 담고 있다. 나머지 세 블록들은 각각 세 문자들로 구성되어 있으며 사용자 별로 파일 사용권한을 명시하고 있는 것이다.

파일 유형	소유자(user)			그룹(group)			그 외 사용자 (other)		
	r	w	x	r	w	x	r	w	x
	r(읽기), w(쓰기), x(실행)								

만약 파일 속성이 **-rwxr-xr-x**로 구성되어 있으면 다음과 같이 해석될 수 있다.

파일 유형	소유자(user)			그룹(group)			그 외 사용자 (other)		
	읽기	쓰기	실행	읽기	쓰기	실행	읽기	쓰기	실행
일반파일	O	O	O	O	X	O	O	X	O

위 표에 보면 파일에 대한 읽기, 실행 기능은 모든 사용자가 가능하지만 쓰기의 경우는 소유자만 가능하고 나머지는 모두 불가능하도록 설정되어 있다.

13.4.1 파일 유형

맨 앞에 있는 첫 번째 문자는 파일의 유형을 명시하는 것으로 다음과 같은 문자들이 올 수 있으며 대부분의 파일은 'd'로 시작되는 폴더이거나 혹은 '-'로 시작되는 일반 파일들이다.

파일 유형	내용
d	폴더
-	일반 파일
l	링크 파일
c	캐릭터 형태의 장치 파일
b	블록 형태의 장치 파일
s	소켓 파일
p	파이프 파일

13.4.2 파일 사용 권한

파일에 대한 사용 권한은 소유자, 그룹, 나머지 일반 사용자 등 크게 세 부분으로 구성된다. 전체 10개의 문자들 중에서 첫 문자인 파일 유형을 제외한 나머지 9자리의 문자들 중에서 처음 3자리 문자들은 파일 소유자에 대한 권한을 명시하고, 그 뒤 3자리 문자들은 소유자가 속한 그룹에 대한 권한을 명시하고 마지막 3자리 문자들은 나머지 일반 사용자들에 대한 파일 사용권한을 명시하는 것이다.

각 소유자들에 대한 파일 권한을 변경할 때, rwx 문자 대신에 숫자를 사용하는 경우도 있다. rwx를 이진수 관점에서 해석하면 숫자의 의미를 파악할 수 있다. rwx의 경우는 세 자리 모두 1이라서 7로 해석하고 r-x 경우는 101로 해석되어 5가 되는 것이다. 따라서 파일 사용권한이 755 숫자로 표시되었을 경우 rwxr-xr-x로 표기할 수 있는 것이다. rw-rw-r--는 664로 표시될 수 있다.

소유자(user)			그룹(group)			나머지 일반 사용자(other)		
r	w	x	r	-	x	r	-	x
4	2	1	4	0	1	4	0	1
7			5			5		

만약 특정 파일의 속성이 -rwxr-xr-x로 되어 있는 경우에 대한 해석은 아래와 같다.

- **-rwxr-xr-x**

    - : 일반 파일을 의미
    rwx : 파일 소유자는 읽기, 쓰기, 실행 가능함
    r-x : 파일 소유자와 같은 그룹에 속한 사용자는 읽기 및 실행만 가능
    r-x : 나머지 일반 사용자들은 읽기 및 실행만 가능

우리가 앞에서 리눅스 명령어 단원에서 **chmod** 명령어에 대해서 살펴 보았다. **chmod 755 test** 명령어는 test 파일 소유자에게 읽기, 쓰기, 실행의 권한을 부여하고 파일 소유자가 속한 그룹 사용자들에게는 읽기, 실행의 권한을 부여하고 나머지 일반 사용자들에게 읽기, 실행의 권한이 부여되도록 파일 권한을 변경하는 것이다.

몇 가지 명령어들을 예로 들어 좀 더 살펴보도록 하자.

- chmod u+rwx test

  u+ : 파일 소유자에게 권한을 부여 ['u'는 소유자(user)를 의미, '+'는 추가를 의미]

  rwx : 읽기, 쓰기, 실행 가능

  u+rwx test : test 파일에 대해 파일 소유자에게 읽기, 쓰기, 실행 권한 추가

- chmod o-wx test

  o- : 나머지 일반 사용자들에게 권한을 제거 ['o'는 나머지 일반 사용자들을 의미, '-'는 제거를 의미]

  wx : 쓰기 가능, 실행 가능

  o-wx test : test 파일에 대해 나머지 일반 사용자들에게 쓰기와 실행 권한 제거

13.5 패키지 설치 및 관리도구 (apt-get)

데비안(Debian) 계열의 리눅스 운영체제에서는 패키지를 설치하거나 삭제할 때 사용하는 패키지 관리 툴로 명령어 기반에서 동작하는 apt-get을 사용한다. 패키지(package)라는 것은 리눅스에서 동작되는 프로그램이라고 생각하면 된다. 라즈베리파이에서 패키지는 기본적으로 인터넷 기반으로 설치되기 때문에 라즈베리파이는 인터넷에 연결되어 있어야 한다. 만약 인터넷에 연결되어 있지 않으면 프로그램을 직접 다운받아 설치할 수도 있다. 라즈베리파이가 인터넷에 연결되어 있는 지는 $ ping www.google.com과 같은 방법으로 간단히 확인할 수 있다.

13.5.1 사용방법

라즈베리파이에서 일반 사용자는 권한 제한으로 인해 패키지를 설치할 수 없으며 반드시 관리자 권한으로 패키지를 설치해야 하므로 sudo apt-get 명령으로 패키지를 설치 및 삭제할 수 있다. apt-get을 사용하여 패키지를 설치할 때는 install을 사용하고 삭제할 경우에는 remove를 사용한다. 설정파일을 포함하여 완전히 삭제할 경우에는 --purge 옵션을 주도록 한다.

- 패키지 설치 및 제거

  sudo apt-get install package_name

  sudo apt-get remove package_name

- 패키지 완전 삭제

  sudo apt-get --purge remove package_name

13.5.2 패키지 인덱스 정보

라즈베리파이가 인터넷에 연결되어 있을 경우에만 패키지 설치가 된다고 앞에서 언급하였다. 그렇다면 어떠한 방식으로 설치 관련 사이트를 찾으며 패키지 관련 정보는 어디에 있는지 확인해 보도록 하자. /etc/apt/sources.list 파일을 확인해 보면 아래와 같은 내용이 있으며 이 내용을 기반으로 해당 사이트에 접속하여 패키지가 설치되는 것이다.

```
$ cat /etc/apt/sources.list
deb http://mirrordirector.raspbian.org/raspbian/ jessie main contrib non-free rpi
```

13.5.3 패키지 정보 및 설치된 패키지 갱신

설치할 패키지의 정보를 갱신해야 하는 경우도 있고 이미 설치되어 있는 패키지들을 최신 버전으로 갱신해야 하는 경우가 있다. 설치할 패키지의 정보를 갱신한다는 의미는 sources.list에 명시된 사이트에서 최신 패키지 리스트를 가져오는 것을 의미한다.

- 패키지 정보 갱신

  sudo apt-get update

- 설치된 패키지들을 최신 버전으로 갱신

  sudo apt-get upgrade

라즈베리파이를 사용할 때 가끔씩 sudo apt-get update 와 sudo apt-get upgrade 명령들을 수행하여 라즈베리파이의 패키지들이 항상 최신 버전으로 유지되도록 하는 것이 좋다. 특히, sudo apt-get upgrade 명령은 수행시간이 아주 많이 소비되므로 자주 수행하지 않도록 한다.

13.6 쉘 스크립트

이번 단원에서는 쉘의 의미와 쉘에 접속하기 위한 터미널 프로그램을 살펴보고 간단한 쉘 스크립트를 작성하여 개념을 익히도록 하겠다.

13.6.1 쉘이란

리눅스에는 쉘(Shell) 이라는 것은 사용자가 입력한 명령을 분석하여 커널에 전달하여 실행하도록 하는 프로그램이다. 커널에게 특정한 일을 시키기 위해 사용자는 쉘을 통하여 명령어를 입력하고 쉘은 입력된 명령어가 정상적인지 분석하여 커널로 전달한다. 커널에서 실행된 명령어의 결과는 다시 쉘을 통하여 사용자에게 그 결과가 전달된다. 따라서 쉘이라는 것은 사용자가 운영체제에게 명령을 내릴 수 있는 창구라고 볼 수 있다.

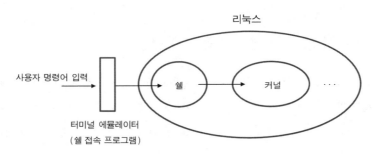

[그림 13-3] 쉘 접속 개념도

리눅스 운영체제가 동작되면 운영체제 내부에 포함된 쉘 프로그램이 동작하고 있다. 사용자가 쉘 프로그램에 접속하여 작업할 수 있도록 해 주는 GUI 기반의 프로그램을 터미널 에뮬레이터라고 한다. 간단히 터미널이라고 불러도 된다. 이러한 터미널들은 여러 종류들이 있으며 라즈베리파이 운영체제인 라즈비안에는 LXTerminal이라는 터미널이 기본적으로 내장되어 있다. LXTerminal 외에도 다른 터미널들을 설치하여 사용할 수도 있다.

[그림 13-4] 라즈비안에 기본적으로 내장된 LXTerminal

라즈베리파이 외부에서 쉘에 접속할 수 있는 대표적인 터미널 프로그램은 putty이다. putty는 시리얼 기반으로 쉘에 접속할 수도 있지만 주로 SSH 기반 프로토콜을 사용하여 쉘에 접속한다. 쉘에 성공적으로 접속되면 '$' 혹은 '#' 기호가 출력된다. '$' 기호는 일반 사용자로 접속한 것이고 '#' 기호는 관리자로 접속한 것이다.

[그림 13-5] Putty 터미널 프로그램 및 쉘 접속화면

윈도우즈에도 쉘과 유사한 기능이 제공된다. 윈도우즈에서 cmd.exe를 실행시키면 사용자가 창에 명령어를 입력하고 cmd.exe는 해당 명령어를 분석하고 실행한다. explorer. exe도 하나의 쉘로 동작한다.

리눅스에는 여러 종류의 쉘들이 있으나 bash 쉘이 가장 많이 사용된다. 리눅스 운영체제에서 어떤 쉘이 사용되는 지는 아래 명령어로 확인할 수 있다.

```
$echo $SHELL
/bin/bash                          ← bash 쉘 사용
```

13.6.2 쉘 스크립트 예제

위 명령어의 SHELL과 같이 쉘에서는 여러 환경변수들이 제공된다. 이러한 환경변수들과 명령어들을 조합하여 프로그램을 작성할 수 있으며 이렇게 작성된 프로그램을 쉘 스크립트라고 부른다. 쉘 스크립트에는 환경변수, 리눅스 명령어뿐만 아니라 변수, if else와 같은 제어문, 함수, 내장 명령어, 주석과 같은 기능들을 사용하여 프로그래밍을 할 수 있다. 일반 프로그래밍 언어에서 지원되는 기능이 대부분 지원된다. 이러한 쉘 스크립트는 MS-DOS 환경의 배치파일(.bat)과 아주 유사한 개념이라 할 수 있다.

스크립트라고 부르는 이유는 사용자가 작성한 쉘 스크립트 프로그램 내부 각 문장들이 쉘 프로그램에 의해 번역되면서 실행되는 구조이기 때문이다. 사용자는 쉘에서 제공되는 여러 기능들을 사용하여 원하는 기능을 스크립트 형식으로 구현하여 실행할 수 있다. 쉘 스크립트로 프로그램을 작성하여 사용자가 원하는 여러 기능들을 프로그램화시켜 구현할 수 있다. 심지어 시리얼 통신을 포함한 하드웨어 제어까지도 가능하다. 하지만 스크립트 언어의 특성상 프로그램의 각 문장들을 한 줄씩 읽어오면서 진행되고 읽어온 문장은 문자열 기반의 토큰 단위로 분리되고 각 토큰은 다시 해석되어 실행되는 구조라서 수행 속도 측면에서는 느릴 수 밖에 없다. 따라서 속도가 중요하지 않는 곳에 사용하는 것이 좋다.

리눅스에서 널리 사용되는 바쉬 쉘을 사용하여 스크립트 프로그램을 작성할 때는 아래와 같이 #!/bin/bash로 구성되는 식별자로 시작되어야 한다. #!/bin/bash에서 #은 주석을 의미하지는 않고 그 다음 줄부터 시작되는 #은 주석을 의미한다.

```
#!/bin/bash
# 지금부터는 주석입니다.
# 이것도 주석

. . .

. . .
```

쉘 스크립트를 사용하여 1초에 한 번씩 문자열이 출력되는 간단한 프로그램을 구현해 보도록 하자.

```
#!/bin/bash                         # bash 쉘 시작을 의미하는 식별자

echo "Shell Script Test"            # 문자열 출력

index=0                             # 변수 초기화
while [ $index -le 100 ]; do        # 띄어쓰기 주의
    echo ${index}                   # 변수 값 출력
    index=$((index+1))              # 변수 값 증가
    sleep 1                         # 1초 지연
done
```

위 코드를 작성하여 script_test.sh로 저장한다. 저장한 파일을 실행가능으로 변경하기 위해 다음과 같이 파일의 권한을 변경시키는 chmod 명령을 수행한다.

```
$chmod 755 script_test.sh
```

실행 가능한 상태로 변경되면 다음과 같이 실행시켜 문자열이 1초마다 한 번씩 출력되는지 확인한다. Ctrl+C 키를 누르면 바로 종료된다.

```
$ ./script_test.sh          ← 현재 폴더 (./)에 있는 script_test.sh 실행
Shell Script Test
0
1
2
...
```

만약 윈도우즈에서 편집한 스크립트 파일을 라즈베리파이로 다운로드한 다음 수행시
키면 아래와 같은 오류 메시지가 출력될 수 있다. 이 문제는 텍스트 파일이 DOS 포맷으
로 저장되었기 때문이다.

```
-bash: ./script.sh: /bin/bash·M: bad interpreter : 그런 파일이나 디렉터리가 없습니다
```

윈도우즈에서 편집된 스크립트 파일을 아래와 같이 nano 편집기에 -N(포맷변환 금지)
옵션을 사용하여 파일을 열면 ^M 문자가 보일 것이다. 이 문자를 지워주면 정상적으로
수행된다.

```
$ nano -N ./script_test.sh
```

지금까지 간단한 수준의 쉘 스크립트를 작성하여 프로그래밍하는 방법을 살펴보았다.
쉘 스크립트를 이용한 보다 자세한 프로그래밍 방법에 대해서는 리눅스 관련 전문 서적
을 참고하기 바란다.

13.7 시작 프로그램 등록

리눅스 운영체제가 부팅되었을 때 특정 프로그램이 자동적으로 실행되도록 하는 경우가 필요할 수도 있다. 이러한 자동실행 설정을 위해서는 아래와 같은 방법들을 사용할 수 있다.

- /etc/rc.local 파일 수정
- /etc/init.d 폴더 아래에 시작 프로그램 관련 스크립트 생성

rc.local은 주로 명령어를 등록하여 수행되도록 하는 방식이고 init.d는 명령어가 아닌 등록된 프로그램이 수행되도록 하는 방식이다.

13.7.1 /etc/rc.local 파일

/etc/rc.local 파일을 관리자 권한으로 수정하면 시스템이 부팅될 때 특정 프로그램이 자동적으로 실행되도록 설정할 수 있다. 예를 들어 /home/pi/output 프로그램을 관리자 권한으로 실행시키기 위해 /etc/rc.local 파일에 [그림 13-6]에서와 같이 sudo /home/pi/output 문구를 추가하였다. 부팅되면 운영체제는 rc.local 파일을 참조하여 명시되어 있는 동작을 수행하는 것이다.

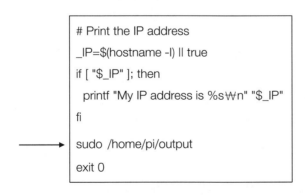

```
# Print the IP address
_IP=$(hostname -I) || true
if [ "$_IP" ]; then
  printf "My IP address is %s\n" "$_IP"
fi

sudo  /home/pi/output
exit 0
```

[그림 13-6] /home/pi/output의 자동 실행을 위한 rc.local 파일 수정

라즈베리파이에서는 원격 데스크톱 제어를 위해 VNC 서버를 시작 프로그램으로 등록시키는 경우가 많다. 이 방법에 대해서는 원격 데스크톱 연결 단원을 다루었던 내용을 다시 한 번 확인 바란다.

13.7.2 update-rc.d 명령

/etc/rc.local 파일을 수정하는 것과 달리 update-rc.d 명령어를 사용하여 시작 프로그램을 등록하는 방법도 있다. 리눅스는 부팅될 때 /etc/init.d 폴더 아래에 있는 파일들을 실행시킬 수 있다. /etc/init.d 폴더에 존재하는 파일들은 대부분 실행 가능한 스크립트 파일들이다. 따라서 리눅스가 부팅될 때 특정 기능을 수행하고자 한다면 그 동작 과정을 명시한 스크립트 형태의 파일로 만들어서 /etc/init.d 폴더에 옮겨 놓고 update-rc.d 명령어를 수행하여 시스템에 등록시키면 부팅될 때 해당 기능이 수행된다.

간단한 예제를 만들어 보도록 하자. 이 예제에서는 라즈베리파이가 부팅될 때 pi 사용자 홈 폴더 아래에 test 폴더를 만들고 그 폴더 아래에 test.c 파일이 생성되도록 아래와 같이 순서대로 진행한다.

1. /etc/init.d 폴더로 이동

```
$ cd /etc/init.d
```

2. 관리자 모드로 test_script 파일을 생성

```
$ sudo nano test_script
```

3. test_script 파일은 다음과 같이 편집

```
#!/bin/bash
su pi -c "mkdir /home/pi/test"
su pi -c "touch /home/pi/test/test.c"
```

su pi -c 의미는 pi 사용자 권한으로 명령어를 실행시키겠다는 것

위 스크립트 파일이 부팅될 때 실행되므로 이것을 생략하면 test 폴더와 test.c 파일의 소유자는 pi가 아닌 root가 됨

4. test_script 파일 속성을 실행 가능하도록 변경

```
$ sudo chmod 755 test_script
```

5. update-rc.d 명령어를 수행하고 경고 메시지가 출력되어도 무시

```
$ sudo update-rc.d test_script defaults
```

위 명령을 수행하면 test_script가 /etc/rc0.d 폴더에 아래와 같은 링크 파일로 등록됨

```
lrwxrwxrwx  1 root root   . . .  K01test_script -> ../init.d/test_script
```

6. 시스템을 다시 부팅

```
$ sudo reboot
```

7. 폴더와 파일이 생성되었는지 확인

```
$ cd test
$ ls -al
. . .
-rw-r--r--  1  pi  pi   0  8월 18 18:43  test.c
```

스크립트 파일에서 su pi -c 문구를 사용하였으므로 test.c 파일의 소유자는 root가 아니라 pi 인 것을 확인

13.8 루트 계정을 통한 SSH 접속

앞서 언급하였듯이 리눅스 시스템은 다수의 사용자들이 접속할 수 있는 시스템이다. 사용자는 일반 사용자와 관리자로 구분될 수 있다. 관리자는 root 계정을 사용하고 오직 하나만 존재한다. 라즈베리파이는 기본적으로 네트워크 기반인 SSH 접속을 위한 root 계정이 활성화되어 있지 않아서 root 계정으로 시스템에 접속할 수 없다. 라즈베리파이로 작업을 진행하다 보면 root 계정으로 SSH 접속이 필요한 경우가 있다.

13.8.1 루트 계정 활성화

이번 내용에서는 root 계정을 활성화하여 root 계정으로 시스템에 접속하는 과정을 다루도록 하겠다. root 계정을 활성화하기 위해 아래와 같이 passwd 명령어를 관리자 권한으로 실행하고 root 계정에서 사용할 암호를 입력한다.

```
$ sudo passwd root
새 UNIX 암호 입력:
새 UNIX 암호 재입력:
passwd : 암호를 성공적으로 업데이트했습니다
```

위와 같은 진행으로 root 계정이 활성화되었다. 하지만 아직 putty와 같은 SSH 클라이언트를 사용하여 시스템에 접근할 수는 없다. root 계정을 사용하여 SSH 서버에 접속하기 위한 추가적인 작업이 더 필요하다.

```
login as: root
root@raspberrypi password:
Access denied                    ← 암호 입력하여도 접근이 되지 않음
```

13.8.2 sshd_config 파일 수정

콘솔 기반의 접속에서는 root 계정 활성화만 수행하면 root 사용자가 암호를 사용하여 시스템에 접속할 수 있지만 네트워크 기반의 SSH 접속에서는 root 사용자가 암호를 사용하더라도 접속이 불가능하다. 물론 인증 키를 사용한 방식은 가능하지만 다소 번거로운 작업이다.

root 사용자가 암호를 사용하여 SSH 서버에 접속하기 위해서 /etc/ssh/sshd_config 파일을 관리자 모드에서 편집한다. 사용할 프로그램은 나노 편집기를 사용하여도 되고 vi 편집기를 사용해도 된다. 해당 파일에서 PermitRootLogin without-password 부분을 PermitRootLogin yes로 변경한 다음 저장한다. PermitRootLogin without-password 의

미는 root 계정에 대해서 암호를 사용한 인증 방식을 사용하지 않겠다는 내용으로 해석하면 된다. 단, 이 상태에서도 인증 키를 사용한 방식으로는 root 계정으로 로그인 할 수 있다.

```
pi@raspberrypi:~ $ sudo nano /etc/ssh/sshd_config
. . .
#PermitRootLogin without-password          (지우거나 주석처리)
PermitRootLogin yes                        (내용 추가)
. . .
```

파일 내용이 변경되었으면 아래와 같이 SSH 서버를 다시 시작하거나 시스템을 재시작한다.

```
$ sudo service ssh restart                 (SSH 서비스 재시작)
$ sudo reboot                              (시스템을 재시작하여도 됨)
```

SSH 서버가 재시작되면 아래와 같이 SSH 클라이언트 프로그램을 사용하여 root 계정으로 접속할 수 있게 된다.

```
login as: root
root@raspberrypi's password:
. . .
root@raspberrypi : ~#
```

CHAPTER 14

리눅스 장치

라즈베리파이에는 4개의 USB 호스트 포트들이 있다. 이 포트에 여러 장치들을 연결하여 사용할 수 있다. 가장 대표적으로 USB 메모리 저장장치를 사용할 수도 있고, USB 시리얼 케이블, USB 기반의 와이파이 동글(dongle), 블루투스 동글과 같은 장치들이 있다.

라즈베리파이에서 동작되고 있는 리눅스 운영체제에서는 각 장치를 하나의 파일로 취급하므로 프로그램상에서는 파일을 읽고 쓰는 방법으로 장치들을 제어할 수 있다. Windows CE 같은 운영체제에서도 장치를 제어할 때, 장치를 파일로 취급하여 다루는 경우가 많이 있다. 이러한 장치들이 파일로 취급되므로 프로그램에서는 이러한 장치를 제어하기 위해 파일 관련 API (Application Programming Interface)들을 사용할 수 있다.

14.1 장치 종류

리눅스에서 사용되는 장치의 종류는 아래와 같이 크게 두 가지가 있으며 장치의 종류에 따라 접근하는 방식이 다르다.

- 블록(Block) 디바이스
- 캐릭터(Character) 디바이스

14.1.1 블록 디바이스

리눅스에서 블록 디바이스라는 것은 주로 하드 디스크나 USB 메모리 같은 저장장치들을 말한다. 이러한 장치 내부에는 디스크나 낸드 플래시 메모리들이 사용되는 데 이러한 메모리에 데이터를 읽거나 쓸 경우에는 미리 정해진 블록 크기 단위로 이루어진다. 블록 크기 단위는 512, 1024, 2048 바이트, … 단위로 구성될 수 있다. 이러한 단위는 윈도우즈 기반의 PC에서 USB 외장 메모리를 포맷할 때 확인할 수 있는 "할당 단위 크기"와 동일한 개념으로 생각하면 된다.

14.1.2 캐릭터 디바이스

캐릭터(character)의 의미는 하나의 문자를 뜻한다. 하나의 문자는 1바이트로 구성되는 것이 일반적이다. 캐릭터 디바이스 방식의 장치에 데이터를 읽거나 쓸 경우에는 1바이트 단위로 이루어진다. 이러한 장치들은 데이터 저장 목적이 아닌 주로 통신 목적으로 사용되는 장치들로 구성되어 있으며 대표적으로 시리얼 통신장치, 키보드, 마우스와 같은 것들이 포함된다. 캐릭터 디바이스를 통해 송수신되는 것은 문자라기 보다 1바이트 단위의 데이터로 취급해야 한다. 1바이트는 0x00~0xFF로 구성되어 있으며 이들 256개의 데이터 중에서 문자는 일부분이다. 따라서 송수신되는 데이터를 문자로 취급하기 보다는 0x00 ~ 0xFF 사이의 데이터로 취급하는 것이 맞다.

14.2 장치 파일

운영체제에서는 장치(device)가 하나의 파일로 취급되므로 장치 파일이라는 용어가 사용되고 있다. 리눅스에서는 이러한 장치 파일들이 한 곳에 모여 있는 폴더가 있다. 바로 /dev 폴더가 그곳이다. [그림 14-1]은 /dev 폴더 내용을 보여주고 있으며 여러 장치 파일들이 존재하는 것을 확인할 수 있다.

```
brw-rw----  1 root disk     7,    7 5월 17 12:55 loop7
drwxr-xr-x  2 root root          60 5월 17 12:55 mapper
crw-r-----  1 root kmem     1,    1 5월 17 12:55 mem
crw-------  1 root root    10,   59 5월 17 12:55 memory_bandwidth
brw-rw----  1 root disk   179,    0 5월 17 12:55 mmcblk0
brw-rw----  1 root disk   179,    1 5월 17 12:55 mmcblk0p1
brw-rw----  1 root disk   179,    2 5월 17 12:55 mmcblk0p2
drwxrwxrwt  2 root root          40 1월  1  1970 mqueue
drwxr-xr-x  2 root root          60 5월 17 12:55 net
crw-------  1 root root    10,   61 5월 17 12:55 network_latency
crw-------  1 root root    10,   60 5월 17 12:55 network_throughput
crw-rw-rw-  1 root root     1,    3 5월 17 12:55 null
crw-------  1 root root   108,    0 5월 17 12:55 ppp
```

[그림 14-1] /dev 폴더의 장치 파일들

[그림 14-1]에 명시되어 있는 각 파일들의 속성 부분에서 c로 시작되는 파일은 캐릭터 장치파일이고 b로 시작되는 파일은 블록 장치파일이다.

crw- → c (character), r(read), w(write), 읽기 쓰기 가능한 캐릭터 형태의 장치파일
brw- → b (block), r(read), w(write), 읽기 쓰기 가능한 블록 형태의 장치파일

몇 가지 중요한 장치파일들을 살펴보도록 하겠다.

장치파일 이름	의미
/dev/mmcblk0	MicroSD 장치
/dev/mmcblk0p1	부트 파티션(첫 번째 파티션)
/dev/mmcblk0p2	루트 파티션(두 번째 파티션)

앞서 살펴 보았듯이 라즈베리파이 운영체제가 들어있는 SD 카드에는 두 개의 블록이 존재한다. 하나의 블록은 부팅관련 파일들이 들어있는 부트 파티션이고 나머지 블록은 리눅스 관련 파일들이 들어있는 루트 파티션이다. 이런 장치파일들은 기억하고 있는 것이 바람직하다.

만약 라즈베리파이 USB 포트에 USB 저장장치를 삽입하면 어떻게 될까? 아마도 USB 디스크 메모리도 장치로 인식되고 장치파일이 /dev 폴더 아래에 생성될 것이다. 아래 그림과 같이 두 개의 USB 저장장치를 연결해 보도록 하자.

[그림 14-2] 라즈베리파이에 두 개의 USB 메모리 연결

[그림 14-2]와 같이 USB 디스크 메모리를 연결한 다음 장치파일이 있는 폴더를 확인하면 아래와 같이 sda, sdb 장치파일들이 생성되는 것을 확인할 수 있다. 두 파일들의 속성은 문자 b로 시작되므로 블록 단위로 데이터 송수신이 이루어지는 블록 형태의 장치파일인 것을 알 수 있다.

```
$ ls -al /dev
...
brw-rw---- 1 root disk    8,  0  7월 31  13:02 sda
brw-rw---- 1 root disk    8,  1  7월 31  13:02 sda1
brw-rw---- 1 root disk    8, 16  7월 31  13:02 sdb
brw-rw---- 1 root disk    8, 17  7월 31  13:02 sdb1
...
```

좀 더 자세한 정보를 확인하기 위해 디스크 파티션 테이블 정보를 확인하는 fdisk 명령어를 아래와 같이 –l(리스트 출력) 옵션을 주어 실행해 보자.

```
$ sudo fdisk -l
...
Device          Boot    Start       End         Sectors    Size    Id      Type
/dev/mmcblk0p1  8192    137215      129024      63M        c       W95     FAT32 (LBA)
/dev/mmcblk0p2  137216  31116287    30979072    14.8G      83      Linux

Disk /dev/sda : 28.9 GiB, 31053578240 bytes, 60651520 sectors
...
Device          Boot    Start       End         Sectors    Size    Id      Type
/dev/sda1   *   63      60651519    60651457    28.9G      c       W95     FAT32 (LBA)

Disk /dev/sdb : 942.5 MiB, 988282880 bytes, 1930240 sectors
...
Device          Boot    Start       End         Sectors    Size    Id      Type
/dev/sdb        63      1930239     1930177     942.5M     6               FAT16
```

위와 같이 fdisk 명령어 결과 내용을 분석하면 /dev/sda, /dev/sdb 두 개의 장치가 추가로 생성된 것을 확인할 수 있다. 각 장치에는 하나의 파티션만 존재하므로 /dev/sda1, /

dev/sdb1으로 표시되었다. 만약 sda 장치가 두 개의 파티션을 가지고 있으면 /dev/sda2도 생성되었을 것이다. 결과적으로 각각 하나의 파티션을 가지고 있는 두 개의 USB 디스크 저장장치들이 각각 /dev/sda1, /dev/sdb1으로 장치파일 이름이 생성된 것이다. 이렇게 생성된 장치파일 이름은 USB 저장장치에 파일을 읽고 쓰기 위해서 사용된다.

14.2.1 USB 디스크 장치 마운트

지금부터는 USB 디스크로부터 파일을 읽거나 디스크에 파일을 생성시켜 보도록 하자. 앞서 언급하였듯이 USB 디스크를 제어하려면 장치파일 이름을 알고 있어야 한다. 장치파일 이름은 fdisk 명령어로 확인할 수 있다. 그리고 USB와 같은 디스크 장치를 제어할 때 마운트라는 개념이 사용된다. 마운트라는 의미는 **외부 디스크 장치를 인식시킬 때, 호스트 컴퓨터에 폴더를 미리 생성한 후 그 폴더에 외부 디스크 장치를 접근하기 위한 가상의 공간을 만드는 작업**이라 할 수 있다. 즉 외부 디스크 장치를 미리 만들어진 폴더를 통해서 접근하자는 의미이다.

USB 디스크 장치를 USB 포트에 연결하여 마운트해 보도록 하겠다. 앞서 언급한 내용에서 /dev/sda1 장치를 /mnt/usb 폴더에 마운트하도록 하자. 우선 mkdir 명령어를 사용하여 마운트할 폴더를 생성시킨다. 그리고 mount 명령어를 사용하여 해당 장치를 생성된 폴더에 마운트한다. 마운트 후 ls 명령어로 마운트된 폴더의 내용을 확인하면 USB 디스크 장치에 저장되어 있는 파일들을 확인할 수 있다. 마운트를 해제할 경우는 umount 명령어를 사용한다.

```
$ sudo mkdir /mnt/usb                    # 마운트 폴더 생성
$ sudo mount -t vfat /dev/sda1 /mnt/usb  # /dev/sda1 장치를 /mnt/usb 폴더에 마운트

$ ls -al /mnt/usb                        # 마운트된 폴더 확인
                                         (USB 저장장치에 있는 파일 확인)

...
-rw-r--r-- 1 pi   pi    1570414   4월 11   23:28 image.jpg
drwx------ 2 pi   pi    8192      7월 30   2016 파이썬

$ sudo umount /mnt/usb                   # 마운트 해제
```

14.2.2 파이썬 코드를 이용한 저장 장치 읽기 쓰기

USB 디스크 메모리를 마운트하여 리눅스 운영체제에서 USB 메모리에 접근할 수 있도록 하였다. 지금부터는 라즈베리파이에서 간단한 파이썬 코드를 작성하여 연결된 USB 메모리에 파일을 생성시켜 보도록 하겠다.

```
$ python3                            ← 라즈베리파이에서 파이썬 3 실행
>>> s='This is Python Test \r\n'
>>> f=open('/mnt/usb/test.txt','w')  # /mnt/usb/test.txt 파일 생성
>>> f.write(s)                       # 문자열을 파일에 기록
22
>>> f.close( )                       # 파일 닫기

$ ls -al /mnt/usb                    ← 폴더 목록 보기
. . .
-rw-r--r-- 1 pi  pi    22  8월  1 15:46 test.txt   ← 파일 생성 확인

$ cat /mnt/usb/test.txt              ← 파일 내용 확인
This is Python Test
```

위와 같이 간단한 파이썬 코드를 만들어 마운트된 USB 메모리에 파일을 생성시켰고 파일 내용도 확인해 보았다. 비슷한 방법으로 USB 메모리에 있는 파일의 내용을 읽어서 출력하는 파이썬 코드를 만들어 보도록 하겠다.

```
$ python3
>>> f=open('/mnt/usb/test.txt','r')  # 파일 열기
>>> s=f.read( )                      # 파일 읽기
>>> f.close( )                       # 파일 닫기
>>> print(s)                         # 읽은 내용 출력
This is Python Test
```

위와 같이 단 네 줄의 파이썬 코드로 파일에서 읽은 문자열을 출력해 보았다.

14.3 시리얼 장치

라즈베리파이에서 사용 가능한 시리얼 장치는 serial0, serial1이 있다. 라즈베리파이 2 버전에는 serial0만 존재하고 3 버전에는 두 개가 존재한다. 장치파일들이 모여있는 /dev 폴더를 확인하면 보드에서 사용되는 시리얼 장치들을 아래와 같이 확인할 수 있다.

```
$ ls - al /dev
. . .
lrwxrwxrwx  1 root root        5   7월 29 17:57 serial0 -> ttyS0
lrwxrwxrwx  1 root root        7   7월 29 17:57 serial1 -> ttyAMA0
. . .
```

시리얼 장치 파일들은 속성이 l문자로 시작되므로 링커파일인 것을 알 수 있다. 링커파일의 의미는 실제 파일을 지시하는 성격을 가지는 파일로 생각하면 된다. 윈도우즈의 바로가기 파일과 같은 개념이라 할 수 있다. 따라서 serial0는 ttyS0 파일을 의미하고, serial1은 ttyAMA0 파일을 의미한다.

```
$ ls - al /dev
. . .
crw-rw----  1 root dialout 204,   64   7월 29 17:57 ttyAMA0
crw-rw----  1 root dialout   4,   64   7월 29 17:57 ttyS0

. . .
```

ttyS0, ttyAMA0 장치파일들도 /dev 폴더에 존재하고 있다. 이 파일들의 속성은 위와 같이 c로 시작되므로 바이트 단위로 데이터 통신을 할 수 있는 캐릭터 형태의 장치라고 볼 수 있다. 실제로 시리얼 통신은 물리적으로는 비트 단위의 순차적인 통신이 이루어지지만 소프트웨어 관점에서는 바이트 단위로 통신이 이루어진다고 할 수 있다. 위와 같이 기본적으로 두 개의 시리얼 장치들이 존재하지만 USB 포트에 시리얼 기능의 장치들을 연결한다면 추가적으로 시리얼 장치를 더 확장할 수 있다. USB 포트를 사용한 시리얼 장치 연결에 대해서는 뒷부분 시리얼 통신 단원에서 다루도록 하겠다.

14.3.1 serial0 장치

라즈베리파이에는 40개의 확장 핀들이 존재한다. 이 확장 핀들 중에 serial0로 사용할 수 있는 핀들이 있다. 해당 핀 번호는 GPIO14번과 GPIO15번 핀이 해당한다. 이 핀들의 물리적인 기능은 UART 기능으로 사용할 수도 있고 GPIO 기능으로 사용할 수도 있다. 부팅될 때는 기본적으로 UART 기능으로 활성화되어 있다. 하드웨어 및 물리적 관점에서는 UART 의미이지만 운영체제의 논리적인 관점에서는 시리얼로 접근한다. [그림 14-3]에서 보면 GPIO14번은 UART의 TxD 용도로 GPIO15번은 RxD 기능으로 동작한다. 외부의 UART 장치와 연결하여 통신할 때는 TxD 핀은 외부 장치의 RxD와 연결하고 RxD 핀은 외부 장치의 TxD와 연결한다. 그리고 GND 핀도 외부 장치의 GND와 반드시 연결해야 한다.

기본적으로 GPIO14번, GPIO15번 핀들은 UART 용도로 활성화되어 콘솔 기능으로 동작되도록 설정되어 있다. /boot/cmdline.txt 파일을 수정하면 콘솔 기능이 아닌 시리얼 통신 용도로 사용할 수도 있다. 이 핀들은 부팅 후 필요에 따라 UART 기능이 아닌 GPIO 용도로 기능 변환하여 사용할 수도 있다. 시리얼 통신에 대한 내용은 시리얼 통신 단원에서 자세히 다루도록 하겠다.

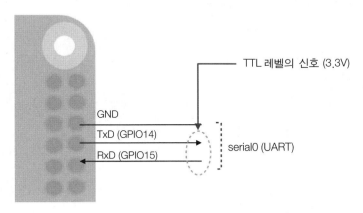

[그림 14-3] 확장핀에 있는 UART 기능의 핀

운영체제에서 이 장치에 접근하기 위해서는 serial0 이름을 사용하여도 되고, ttyS0 이름을 사용하여도 된다.

14.3.2 serial1 장치

라즈베리파이 3에는 보드 뒷면에 블루투스와 와이파이가 내장된 모듈이 있다. 이 중에서 블루투스는 serial1 장치로 연결되어 있다. 블루투스 기능이 운영체제 입장에서 시리얼 장치로 연결되어 있으므로 스마트폰과 같은 외부 블루투스 장치와 통신할 때는 결과적으로 시리얼 방식으로 통신을 해야 한다.

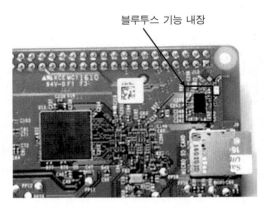

[그림 14-4] 블루투스 내장 모듈

운영체제에서 이 장치에 접근하기 위해서는 serial1 이름을 사용하여도 되고, ttyAMA0 이름을 사용하여도 된다. 시리얼 장치에 대한 지금까지의 내용들은 아래 표와 같이 정리될 수 있다.

시리얼 장치	RPi3	RPi2
serial0	ttyS0 (확장핀 상의 UART)	ttyAMA0 (확장핀 상의 UART)
serial1	ttyAMA0 (Bluetooth)	없음

14.4 터미널 장치

터미널이라는 것은 리눅스 환경과 접속할 수 있는 논리적 채널이라고 생각하면 된다. 터미널은 크게 콘솔 기반과 SSH 기반으로 나누어질 수 있다. 콘솔 기반은 다시 UART와 HDMI로 다시 구분될 수 있으며, SSH는 네트워크 기반이므로 이더넷 연결 및 무선랜 연결로 나누어질 수 있다.

연결되는 터미널 채널에 따라 리눅스 내부적으로 서로 다른 장치파일이 할당된다. 라즈베리파이가 HDMI 모니터와 키보드로 연결되는 경우 터미널 장치파일은 /dev/tty1가 된다. 만약 콘솔 방식인 확장핀 상의 UART로 Host PC와 연결될 경우 라즈베리파이 2에서는 /dev/ttyAMA0이고 3버전에서는 /dev/ttyS0로 구분된다. 버전에 따라 터미널 장치파일 명은 다르지만 /dev/serial0 이름을 사용하면 버전에 상관없이 동일하다.

SSH 기반 연결에서는 터미널 장치파일이 유선, 무선 구분 없이 /dev/pts/0, /dev/pts/1, … 와 같이 순차적으로 만들어진다. pts는 pseudo terminals를 의미하는 것으로 네트워크 기반의 가상 터미널이라고 생각하면 된다. SSH 연결의 경우에는 하나의 사용자 계정으로 다수의 터미널 접속을 진행할 수 있으므로 장치들이 많아질 수 있는 것이다.

터미널 장치파일들은 아래 표와 같이 정리될 수 있다.

터미널 연결 채널		장치파일
콘솔	UART	/dev/ttyS0 (/dev/serial0), RPi3 /dev/ttyAMA0 (/dev/serial0), RPi2
	HDMI	/dev/tty1
SSH		/dev/pts/0 /dev/pts/1 . . .

리눅스에서는 현재 연결되어 있는 터미널에 대한 정보를 출력하는 tty 명령어가 있다. Host PC에서 각각 다른 채널로 라즈베리파이에 접속하였을 때의 출력되는 터미널 정보를 확인해 보도록 하자.

1. Host PC에서 UART 채널을 통해 콘솔 기반으로 접속하였을 때

```
$ tty            ← 명령어 실행
/dev/ttyS0       ← 라즈베리파이 3와 UART 기반으로 연결되어 있는 경우
```

2. Host PC에서 Putty와 같은 SSH 클라이언트로 처음 접속하였을 때(Putty 처음 실행)

```
$ tty
/dev/pts/0
```

3. Host PC에서 Putty와 같은 SSH 클라이언트로 두 번째 접속하였을 때(Putty 추가 실행)

```
$ tty
/dev/pts/1                    ← SSH 클라이언트를 추가적으로 실행 후 접속
```

SSH 클라이언트 프로그램을 하나 더 실행하면 /dev/pts/2가 추가적으로 생성

4. Host PC 연결없이 라즈베리파이에 HDMI 모니터 및 키보드 연결하였을 때

```
$ tty
/dev/tty1
```

라즈비안에 내장된 LXTerminal 프로그램 실행하여 확인

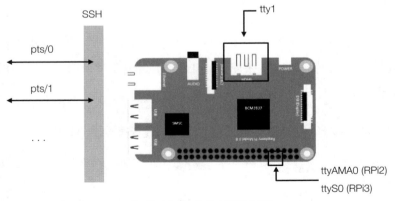

[그림 14-4] 터미널 장치 이름

라즈베리파이의 기본 운영체제인 라즈비안은 리눅스 기반의 데비안(Debian)이다. 따라서 라즈베리파이를 효과적으로 사용하기 위해서는 리눅스에 대한 기본적인 사용방법과 지식이 필수적이라 할 수 있다. 우리는 이번 단원에서 리눅스의 기본적인 내용인 폴더 구조, 프롬프트 구조, 파일속성을 비롯하여 여러 명령어들을 살펴보았다. 리눅스의 명령어는 아주 많이 있지만 라즈베리파이를 제어하기 위해 필요한 몇몇 명령어들의 사용법을 살펴보았다.

라즈베리파이를 독립적인 컴퓨터로 사용하는 것보다 윈도우즈 기반의 Host PC에서 터미널 프로그램을 사용하여 원격 제어하는 경우가 대부분이다. 이러한 원격 터미널 프로그램을 사용하여 라즈베리파이에 접속하면 리눅스 시스템에 접속되므로 리눅스 명령어를 사용해야 라즈베리파이를 제어할 수 있는 것이다.

리눅스 기반에서 시스템이 부팅될 때 특정 프로그램이 자동적으로 실행되기 위해서 /etc/rc.local 파일을 수정하거나 update-rc.d 명령으로 시작 프로그램을 등록시키는 두 방법의 차이점을 살펴보았다.

리눅스 시스템에 연결되는 장치는 모두 장치파일로 취급되어 각 장치마다 고유의 파일이름이 사용되고 운영체제에서는 파일을 읽고 쓰는 개념으로 해당 장치를 제어할 수 있다. 장치의 종류는 여러 바이트로 구성된 하나의 블록 단위로 데이터 송수신이 이루어지는 블록 기반의 장치와 한 바이트 단위의 데이터 송수신이 이루어지는 캐릭터 기반의 장치로 분류될 수 있다. USB 메모리 같은 장치는 대표적인 블록 장치이고 시리얼 통신 기반의 장치는 대표적인 캐릭터 장치이다.

라즈베리파이 2와 달리 3버전에는 기본적으로 serial0, serial1 두 개의 시리얼 장치가 있으며 하나는 확장 핀에 있는 UART를 사용하고 나머지는 블루투스에 연결되어 있다. 만약 USB 포트에 시리얼 장치를 연결한다면 추가적으로 시리얼 장치를 더 확장할 수 있다.

04

사물인터넷을 활용한 라즈베리파이

장치 제어

시리얼 통신이란?

임베디드 시스템 분야에서 시리얼 통신은 가장 많이 사용되는 통신 방식들 중에 하나이다. 시리얼 통신은 시간적인 관점에서 데이터를 비트 단위로 전송하는 방식을 말한다. 시리얼이라는 의미는 다분히 논리적인 개념이고 물리적인 차원에서는 USB, UART, RS232, RS485 등과 같은 버스가 사용될 수 있다. 즉, USB 버스를 통해서 시리얼 통신을 할 수도 있고, UART, RS232, RS485 같은 버스를 통해서 시리얼 통신을 할 수도 있다는 의미이다. 드라이버 관점에서 보면 사용되는 물리적인 버스에 따라 해당 버스 드라이버가 로딩되고 그 위에 논리적인 드라이버가 올라가는 구조이다. 우리가 익숙한 윈도우즈 기반에서 시리얼 통신이라 함은 장치 관리자에서 COMx로 연결되는 장치와 통신하는 것을 말한다.

시리얼 통신에 있어서 알아야 할 중요한 개념 중에 하나가 바로 보레이트(Baud Rate)라 불리는 통신 속도이다. 보레이트 단위는 bps(bit per second) 단위로 표시된다. 해석하면 초당 전송되는 비트 수를 의미한다. 우리가 흔히 사용하는 UART(universal asynchronous receiver transmitter) 기반 방식에서는 데이터 전송할 때 클록 신호가 함께 전송되는 구조가 아닌 비동기 기반 전송 방식이므로 송신 측 및 수신 측 모두 동일한 보레이트를 약속해야 정상적인 데이터 통신을 할 수 있다. 많이 사용되는 보레이트는 초당 115200 비트를 전송할 수 있는 115200 bps를 많이 사용한다. 시리얼 통신에서 데이터 신호뿐만 아니라 클록 신호가 함께 전송이 된다면 송수신 측에서는 통신 속도를 약속할 필요가 없으며 함께 전송되는 클록 신호에 데이터 신호를 동기화시켜 읽으면 된다. 일부 시리얼 통신 방식에서는 클록 신호가 함께 전송되는 동기식 방식이 있지만 대부분의 시리얼 통신은 클록 신호가 없는 비동기 방식이다.

본 단원에서는 시리얼 통신을 하기 위한 장치파일에 대해서 먼저 살펴보고 이어서 파이썬 및 C언어에서 필요한 시리얼 통신 모듈 및 라이브러리들을 언급할 것이다. 그리고 USB, UART 및 블루투스 기반에서 시리얼 통신을 하기 위한 파이썬 및 C 언어로 구현된 프로그램을 작성하여 시리얼 통신에 대한 이해를 높일 것이다.

15.1 시리얼 장치

라즈베리파이 보드에는 시리얼 통신을 하기 위한 크게 두 종류의 채널들이 있다.

- USB 채널(4개의 포트로 구성됨)
- UART 채널(2개의 포트로 구성됨)

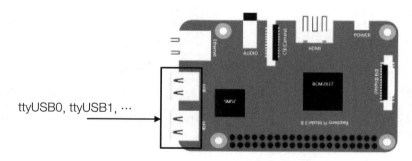

[그림 15-1] 시리얼로 사용 가능한 네 개의 USB 채널

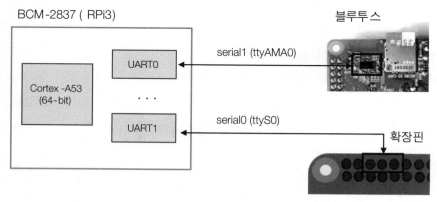

[그림 15-2] 시리얼로 사용 가능한 두 개의 UART 채널

USB 채널은 네 개의 포트로 구성되어 있으므로 최대 네 개의 외부 장치들과 USB 기반의 시리얼 통신을 할 수 있다. 물론 USB 허브를 사용하면 더 많은 장치들과 시리얼 통신이 가능할 것이다. UART 채널은 다시 두 개의 포트로 구성되어 있다. [그림 15-2]에서와 같이 하나는 확장 핀에 연결되어 있으며 나머지 하나는 보드 뒷면에 있는 모듈에 내장된 블루투스에 연결되어 있다.

USB 포트를 사용할 경우에는 외부 장치에 맞게끔 USB를 RS-232 혹은 TTL 레벨 신호로 변환해 주는 케이블을 사용해야 한다. 3.3V의 TTL 레벨 신호를 사용하는 외부 UART 장치를 사용할 경우 전압 수준이 맞으므로 40핀 확장 포트에 있는 UART 기능의 핀들과 직접 연결하여 사용할 수 있다.

15.1.1 장치 이름

리눅스 운영체제 기반의 하드웨어에서는 각 장치들마다 장치 이름이 할당되어 있다. 시리얼 통신이 가능한 USB, UART 등도 장치 이름이 각각 부여되어 있다. [그림 15-1]과 [그림 15-2]에 명시된 것처럼 ttyUSB0, ttyS0, ttyAMA0라는 장치 이름들이 존재한다. 이들 장치 이름은 곧 장치파일과 동일하다고 생각하면 된다. 시리얼 통신을 하기 위해서 프로그램에서는 이들 장치 이름을 알아야 하고 해당 장치파일로 데이터를 읽고 쓰기를 함으로써 외부 시리얼 장치와 통신이 가능해진다.

채널	장치 이름	
USB	ttyUSB0, ttyUSB1, …	장치 이름이 동적
UART	ttyS0 (확장핀, RPi3) ttyAMA0 (블루투스, RPi3) ttyAMA0 (확장핀, RPi2)	장치 이름이 고정

USB 채널의 경우는 시리얼 통신이 가능한 장치가 USB 포트로 연결되면 운영체제가 연결된 시점을 알고 외부 USB 장치와의 연결 과정을 통해 시리얼 통신이 가능한 장치인 것이 확인되면 ttyUSB0와 같은 장치 이름이 부여되면서 시리얼 드라이버가 로딩된다. 시리얼 통신이 가능한 장치가 추가적으로 하나 더 연결되면 동일한 방식으로 진행되면서 ttyUSB1 이름이 새로운 장치에 할당된다. 이처럼 ttyUSB 장치 이름은 고정되어 있지 않

고 시리얼 통신이 가능한 USB 장치가 연결될 때 마다 장치 이름이 순차적 번호와 함께 할당된다.

반면, UART 채널의 경우는 장치 이름이 미리 고정되어 있다. UART 경우는 USB와 달리 장치가 포트에 연결되는 시점을 하드웨어적으로 알 수 없으므로 장치 이름이 고정되어 있는 것이다. 라즈베리파이에서는 보드 버전에 따라 UART 장치의 이름이 아래와 같이 고정되어 있다.

시리얼 포트	RPi2	RPi3
serial0	ttyAMA0 (확장핀)	ttyS0 (확장핀)
serial1	없음	ttyAMA0 (블루투스)

위 표와 같이 라즈베리파이 2에는 serial0만 있고 라즈베리파이 3에는 serial0, serial1이 존재한다. 확장 핀에 있는 UART 핀들은 라즈베리파이 버전에 상관없이 serial0라는 장치 이름이 부여되어 있으며 라즈베리파이 3의 블루투스에는 serial1 장치 이름이 부여되어 있다. 장치파일들이 있는 /dev 폴더 내용을 보면 위 관계를 더 자세히 확인할 수 있다.

```
$ ls -al /dev
. . .
lrwxrwxrwx  1 root root          5 May 27 11:55 serial0 -> ttyS0
lrwxrwxrwx  1 root root          7 May 27 11:55 serial1 -> ttyAMA0
. . .
```

위 내용은 라즈베리파이 3에서 확인되는 내용으로 serial0 -> ttyS0와 같이 serial0는 ttyS0로 링크되어 있어서 ttyS0 혹은 serial0 어떤 것을 사용하여도 상관없다. 라즈베리파이 3에서 UART 핀을 사용하려면 ttyS0 이름을 사용해야 하지만 시리얼 포트 리맵(remap) 기능을 활성화한다면 ttyAMA0 이름을 사용할 수도 있다. 이러한 내용은 혼돈의 소지가 있으므로 확장핀에 위치한 UART 기능의 핀들을 시리얼 통신 용도로 사용할 경우 라즈베리파이 버전에 상관없이 serial0를 장치 이름으로 사용하는 것이 무난하다고 할 수 있다.

장치 이름을 언급할 때, UART, USB, Serial, ttyS, ttyAMA라는 용어를 많이 사용하였다. 이러한 용어에 대해서 정확하게 이해할 필요가 있다.

UART와 USB 용어는 CPU를 포함한 하드웨어 관점에서 바라 본 것이다. 따라서 이러한 이름은 운영체제와 같은 소프트웨어에서는 사용되지 않는다. 반면, serial, ttyS, ttyAMA 용어는 소프트웨어 관점에서 장치들을 바라본 것으로 운영체제를 포함한 소프트웨어에서는 이들 용어들이 사용된다. serial라는 용어는 논리적인 개념에서 하드웨어를 접근하는 것으로 하드웨어 방식으로는 USB 혹은 UART가 될 수 있고 심지어 전혀 다른 물리적인 인터페이스가 될 수도 있다.

하드웨어를 다루는 데 있어서 이러한 용어들을 정확히 이해하기 바란다.

15.2 파이썬 모듈 및 WiringPi 라이브러리 설치

이후 내용에서는 USB, UART 및 블루투스 기반으로 외부 장치들과의 시리얼 통신에 대해서 다룰 예정이다. 외부 장치와 시리얼 통신을 위한 프로그램으로 파이썬 및 C언어를 사용할 것이다. 따라서 각 프로그래밍 언어에서 시리얼 통신을 위한 모듈 및 라이브러리를 미리 설치해야 한다.

파이썬 프로그램에서 시리얼 장치를 사용하기 위해서는 시리얼 관련 파이썬 모듈이 설치되어 있어야 한다. 먼저 아래와 같이 python3-serial 모듈을 설치한다.

```
$ sudo apt-get install python3-serial
```

https://pyserial.readthedocs.io/en/latest/ 사이트에 방문하면 사용법에 대한 자세한 정보를 얻을 수 있고 파이썬 프로그램에서 위 모듈을 사용하여 시리얼 통신을 수행하는 방법은 이후 나오는 예제 코드를 참고한다.

C언어로 시리얼 통신을 구현하기 위해서는 WiringPi 라이브러리를 설치해야 한다. WiringPi 라이브러리 설치에 대한 내용은 하드웨어 제어 단원에서 다루기로 한다.

15.2.1 python3-serial 모듈 사용 방법

파이썬3 기반의 시리얼 통신 모듈인 python3-serial에 포함된 API들을 사용하여 포트를 열고 데이터를 읽고, 쓰고 마지막으로 포트를 닫는 방법에 대해서 알아보도록 하겠다. 지금 언급하는 방법들은 이후 나오는 파이썬 기반의 시리얼 통신 예제에 사용될 것이다.

• 시리얼 모듈 사용을 위한 임포트 작업

```
import serial
```

serial 모듈에 포함된 심볼 사용을 위해 가장 먼저 수행해야 할 작업

• 객체 생성 및 시리얼 포트 열기

```
serial.Serial(장치파일, 통신속도, . . . )
```

매개변수로 장치파일과 통신속도만 사용하여도 기본적인 통신엔 문제가 없음

ser=serial.Serial('/dev/ttyUSB0', 115200)

변수 ser은 생성된 시리얼 통신을 위한 객체를 참조

• 수신 버퍼 비우기

```
flushInput( )
```

• 수신된 데이터 바이트 수 확인

```
inWaiting( )
```

시리얼 포트를 통하여 수신된 바이트 수를 반환

n=ser.inWaiting( )

• 데이터 읽기

```
read(size=1)
```

읽으려는 바이트 수를 매개변수로 전달

매개변수를 지정하지 않으면 한 바이트만 읽음

포트를 통해 실제로 읽은 바이트 수를 반환

n=ser.read(10)→최대 10바이트까지 읽고 실제 읽은 바이트 수는 변수 n에 의해 참조됨

```
n= ser.inWaiting( )
data = ser.read(n)
```

위 코드는 수신된 바이트 수를 미리 확인한 다음 해당 바이트 수만큼 읽음

read 함수는 바이트 열 형태의 객체를 반환

• 데이터 쓰기

```
write(data)
```

시리얼 포트를 통하여 바이트 형태의 데이터를 전송

전송된 바이트 수를 반환

```
data = b'abc'
n = ser.write(data)
```

위 코드는 'abc' 세 바이트를 시리얼 포트로 전송하는 코드이고 세 바이트가 모두 전송되면
3을 반환

• 포트 닫기

```
close( )
```

15.3 USB 기반 시리얼 통신

먼저 시중에서 쉽게 구할 수 있는 USB 시리얼 케이블에 대해서 살펴보자. [그림 15-3]에는 두 개의 USB 시리얼 케이블들이 있다. 왼쪽 케이블은 USB 신호를 RS-232 전압레벨로 변경하는 것이고 오른쪽 케이블은 USB 신호를 3.3V TTL 전압레벨로 변경하는 것이다. 이 케이블 내부에는 USB 신호를 RS-232 혹은 TTL 신호로 변환해주는 IC가 각각 내장되어 있다. 이와 같은 종류의 케이블을 사용하면 USB 호스트로 동작하는 라즈베리파이 운영체제에 해당 케이블 내부에 있는 IC의 디바이스 드라이버를 설치해야 한다. 케이블을 구매할 때 리눅스 운영체제 기반의 디바이스 드라이버가 지원되는지 확인할 필요가 있지만 시중에 판매되는 대부분 케이블 경우 해당 케이블의 디바이스 드라이버가 라즈비안 운영체제에 이미 기본적으로 내장되어 있을 가능성이 높으므로 고민할 필요는 없다.

[그림 15-3]에 있는 두 개의 케이블에서 USB 부분은 라즈베리파이에 연결하고 반대편은 외부 장치에 연결한다. 외부 시리얼 장치가 RS-232 신호를 사용하면 왼쪽 케이블을 사용해야 하고, UART 기반의 3.3V TTL 신호를 사용하면 오른쪽 케이블을 사용해야 한다. 사용되는 외부 시리얼 장치의 전압 레벨에 맞추어 케이블을 선택하지 않으면 보드에 손상이 올 수 있다. 연결할 경우에는 반드시 전원을 끈 상태에서 연결하고 연결 방향에 주의하도록 한다.

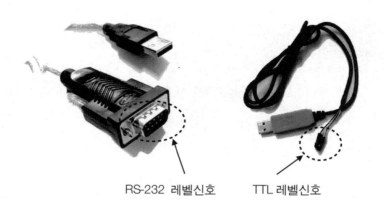

RS-232 레벨신호   TTL 레벨신호

[그림 15-3] USB to Serial 및 USB to TTL 케이블

[그림 15-3] 오른쪽의 USB to TTL 시리얼 케이블은 여러 쇼핑몰[1]에서 구매할 수 있다. TTL 쪽에는 Vcc, GND, TxD, RxD 네 개의 신호들로 구성되어 있으며 색깔로 구분되어 있다. 연결할 경우에는 [그림 15-4]와 같이 각 신호의 색깔을 참고하여 진행하도록 한다.

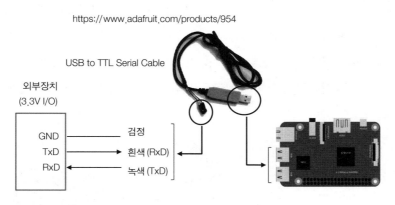

[그림 15-4] USB to Serial 및 USB to TTL 케이블

RS232와 TTL이란?

RS232 기반에서는 +10V, -10V 이상의 전압을 사용하여 데이터 통신을 하고, TTL 기반은 0, 3.3V(혹은 5V) 전압을 사용하여 데이터 통신을 한다. TTL 신호의 경우 전압 레벨이 낮아 잡음에 민감하여 원거리 통신에 취약하다. 반면 RS232 경우는 전압 레벨이 높아서 상대적으로 잡음에 둔감하여 TTL에 비하여 원거리 통신을 할 수 있다. RS232 기반의 통신에서는 통상적으로 약 15m 정도까지는 정상적으로 통신을 할 수 있지만 보다 먼 거리로 통신을 하려면 RS485 혹은 RS422 방식이 주로 사용된다. RS485, RS422 방식은 차동(differential) 신호 방식을 사용하므로 1km 이상의 원거리에서도 문제없이 통신이 가능하다.

---

1) 라즈베리파이 관련한 대표적인 쇼핑몰은 에이다프루트(www.adafruit.com)가 있다. 국내에서도 에이다프루트 상품들을 대리점 형태로 판매하는 쇼핑몰들이 많이 있어서 국내에서도 쉽게 구매할 수 있다.

15.3.1 외부 장치와 USB 기반 시리얼 통신하기

3.3V TTL 신호를 사용하는 외부 장치와 시리얼 통신을 하기 위해서 [그림 15-5]와 같이 연결하도록 하겠다. 케이블의 USB 부분은 라즈베리파이에 연결하고 반대편 TTL 쪽은 외부 UART 장치에 연결한다. 외부 장치에 TTL 케이블을 연결하기 전에 3.3V로 동작하는 UART인지 반드시 확인한다. 5V로 동작되는 외부 장치들도 많이 존재하므로 3.3V가 아니면 보드에 손상이 올 수 있다는 것을 명심한다. 외부 장치는 115200bps 속도로 주기적으로 메시지를 전송하는 장치로 가정하고 라즈베리파이에서는 그 메시지를 확인할 예정이다.

[그림 15-5] TTL 기반의 외부 장치와 USB 기반의 시리얼 통신

먼저 USB to TTL 케이블을 라즈베리파이와 외부 장치에 연결한 다음 프롬프트상에서 아래와 같이 입력한다.

```
$ ls -al /dev/serial
drwxr-xr-x  4  root root    80    7월 26 11:19 .
drwxr-xr-x 15  root root  3320    7월 26 11:19 ..
drwxr-xr-x  2  root root    60    7월 26 11:19 by-id
drwxr-xr-x  2  root root    60    7월 26 11:19 by-path
```

위 명령어를 수행하였을 때, /dev/serial 폴더가 없다고 나오면 USB 케이블과 라즈베리파이의 연결 상태를 확인하거나 시리얼 통신이 가능한 장치인 지 확인한다. 위와 같이 연결 상태가 정상적으로 확인되면 by-id 폴더의 내용을 확인한다. by-id 폴더 아래 내용을 확인할 때 ttyUSB0 문구가 있는지 확인한다. ttyUSB0가 바로 해당 USB 장치에 부여된 장치 이름이다. 만약 USB 장치를 하나 더 연결하면 ttyUSB1과 같이 추가적으로 장치 이름이 하나 더 생성될 것이다.

```
$ ls -al /dev/serial/by-id
합계 0
drwxr-xr-x 2 root root 60  7월 26 11:19 .
drwxr-xr-x 4 root root 80  7월 26 11:19 ..
lrwxrwxrwx 1 root root 13  7월 26 11:19 usb-Prolific_Technology_Inc._USB-Serial_
Controller-if00-port0 -> ../../ttyUSB0
```

장치 이름이 ttyUSB0로 확인되었으므로 ttyUSB0 이름으로 장치를 열어야만 시리얼 통신을 할 수 있다. 코드 작업 전 먼저 간단한 명령어를 실행하여 외부 장치로부터 USB 기반 시리얼 장치를 통하여 메시지가 수신되는지 살펴보도록 하겠다.

```
$ stty -F /dev/ttyUSB0 115200    ← 115200 bps 통신 속도 설정으로 ttyUSB0 장치를 연다.
$ cat /dev/ttyUSB0               ← 장치파일 내용 확인
sec : 0                          ← 외부 장치로부터 수신된 문자열
sec : 1
sec : 2
```

stty 명령어는 명시된 시리얼 장치에 대해 통신 설정을 진행하고 장치를 연다. cat 명령어는 파일의 내용을 보여주는 기능을 한다. ttyUSB0도 파일 개념과 동일한 장치파일이므로 그 내용을 cat 명령어로 확인할 수 있다. cat 명령어를 실행하여 장치파일로부터 수신되는 메시지를 위와 같이 확인할 수 있다.

지금까지는 리눅스 명령어 기반에서 시리얼 장치로 통해 수신되는 메시지를 확인하였다. 이제부터는 간단한 파이썬 프로그램을 작성하여 USB 기반 시리얼 장치로 수신되는 메시지를 출력해 보도록 하겠다.

15.3.2 파이썬 기반의 시리얼 통신 프로그램

앞선 내용에서 시리얼 통신을 수행하기 위한 python3-serial 모듈을 이미 설치하였으며 해당 모듈에 포함된 API들을 사용하여 시리얼 통신 프로그램을 작성할 것이다.

나노(Nano)와 같은 텍스트 기반 편집기를 사용하여 아래와 같이 파이썬 코드를 작성후 serial_test.py라는 이름으로 저장한다.

```python
import serial                              # 시리얼 모듈 사용을 위한 임포트
ser=serial.Serial('/dev/ttyUSB0', 115200)  # 시리얼 장치 열기 (115200 bps)
ser.flushInput()                           # 수신 버퍼 비우기

try:
    while True:
        n = ser.inWaiting()                # 수신 버퍼에 기록된 바이트 수 반환
        if n != 0:
            c = ser.read()                 # 수신된 바이트 읽기
            s = c.decode('utf-8')          # 바이트 문자열을 UTF-8 문자코드로 변환
            print(s, end='')

except KeyboardInterrupt:                   # Ctrl+C를 누르면 프로그램 종료
    print('serial port is closed.')
    ser.close()                            # 포트 닫기
```

위 파이썬 코드에서는 시리얼 통신을 위해서는 serial 모듈을 먼저 임포트한다. USB 포트에 연결된 장치이름이 ttyUSB0로 확인되었으므로 장치를 열 때는 경로명과 함께 '/dev/ttyUSB0'를 serial.Serial 메서드에 명시한다. 이 메서드에는 115200bps 통신속도를 함께 명시한다. 장치를 연 다음 무한루프를 돌면서 시리얼 장치 수신 버퍼에 데이터가 있는지 확인하여 데이터가 있으면 print 함수를 사용하며 출력하는 예제이다. 수신되는 데이터는 하나의 문자가 한 바이트로 구성된 바이트 문자열이고 파이썬 3에서는 유니코드 문자열을 사용하므로 바이트 문자열을 UTF-8 기반의 유니코드 문자열로 변환한 다음 print 함수를 사용하여 문자열을 출력해야 한다. print 함수에서는 줄 바꿈이 발생되지 않도록 함수 인자에 end=''를 추가하였다. 위 코드에서 serial 모듈의 Serial 메서드는 대문자로 시작하므로 유의하기 바란다.

```
$ python3 serial_test.py          ← 파이썬 코드 실행
sec : 2                           ← 외부 장치에서 전송된 문자열
```

위와 같이 python3 serial_test.py로 작성된 프로그램을 실행하면 외부 장치로부터 수신되는 메시지를 출력하고 사용자가 Ctrl+C 키를 누르면 시리얼 포트를 닫고 프로그램을 종료한다.

15.3.3 C언어 기반의 시리얼 통신 프로그램

아래 코드는 WiringPi 라이브러리를 사용한 C 언어 기반의 시리얼 통신 프로그램이며 시리얼 포트를 통해 수신된 데이터를 다시 전송하는 예제이다. 수신된 데이터가 'x' 문자이면 포트를 닫고 종료된다.

이 프로그램에서는 라즈베리파이의 USB 포트에 연결된 시리얼 장치가 앞 단원의 장치와 동일한 장치를 사용하므로 코드 상에서 장치이름을 /dev/ttyUSB0로 설정하였다.

```c
#include <stdio.h>
#include <stdlib.h>
#include <wiringSerial.h>

#define SER_PORT    "/dev/ttyUSB0"
#define BAUD_RATE   115200

void main( )
{
        int dev;
        dev = serialOpen(SER_PORT, BAUD_RATE);
        if(dev == -1)
        {
                fprintf(stderr,"Port Open Error. \n");
                exit(-1);
        }
```

```
fprintf(stdout,"Port Opened. \n");
serialFlush(dev);

while(1)
{
        int c;

        c = serialGetchar(dev);                    // blocked for 10 seconds
        if(c != -1 && c != 'x')
        {
                fputc(c, stderr);
                serialPutchar(dev, (unsigned char)c) ;
        }
        else if(c == 'x')
        {
                break;
        }
}

fprintf(stdout,"Port Closed. \n");
serialClose(dev);
}
```

위 코드에서는 시리얼 통신을 하기 전에 serialFlush 함수를 사용하여 포트를 초기화하였다. 수신된 데이터가 있는지 확인하기 위해서는 serialGetchar 함수를 사용하였다. 이 함수는 수신된 데이터가 있을 때까지 내부적으로 최대 10초간 블록 상태가 된다. 프로그램이 블록 상태가 된다는 의미는 CPU에 의해 해당 프로그램이 전혀 수행되지 않는다는 것을 의미한다. 이러한 개념은 멀티 태스킹 기반의 운영체제에서 다수의 태스크 사이에서 CPU 사용의 효율을 높이는 기법 중에 하나이다. 시리얼 포트를 통해 데이터가 수신되면 serialPutchar 함수를 통하여 수신된 데이터를 다시 전송한다. 만약 'x' 문자가 수신되면 while 루프를 빠져 나와서 시리얼 포트를 닫고 프로그램은 종료된다.

위 예제코드에서 사용된 함수들 중에서 아래 함수들은 WiringPi의 시리얼 라이브러리에서 제공되는 함수들이다. 아래 함수들은 wiringSerial.h 파일에 선언되어 있으므로 C 코드의 위 부분에 #include <wiringSerial.h>를 추가해야지만 빌드오류가 발생하지 않는다.

- int serialOpen (char *device, int baud);

  시리얼 장치파일을 baud 변수에 명시된 속도로 여는 함수

  장치파일을 여는 데 실패하면 -1이 반환됨 (타임아웃은 10초)

- void serialFlush(int fd);

  수신버퍼를 비우는 작업을 수행한다.

- int serialGetchar (int fd);

  열린 시리얼장치로 수신된 하나의 문자를 읽음

  10초동안 대기하다가 수신된 문자가 없으면 -1이 반환됨

- void serialPutchar (int fd, unsigned char c);

  열린 시리얼 장치로 하나의 문자를 전송

- void serialClose (int fd);

  열린 시리얼 장치를 닫음

위 예제코드(usb_serial.c)를 빌드하고 실행하기 위해서는 아래와 같이 수행한다.

```
$ gcc -o usb_serial usb_serial.c –lwiringPi    ← 빌드 후 usb_serial 이름으로 실행파일 생성
$ ./usb_serial                                 ← 실행
```

리눅스에서 시리얼 포트를 제어하기 위한 다른 방법도 있지만 WiringPi 라이브러리에 비해 다소 복잡한 구조이다. 따라서 WiringPi 라이브러리를 사용하면 시리얼 통신 프로그램을 아주 간단하게 작성할 수 있다.

15.4 UART 기반 시리얼 통신(확장핀 사용)

라즈베리파이에 사용되는 CPU는 BCM2837이고 두 개의 UART 채널이 CPU로부터 나와있다. 두 개의 UART 채널들 중에서 하나는 확장핀으로 연결되어 있으며 나머지 하나는 블루투스 모듈로 연결되어 있다.

UART 채널	시리얼 포트	장치 이름	기능
UART-0	serial1	ttyAMA0	블루투스
UART-1	serial0	ttyS0	콘솔 혹은 시리얼

위와 같이 라즈베리파이에는 UART 기반의 두 개의 시리얼 포트가 존재한다. serial1 포트가 블루투스에 연결되어 있으며 외부 장치와 시리얼 통신을 하기 위한 확장 핀에 포함된 UART-1 핀들은 serial0 포트에 연결되어 있다. 따라서 본 단원에서는 확장핀에 있는 UART 포트를 사용하여 외부 장치와 통신을 하는 방법을 다루도록 하겠다.

15.4.1 환경 설정 파일

UART 기반으로 시리얼 통신을 위해서는 아래와 같이 두 가지 파일에 대한 설정 작업을 진행해야 한다.

- /boot/config.txt
- /boot/cmdline.txt

config.txt

확장 포트에 있는 UART 기능의 핀을 사용하려면 /boot/config.txt 파일에 enable_uart=1 문구가 포함되어 있는지 확인한다. UART 핀을 통해 콘솔 기능 혹은 통신 기능으로 사용하기 위해서라도 반드시 설정해 두어야 한다. 라즈베리파이3에서는 이 문구가 반드시 포함되어 있어야 UART 채널을 통하여 외부 장치와 시리얼 기반 데이터 통신을 할 수 있다.

cmdline.txt

기본적으로 UART 기능의 핀들은 시리얼 통신 목적이 아닌 콘솔 기능으로 설정되어 있다. 지금부터는 이 핀들을 콘솔 기능이 아닌 외부 장치와 시리얼 통신 용도로 사용하기 위해 콘솔 기능을 중지시켜야 한다. /boot/cmdline.txt 파일을 수정하여 이 핀들을 통한 콘솔 기능을 중지시킨다.

```
$ sudo nano /boot/cmdline.txt          ← cmdline.txt 파일을 편집한다.
    . . .                              ← 편집
$ sudo reboot                          ← 다시 시스템을 시작한다.
```

cmdline.txt 파일에서 **console=serial0,115200**으로 되어 있는 부분을 삭제하여 serial0를 통한 콘솔 기능을 사용하지 않도록 한다. 삭제 후 저장한 다음 시스템을 재시작하면 해당 핀들은 콘솔 기능으로 더 이상 사용할 수 없고 UART 기반 시리얼 통신 기능으로 사용된다.

수정된 /boot/cmdline.txt 파일

dwc_otg.lpm_enable=0 console=tty1 root=/dev/mmcblk0p2 rootfstype=ext4 elevator=deadline fsck.repair=yes rootwait

15.4.2 UART 핀 연결

시리얼 통신이 가능한 외부 장치들은 많이 존재하지만 본 내용에서는 PC와 라즈베리파이를 연결하여 시리얼 통신을 하는 간단한 예를 들어 설명하겠다.

라즈베리파이에서 UART 핀을 이용하여 시리얼 통신을 하기 위하여 [그림 15-6]처럼 외부 PC와 USB to TTL 시리얼 케이블로 연결한다. PC쪽에 USB를 연결하고 TTL 핀들은 라즈베리파이 UART 핀들에 연결한다. TTL 핀 연결은 [그림 15-7]을 참고한다. USB 쪽을 PC에 연결하면 장치관리자에서 시리얼 장치로 인식하고 해당 장치에는 COMx 이름이 부여될 것이다. 시리얼 통신을 위해 PC에서는 하이퍼터미널 같은 터미널 프로그램을 사용한다. 지금의 테스트는 Host PC와 시리얼 통신 및 SSH 기반 원격 접속이 동시에 이루어지는 것이다. 시리얼 통신은 UART 핀을 사용하고 SSH 기반의 원격 접속은 LAN 케이블 혹은 WiFi 기반으로 접속하여도 상관없다.

인터넷 공유기
SSH 접속
USB
UART

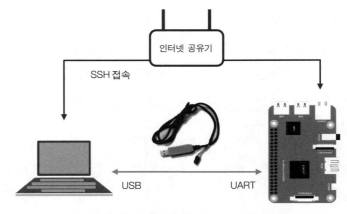

[그림 15-6] Host PC와 라즈베리파이 간의 시리얼 통신

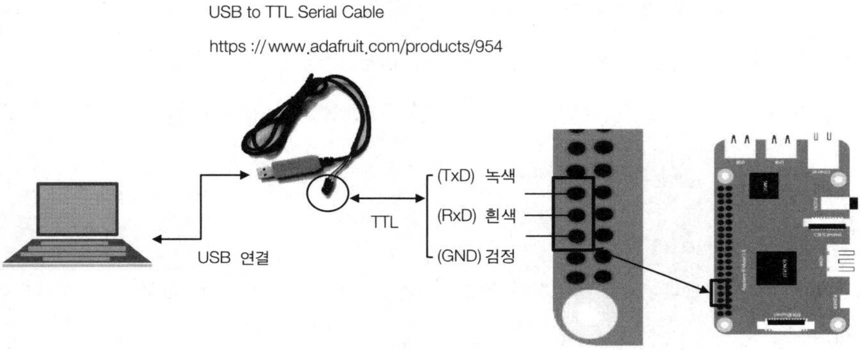

USB to TTL Serial Cable
https ://www.adafruit.com/products/954
(TxD) 녹색
(RxD) 흰색
(GND) 검정
TTL
USB 연결

[그림 15-7] 확장핀 상의 UART와 외부 장치 연결

서로 다른 두 장치들을 UART 신호로 연결할 경우에는 [그림 15-7]처럼 GND 신호는 공통으로 연결하고 RxD 신호를 반대 쪽의 TxD로 연결하고 TxD 신호를 반대 쪽의 RxD로 연결해야 정상적으로 통신할 수 있다.

15.4.3 명령어 기반 동작 테스트

우선 리눅스 명령어 기반에서 시리얼 통신이 정상적으로 이루어지는지 간단히 확인해 보도록 하자. UART 기반의 통신은 비동기 방식이므로 송신 측과 수신 측이 동일한 통신 속도를 미리 약속해야만 한다. 본 예제에서는 통신 속도를 115200bps를 사용하도록 한다. Host PC에서 동작되는 하이퍼터미널 설정에서는 [그림 15-8]처럼 통신 속도를 115200bps로 설정하고 흐름 제어는 사용하지 않도록 설정한다.

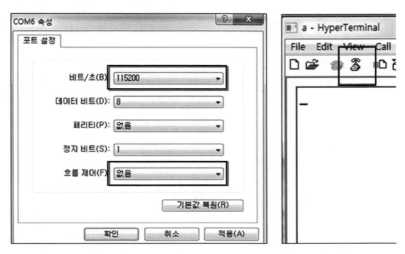

[그림 15-8] Host PC에서의 하이퍼터미널 설정(115200bps, 흐름 제어 없음)

Host PC에서 통신 설정을 완료하였으므로 라즈베리파이에서도 동일한 설정을 해 주어야 한다. 라즈베리파이에서는 아래와 같이 stty 명령을 사용하여 serial0 장치에 대한 통신 설정을 진행한다. 통신 설정 후 cat 명령을 수행하여 serial0 장치파일로 수신되는 문자열을 확인한다. 아래와 같이 cat 명령을 실행시키고 사용자가 하이퍼터미널 창에 문자열을 입력하면 해당 문자열이 라즈베리파이의 serial0 장치로 수신되고 터미널상에 보여진다.

아래 예제에서는 Host PC에서 전송한 "This is from Host PC." 문자열이 확인되고 반대로 라즈베리파이에서 전송한 "This is from RaspberryPi" 문자열이 Host PC에서 확인된다. Host PC에서 문자열을 전송할 때는 문자열 입력 후 반드시 엔터키를 눌러야 해당 문자열이 라즈베리파이에서 확인된다.

```
$ stty -F /dev/serial0 115200          ← serial0를 115200bps 속도로 열기
$ cat /dev/serial0                     ← serial0 장치로 수신되는 문자열 확인
This is from Host PC.                  ← Host PC 하이퍼터미널에서 입력한 문자열
 ^C                                    ← Ctrl+C 를 눌러서 종료
$ echo "This is from RaspberryPi" > /dev/serial0    ← Host PC로 전송하려는 문자열
```

stty 및 cat 명령의 기능들은 앞서 언급하였으며 echo 명령어는 명시된 장치파일로 문자열을 보내는 역할을 한다. 위 코드에서 serial0 대신에 ttyS0를 사용하여도 무방하다.

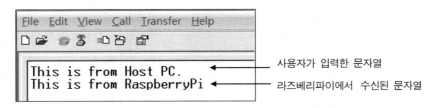

사용자가 입력한 문자열
라즈베리파이에서 수신된 문자열

[그림 15-9] Host PC에서 하이퍼터미널을 이용한 문자열 송수신

15.4.4 파이썬 기반의 시리얼 통신 프로그램(1)

앞서 우리는 파이썬 프로그램에서 시리얼 장치를 사용하기 위해 python3-serial 모듈을 이미 설치하였다. 이번 파이썬 프로그램에서는 주기적으로 문자열을 전송하는 코드를 만들어 보도록 한다. 라즈베리파이에서 주기적으로 전송하는 문자열은 Host PC에서 수행되는 하이퍼터미널에서 확인될 것이다.

나노 혹은 vi 편집기에서 아래와 같이 파이썬 코드를 작성하여 serial_test.py로 저장한다. 아래 코드는 문자열을 1초마다 serial0 포트로 전송하는 예제이다.

```python
import serial
import time

ser=serial.Serial('/dev/serial0', 115200)      # 시리얼 장치 열기
ser.flushInput( )                              # 수신 버퍼 비우기

sec=0
```

```
try:
    while True:
        s = 'sec %d \r\n' %sec
        ser.write(s.encode('utf-8'))        # 유니코드 문자열을 바이트 문자열로 변환 후 전송
        time.sleep(1)                        # 1초 대기
        sec = sec + 1

except KeyboardInterrupt:                    # Ctrl+C 를 누를 경우
    print('serial port is closed')
    ser.close( )                             # 시리얼 장치 닫기
```

위 코드에서 시리얼 기능을 사용하기 위해 import serial을 수행하였고, sleep 함수를 사용하기 위해 import time을 수행하였다. sleep 함수는 아주 많이 사용되는 함수이고 지연할 시간을 매개인자로 받는다. 매개인자가 0.5이면 500msec를 지연한다는 의미이다. 그리고 파이썬 3에서는 기본적으로 유니코드 문자열을 사용하므로 시리얼 포트로 문자열을 전송할 경우 바이트 문자열로 변환할 필요가 있다. 바이트 문자열은 영문 한 문자당 한 바이트로 구성된 아스키 코드를 의미한다.

Host PC에서는 라즈베리파이에서 전송하는 문자열을 수신하여 출력할 수 있도록 하이퍼터미널을 미리 실행시켜 놓는다. 라즈베리파이에서는 다음과 같이 파이썬 코드를 실행한다.

```
$ python3 serial_test.py
```

라즈베리파이에서 파이썬 코드가 실행되면 1초마다 문자열이 [그림 15-10]과 같이 수신되는 것을 하이퍼터미널상에서 확인할 수 있다.

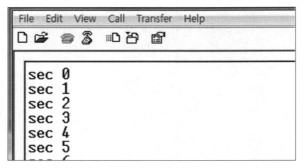

[그림 15-10] 라즈베리파이에서 전송한 메시지

15.4.5 파이썬 기반의 시리얼 통신 프로그램(2)

이번에는 수신된 문자를 다시 전송하는 간단한 방법을 살펴보도록 하겠다. Host PC 터미널 프로그램에서 사용자가 문자를 입력하면 입력된 문자는 라즈베리파이로 전송되고 라즈베리파이에서는 수신 문자를 다시 전송하여 Host PC 터미널 창에는 사용자가 입력한 문자가 표시되도록 한다.

아래와 같은 파이썬 코드를 작성하고 loopback.py로 저장한다.

```python
import serial

ser=serial.Serial('/dev/serial0', 115200)
ser.flushInput( )                              # 수신 버퍼 비우기

try :
        while True:
                c = ser.read( )                # 데이터 수신될 때까지 블록됨
                ser.write(c)                   # 수신된 데이터를 전송
                print(c)                       # 수신된 데이터 출력
                if c == b'x' :                 # 'x' 문자 수신되면 프로그램 종료
                        break

except KeyboardInterrupt:                       # Ctrl+C 를 누를 경우
        ser.close( )
```

아래와 같이 파이썬 코드를 실행하고 사용자가 Host PC의 하이퍼터미널 창에서 문자를 입력하면 해당 문자는 라즈베리파이로 전송되어 터미널 창에 표시되고 라즈베리파이에서는 해당 문자를 다시 전송하므로 Host PC에서는 [그림 15-11]처럼 표시된다.

시리얼 기반으로 전송되는 데이터는 바이트 단위로 취급되므로 사용자가 입력한 문자는 아래와 같이 바이트 형태의 문자로 출력된다.

```
$ python3 loopback.py
b'a'
b'b'
b'c'
b'd'
b'x'                          ← 'x' 문자 수신되면 프로그램 종료
$
```

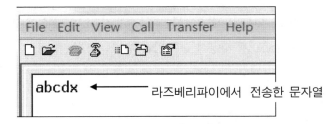

[그림 15-11] 하이퍼터미널 창에 보여진 라즈베리파이로부터 수신된 문자열

15.4.6 C언어 기반의 시리얼 통신 프로그램

앞서 USB 포트를 통한 시리얼 통신 방법을 C로 구현한 적이 있다. 만약 USB 포트가 아니라 UART 포트를 통해서 시리얼 통신을 하려면 장치 이름만 변경해 주면 된다. 운영체제 위에서 동작되는 응용 프로그램의 경우는 아래 단의 물리적인 버스가 USB, UART 방식에 상관없이 코드가 달라지지 않는다. 응용 프로그램 입장에서는 논리적인 장치 이름만 코드상에서 변경하면 된다. 물리적인 버스에 따라 달라지는 프로그램은 응용 프로그램이 아니라 장치 드라이버이기 때문이다. 물리적인 버스에 따라 다르게 동작되는 장치 드라이버에 대한 제어는 운영체제에서 관할하므로 본 내용에서는 다루지 않도록 한다.

UART 채널을 시리얼 통신 목적으로 사용하기 위해서는 /boot/cmdline.txt 파일 편집을 통한 콘솔 기능을 먼저 중지하고 앞서 인용된 USB 기반 C 코드에서 아래 부분만 변경해주면 된다.

```
"/dev/ttyUSB0" → "/dev/serial0"
```

"/dev/serial0" 대신에 라즈베리파이 2에서는 "/dev/ttyAMA0"를 사용하여도 되고, 라즈베리파이 3에서는 "/dev/ttyS0"를 사용해도 무방하다.

15.5 블루투스 기반 시리얼 통신

블루투스는 1990년대 초 스웨덴의 통신장비 업체인 에릭슨(Ericsson Inc.)에 의해 최초로 개발되기 시작한 근거리 무선통신 기술이다. 블루투스는 와이파이와 동일한 2.4GHz의 주파수 대역을 사용하며 적은 소비 전력으로 정보기기 간에 데이터 통신을 수행할 수 있어 스마트폰과 같은 모바일 장치에 많이 사용된다. 특히, 블루투스 4.0으로 개발된 BLE(Bluetooth Low Energy)는 기존 블루투스와 비교하여 데이터 전송률은 낮지만 소비 전력을 획기적으로 줄여서 소용량 배터리로 오랜 기간 사용할 수 있는 헬스케어, 위치 확인, 결제 및 도난 방지 시스템 등에 사용될 수 있다.

이번 단원에서는 라즈베리파이 3와 스마트폰 사이에 블루투스 통신 기반으로 데이터를 주고 받기 위한 절차와 방법을 다루어 보도록 하겠다.

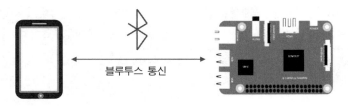

[그림 15-12] 라즈베리파이와 스마트폰과의 블루투스 기반 연결

라즈베리파이 3 버전이 이전 버전의 제품과 가장 큰 차별적인 것은 와이파이 기능과 블루투스 기능이 보드에 포함되어 있다는 것이다. 이전 버전에서는 와이파이 기능과 블루투스를 사용하려면 USB 형태의 동글(Dongle)을 사용하여 USB 기반 시리얼 통신을 해야만 했었다. 앞서 언급한 것처럼 블루투스 장치는 CPU와 하드웨어적으로 UART 포트에 연결되어 있고 ttyAMA0 혹은 serial1 장치 이름으로 연결되어 있다.

채널	시리얼 포트	장치 이름	기능
UART-0	serial1	ttyAMA0	블루투스

블루투스가 연결된 UART 채널을 통하여 외부 장치와 통신을 수행하려면 /boot/config.txt 파일에 enable_uart=1 문구가 포함되어 있는지 확인한다. 라즈베리파이 3에서는 이 문구가 반드시 포함되어 있어야 UART 채널을 통하여 외부 장치와 데이터 통신을 할 수 있다.

블루투스를 사용하기 위해서 아래와 같은 pi-bluetooth, bluetooth, bluez 세 가지 패키지들을 설치하고 시스템을 재시작한다.

```
$ sudo apt-get install pi-bluetooth bluetooth bluez
$ sudo reboot
```

스마트폰에서 블루투스를 사용할 수 있는 여러 프로그램들이 있지만 본 내용에서는 다음와 같이 Blueterm 앱을 사용하도록 한다.

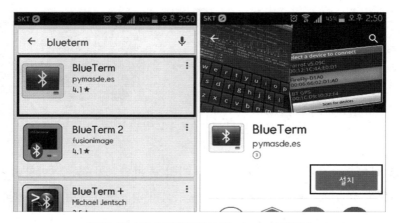

[그림 15-13] 스마트폰에서 Blueterm 설치화면

[그림 15-14] BlueTerm App.을 실행한 스마트폰 화면(연결 전)

블루투스 장치들이 서로 데이터 통신을 하려면 페어링(pairing) 과정과 연결(connect) 과정이 차례로 수행되어야 한다. 페어링을 수행하기 위한 절차부터 알아보도록 하자.

15.5.1 페어링 과정

두 장치가 블루투스 통신을 하기 위해서는 먼저 페어링(pairing)이라는 절차를 거쳐야 한다. 페어링 과정에서는 PIN 번호가 필요할 수도 있고 경우에 따라 필요 없을 수도 있다. 두 기기 사이에 페어링이라는 다소 번거로운 절차가 필요한 이유는 원하지 않는 다른 기기들과 연결되어 중요한 데이터들이 유출되지 않도록 하기 위해서이다. 페어링 과정은 라즈비안에 포함된 GUI 기반의 블루투스 매니저 프로그램을 사용하면 쉽게 진행할 수 있지만 본 단원에서는 터미널상에서 명령어 기반으로 진행하도록 하겠다.

스마트폰과 블루투스 통신을 하기 위해서는 페어링을 먼저 진행한다. 페어링은 한 번만 수행하면 된다. 페어링이 이루어진 다음부터는 해당 정보를 내부적으로 가지고 있으므로 페어링 절차 없이 바로 연결 과정만 수행하면 된다. 우선 페어링을 수행하기 위해 블루투스를 관리하는 툴인 bluetoothctl 명령어를 실행하도록 한다.

```
pi@raspberrypi:~$ bluetoothctl
[NEW] Controller B8:27:EB:xx:xx:xx raspberrypi [default]        ← MAC 주소 표시되어야 함
```

bluetoothctl 명령어를 실행하면 [bluetooth]# 프롬프트가 표시되고 블루투스 명령어를 입력할 수 있다. 만약 MAC 주소가 표시되지 않으면 블루투스 설정에 문제가 있을 수 있다. 이 문제점에 대한 분석은 뒤쪽에 언급된 내용을 참고하기 바란다.

페어링 과정은 라즈베리파이에서 수행할 수도 있고 스마트폰에서 수행할 수도 있지만 본 내용에서는 라즈베리파이에서 진행하도록 하겠다. 스마트폰에서는 블루투스 기능을 활성화하고 스마트폰 장치가 검색될 수 있도록 체크한다.

```
[bluetooth]# scan on                                    ← 장치 검색 시작
Discovery started
[CHG] Controller B8:27:EB:xx:xx:xx Discovering: yes
[NEW] Device A8:06:00:xx:xx:xx  SHV-E250S                ← 새로운 장치 검색됨
[bluetooth]# scan off                                   ← 장치 검색 중지
Discovery stopped
[bluetooth]# pair A8:06:00:xx:xx:xx                      ← 스마트폰 장치와 페어링 시도
```

페어링 명령어 수행 후 다음과 같이 스마트폰과 페어링 완료가 확인되면 해당 장치를 신뢰한다는 trust 명령을 수행하고 마지막으로 quit 명령어를 사용하여 bluetoothctl 프로그램으로부터 빠져나온다.

```
[NEW] Device A8:06:00:xx:xx:xx SHV-E250S
[CHG] Device A8:06:00: xx:xx:xx Modalias: bluetooth:v0075p0100d0200
[CHG] Device A8:06:00: xx:xx:xx UUIDs:
      . . .
```

```
          00001801-0000-1000-8000-xxxxxxx

          . . .

[CHG] Device A8:06:00: xx:xx:xx Paired: yes          ← 페어링 성공

Pairing successful

[CHG] Device A8:06:00: xx:xx:xx Connected: no

[bluetooth]# trust A8:06:00:xx:xx:xx               ← 페어링된 장치에 대한 trust 명령 수행

[CHG] Device A8:06:00:xx:xx:xx Trusted: yes

Changing A8:06:00:xx:xx:xx trust succeeded          ← 페어링된 장치에 대한 trust 완료

[bluetooth]# quit                                   ← bluetoothctl 명령어 빠져나옴
```

위 내용과 같이 수행하면 페어링까지만 완료된 상태이고 아직 연결은 되지 않은 상태
이므로 데이터 통신은 가능하지 않다. 연결 절차까지 완료되면 정상적인 데이터 통신이
이루어질 수 있다.

15.5.2 연결 과정

페어링이 완료된 후에는 연결 과정이 수행되어야 스마트폰과 통신이 가능해진다. 연결
과정에서는 라즈베리파이가 서버 역할을 하고 스마트폰이 클라이언트 역할을 하므로 서
버에서는 연결 요청을 먼저 기다리고 클라이언트에서는 연결을 요청하는 방식으로 진행
한다. 스마트폰에서의 연결 요청을 라즈베리파이가 수락하면 비로소 연결이 이루어지고
데이터 통신을 할 수 있게 된다.

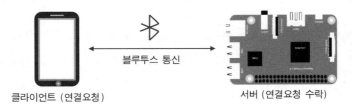

클라이언트 (연결요청)   서버 (연결요청 수락)

[그림 15-15] 블루투스 연결 요청 및 수락

블루투스 연결 과정을 수행하기 위해 라즈베리파이 운영체제에서 블루투스 시스템에
대한 설정을 담당하는 rfcomm 명령을 실행하여 외부 장치가 블루투스 채널을 통하여 연
결 요청이 있는지 확인하는 기능을 수행한다.

```
$ sudo rfcomm watch all &        ← (&) 백그라운드에서 프로그램 수행 (연결요청 확인)
[2] 966                          ← PID 정보
                                 ← 엔터키를 눌러 빠져 나온다.
                                 ← 연결 요청 확인 프로그램은 백그라운드에서 수행 중
```

위와 같이 서비스를 수행하여도 되지만 라즈베리파이가 부팅될 때 자동적으로 수행되도록 하는 것이 바람직하고 더 편리하다. rfcomm watch all & 명령을 부팅과 더불어 자동적으로 수행하기 위해 아래와 같이 /lib/systemd/system/rfcomm.service 파일을 먼저 관리자 권한으로 작성한다.

```
$ sudo nano /lib/systemd/system/rfcomm.service        ← rfcomm.service 작성
[Unit]
Description=RFCOMM service for Bluetooth
After=bluetooth.service

[Service]
ExecStart=/usr/bin/rfcomm watch all &

[Install]
WantedBy=multi-user.target
```

위 스크립트에 명시된 서비스가 부팅될 때 자동적으로 수행되도록 아래와 같이 실행한다.

```
$ sudo systemctl enable rfcomm.service        ← 부팅될 때 자동적으로 실행되도록 설정
```

라즈베리파이를 재시작 후 위 서비스가 정상적으로 동작하고 있는지는 현재 수행 중인 프로세스를 확인하는 ps 명령을 수행시켜 확인할 수 있다.

```
$ ps -ef | grep 'rfcomm'
root     421     1 0 08:56 ?        00:00:00 /usr/bin/rfcomm watch all &
. . .
```

리눅스에서 'l' 파이프(pipes)는 파이프 좌측의 표준 출력(stdout)을 파이프 우측의 표준 입력(stdin)으로 연결시키는 동작을 한다.

grep 명령어는 파일이나 표준 출력에서 문자열을 검색해주는 기능을 수행한다. 따라서 "$ps -ef | grep rfcomm" 명령의 의미는 "ps -ef" 수행으로 출력되는 문자열에서 rfcomm을 검색하여 출력하는 작업을 수행한다.

rfcomm 서비스가 자동적으로 수행되고 있으므로 라즈베리파이는 스마트폰과 같은 외부 블루투스 장치와 연결되기를 기다리고 있다. 이제는 이미 페어링되어 있는 스마트폰에 설치하였던 BlueTerm 앱을 실행하여 연결 요청하면 자동적으로 연결이 이루어진다. BlueTerm에서 연결은 Menu → Connect Device → raspberrypi 순서로 진행한다. 스마트폰과 라즈베리파이가 연결되면 [그림 15-16]과 같이 연결되었다는 메시지를 확인할 수 있다.

[그림 15-16] BlueTerm에서 라즈베리파이와 연결된 화면

15.5.3 사용에 문제가 있을 경우

라즈베리파이에서 스마트폰과 블루투스 통신이 쉽게 이루어지지 않을 수도 있다. 필자도 라즈베리파이3에서 블루투스 사용에 다소 고생하였던 기억이 난다.

bluetoothctl 명령을 실행하였을 때 아래와 달리 블루투스의 MAC 주소가 표시되지 않으면 블루투스 활성화가 되지 않은 것이다.

```
pi@raspberrypi:~$ bluetoothctl
[NEW] Controller B8:27:EB:xx:xx:xx raspberrypi [default]        ← MAC 주소가 표시되어야 함
```

대부분 이런 경우는 블루투스와 연결된 UART 경로를 잘못 지정한 경우이다. /lib/systemd/system/hciuart.service 파일을 열어서 확인해 보도록 하자. 블루투스에 연결된 포트가 serial1이므로 아래와 같이 serial1이 명시되어 있어야 한다. serial1 대신에 ttyAMA0를 명시하여도 상관없다.

```
. . .
ExecStart=/usr/bin/hciattach /dev/serial1 bcm43xx 921600 noflow -
. . .
```

외부 장치와 블루투스 통신을 하기 위해서는 라즈베리파이 내부적으로 아래 서비스들이 수행되어야 한다. 블루투스에 문제가 있으면 아래 서비스들이 정상적으로 동작하지 않을 가능성이 있다. 서비스 관리자 명령어인 systemctl를 실행하여 bluetooth 서비스와 hciuart 서비스가 활성화되었는지 확인하도록 한다.

- bluetooth 서비스
- hciuart 서비스

bluetooth 서비스 상태 확인

bluetooth 서비스가 enable 상태이고 동작이 running 상태인 것을 확인한다.

```
pi@raspberrypi :~$ systemctl status bluetooth
• bluetooth.service - Bluetooth service
  Loaded : loaded(/lib/systemd/system/bluetooth.service; enabled)      ← enabled 확인
  Active : active(running) since Sat 2016-09-17 01:17:08 UTC; 6min ago ← running 확인
    . . .
```

만약 위와 같이 블루투스 서비스가 수행 중이 아니면 아래와 같은 명령어를 관리자 권한으로 수행하여 부팅될 때 서비스가 자동적으로 활성화되도록 한다.

```
$ sudo systemctl enable bluetooth        ← 부팅될 때 bluetooth 서비스 활성화시킴
```

hciuart 서비스 상태 확인

HCI는 Host Controller Interface의 약자이고 보드 상에서 블루투스 장치는 CPU와 UART 인터페이스로 연결되어 있다. hciuart(Host Controller Interface UART) 서비스가 enable 상태이고 동작이 running 상태인 것을 확인한다.

```
pi@raspberryp i:~$ systemctl status hciuart
• hciuart.service - Configure Bluetooth Modems connected by UART
  Loaded : loaded(/lib/systemd/system/hciuart.service; enabled)
  Active : active(running) since Sat 2016-09-17 01:17:08 UTC; 31min ago
  Process : 419 ExecStart=/usr/bin/hciattach /dev/serial1 bcm43xx 921600 noflow -
  (code=exited, status=0/SUCCESS)
 Main PID : 729(hciattach)
  CGroup : /system.slice/hciuart.service
          └─729 /usr/bin/hciattach /dev/serial1 bcm43xx 921600 noflow -
```

만약 위와 같이 hciuart 서비스가 수행 중이 아니면 아래와 같은 명령어를 관리자 권한으로 수행하여 부팅될 때 서비스가 활성화되도록 한다

```
$ sudo systemctl enable hciuart          ← 부팅될 때 hciuart 서비스 활성화시킴
```

15.5.4 스마트폰과의 데이터 송수신

페어링 및 연결 과정을 거쳐 라즈베리파이와 스마트폰이 연결 상태가 되었으므로 이제는 데이터 송수신이 가능해진다. 이전에 언급하였듯이 리눅스에서는 모든 장치가 파일 개념으로 접근되므로 해당 장치에 대한 파일이 생성되었을 것이고 그 파일에 대한 읽기 쓰기를 수행하면 결과적으로 스마트폰과 데이터 통신을 할 수 있다. 먼저 장치에 대한 장치파일이 생성되었는지 확인해 보도록 하자. 장치파일이 모여있는 /dev 폴더를 확인하면 아래와 같이 rfcomm0 장치가 생성되어있다. rfcomm 장치는 데이터 송수신을 위한 블루투스 스택이 내장된 장치이므로 외부 블루투스 장치와 프로토콜에 기반한 정상적인 통신을 하기 위해서는 블루투스와 직접 연결된 serial1 장치를 열면 안되고 그 보다 상위의 rfcomm 장치를 열어야 한다. 만약 블루투스 장치를 하나 더 연결한다면 rfcomm1 장치

가 추가 생성될 것이다. 이 장치파일은 스마트폰과 연결된 상태에서만 생성된다. 연결되지 않으면 파일이 생성되지 않는다.

```
$ ls -al /dev
. . .
crw-rw---- 1 root dialout 216,  0 Sep 17 13:16 rfcomm0        ← rfcomm0 장치파일 확인
```

스마트폰과 연결되어 있는 상태이고 rfcomm0 파일도 생성되어 있으므로 라즈베리파이에서 해당 장치파일에 문자열을 쓰면 결과적으로 그 문자열이 [그림 15-17]과 같이 스마트폰의 BlueTerm 앱 창에 표시될 것이다. 아래와 같이 echo 명령어를 사용하여 임의의 문자열을 /dev/rfcomm0 장치파일에 기록하면 그 문자열이 블루투스 장치로 출력되는 것이다.

```
$ echo "This is from RaspberryPi3" > /dev/rfcomm0     ← rfcomm0 파일에 문자열을 기록
```

[그림 15-17] 라즈베리파이에서 출력한 문자열이 스마트폰으로 전송된 화면

이번에는 반대로 스마트폰에서 입력한 문자열을 라즈베리파이로 전송하는 예를 들어보겠다. 스마트폰과 연결된 상태에서는 rfcomm0 파일이 생성되어 있으므로 파일의 내용을 확인하는 cat 명령어를 아래와 같이 사용하여 장치파일로 입력되는 문자열을 확인할 수 있다. 스마트폰에서 BlueTerm 터미널 창에 문자열을 입력하면 입력된 문자열이 블루투스 장치를 통해 rfcomm0 장치파일로 표시되는 것을 아래와 같이 확인할 수 있다.

```
$ cat /dev/rfcomm0
This is from smartphone                      ← 스마트폰에서 전송한 문자열
```

이와 같이 명령어 기반에서 데이터를 송수신할 수 있는 간단한 방법을 확인해 보았다. 지금부터는 파이썬과 C 언어를 사용하여 데이터 통신을 하는 방법을 살펴보도록 하겠다.

라즈베리파이 3에서는 블루투스가 UART 기반의 시리얼 장치로 연결되었다는 것을 언급하였다. 운영체제 관점에서 블루투스에 연결된 시리얼 장치 이름은 serial1으로 설정되어 있다. 하지만 블루투스 기반 시리얼 통신을 진행할 때는 serial1 문구를 사용하지는 않았다. 이유는 hciuart 서비스 스크립트인 /lib/systemd/system/hciuart.service 파일을 확인해 보면 serial1 문구가 포함되어 있기 때문이다. 결과적으로 hciuart.service가 내부적으로 수행되므로 내부적으로는 serial1 장치가 이용되고 있는 것이다.

외부장치와 블루투스 통신을 위해서는 블루투스 프로토콜 스택에 기반한 통신이 이루어져야 한다. serial1 장치는 프로토콜과 전혀 관계없는 단순한 데이터 송수신 채널이다. rfcomm은 블루투스 통신을 위한 스택이 구현된 가상의 장치이고 이 장치로 입력된 데이터는 장치 내부에서 프로토콜 변환과정을 거쳐 원 데이터에 추가적인 정보들이 포함된다. rfcomm 장치를 통한 추가적인 정보가 포함된 데이터가 그 아래에 있는 serial1 장치로 전송되는 것으로 생각하면 된다. rfcomm 장치 하단의 serial1 장치는 /lib/systemd/system/hciuart.service 파일에 명시되어 있다. 결론적으로 운영체제 상위의 프로그램에서는 데이터를 전송할 때 serial1 장치가 아닌 rfcomm 장치를 열어야 하는 이유이다.

15.5.5 파이썬 기반의 시리얼 통신 프로그램

이전에 USB 및 UART 기반의 시리얼 통신 프로그램에서 작업하였던 것과 동일한 방법으로 작성하면 된다. 프로그램 입장에서는 파일이라는 매개체를 통하여 장치를 제어하므로 USB, UART와 같은 물리적인 채널이 달라도 이전에 작성하였던 방식의 코드와 달라지지 않는다. 이번 프로그램에서는 스마트폰으로 문자열을 전송하면서 동시에 스마트폰으로부터 문자열이 수신되면 해당 문자열을 터미널상으로 출력하는 양방향 통신을 구현해 보도록 하겠다. 스마트폰과 블루투스 기반으로 연결된 상태에서 수행되는 데이터 통신은 /dev/rfcomm0 장치 파일을 통하여 이루어진다. 스마트폰이 연결되기 전에는 /dev/rfcomm0 파일이 존재하지 않고 아래 파이썬 프로그램은 스마트폰과 연결 전에 먼저 수행될 수 있으므로 파이썬 프로그램에서는 /dev/rfcomm0 파일이 확인될 때까지 대기하는 코드가 필요하다. 대기하다가 스마트폰과 연결되어 장치파일이 생성된 것이 확인되면 해당 장치파일을 연다.

시리얼 장치파일을 열 때는 파일 명과 통신 속도를 함께 매개변수로 전달한다. 통신 속도는 BCM2837 CPU에서 블루투스가 내장된 BCM43438 모듈로 데이터를 전송하는 속도를 말한다. 아래 코드에서 통신 속도는 115200bps로 설정되어 있지만 BCM43438 모듈 매뉴얼을 참고하면 통신 속도가 9600bps에서 4Mbps까지 자동적으로 설정된다고 명시되어 있다. 따라서 통신 속도를 115200bps가 아닌 다른 지원 속도들 중에 하나를 사용하여도 상관없다. 필자가 테스트한 경우 4Mbps로 설정한 상태에서도 스마트폰과 통신에 문제가 없었다. 보다 자세한 내용은 BCM43438 매뉴얼을 참고하기 바란다.

스마트폰으로부터 데이터가 수신되었는지 확인하는 부분은 별도의 쓰레드 함수를 사용하였다. 이 쓰레드 함수에서는 0.1초에 한 번씩 수신 버퍼에 데이터가 있는지 확인해서 데이터를 읽는 작업을 진행한다. 블루투스에 연결된 장치 이름이 /dev/rfcomm0이므로 프로그램에서는 해당 이름을 사용하여 장치를 여는 작업을 수행한다.

```
import threading, serial, time, os

def bt_monitor(s):                    # 문자열 수신을 확인하는 쓰레드
    while True:
        n = s.inWaiting( )             # 수신된 데이터 바이트 수 확인
        if n:
            d = s.read(n)             # 수신된 데이터가 있으면 읽음
            print(d)                   # 수신 데이터 출력
        time.sleep(0.1)               # 100msec 지연

while True:                            # 장치가 연결될 때까지 지연
    if os.path.exists('/dev/rfcomm0') == True:  # 장치파일이 존재하는 지 확인
        break                          # 무한 루프를 빠져나감
    time.sleep(1)
    print('device is not created \r\n')

print('device is created... \r\n')     # 장치가 연결되면 수행

ser = serial.Serial('/dev/rfcomm0', 115200)  # 115200bps로 장치 열기
sec=0

th = threading.Thread(target=bt_monitor, args=(ser,))  # 쓰레드 생성 및 장치파일을
                                                        # 매개변수로 전달
th.daemon = True                       # main 종료될 때 쓰레드 함수도 종료
```

```
th.start( )                                          # 쓰레드 함수 시작

try:

    while True:

        s = 'sec %d \r\n' %sec
        ser.write(s.encode('utf-8'))                # 유니코드 문자열을 바이트 문자열로
                                                       변환 후 전송

        time.sleep(1)                               # 1초 지연
        sec = sec + 1

except KeyboardInterrupt:                           # Ctrl+C 키를 누를 경우
    print('serial port is closed')
    ser.close( )                                    # 포트 닫기
```

위 파이썬 코드를 bt_serial.py로 저장 후 $python3 bt_serial.py 명령으로 수행한다.
bt_serial.py가 수행되면 [그림 15-18]처럼 스마트폰과 연결을 기다린다. 스마트폰과의
연결 상태는 /dev/rfcomm0 파일이 생성되었는지 확인하는 방법으로 진행한다. /dev/
rfcomm0 파일이 생성되면 스마트폰과 연결된 상태가 되는 것이다. [그림 15-18]에 있는
hello 문자열은 스마트폰이 전송하고 라즈베리파이가 수신한 문자열이다. [그림 15-19]
는 라즈베리파이에서 전송하고 스마트폰이 수신한 문자열이다.

[그림 15-18] 스마트폰으로부터 전송된 문자열(라즈베리파이 터미널 화면)

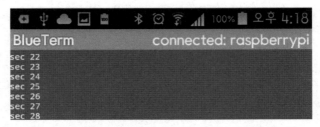

[그림 15-19] 라즈베리파이로부터 전송된 문자열 (스마트폰 BlueTerm 화면)

지금까지 [그림 15-18]과 [그림 15-19]처럼 스마트폰과 라즈베리파이가 블루투스 채널을 통하여 양방향 통신이 이루어지는 것을 살펴보았다.

15.5.6 C언어 기반의 시리얼 통신 프로그램

이번에는 스마트폰과 블루투스 통신을 위하여 C언어 기반으로 구현해 보자. 이번 코드에서는 WiringPi 라이브러리를 사용하지 않고 리눅스 운영체제 API를 사용하도록 하겠다. 파이썬과 마찬가지로 읽는 부분은 별도의 쓰레드 함수를 구현하여 수행하도록 한다. 시리얼 포트를 통해 데이터를 읽는 쓰레드는 bt_monitor 함수를 사용한다. 쓰레드 내부에서는 10msec 마다 포트를 체크하여 수신된 데이터가 있는 지 확인한다. 메인 함수에서는 매초마다 스마트폰으로 문자열을 전송하고 쓰레드 함수에서는 수신된 문자열을 터미널 창으로 출력한다. 'x' 문자가 수신되면 프로그램은 종료되도록 구현하였다.

아래 코드를 bt_serial.c로 저장하도록 하자.

```c
#include <stdio.h>
#include <stdlib.h>
#include <string.h>
#include <termios.h>
#include <fcntl.h>

#define BT_SER_PORT          "/dev/rfcomm0"
unsigned char gRun = 0;

void * bt_monitor(void * arg)
{
    int fd = (int)arg;
    unsigned char buf[32];

    while(gRun)
    {
        int n = read(fd,buf,sizeof(buf));
        if(n)
```

```
                {
                        buf[n]='\0';
                        printf("%s \r\n", buf);
                }

                if(n==1 && buf[0]=='x')        break;
                usleep(1000*10);                                // 10msec 지연
        }
        gRun = 0;
}

void main( )
{
        int    fd = -1;
        struct termios newtio;

        memset(&newtio, 0, sizeof(newtio));
        newtio.c_cflag = B115200;
        newtio.c_cflag |= CS8;
        newtio.c_cflag |= CLOCAL;
        newtio.c_cflag |= CREAD;
        newtio.c_cc[VTIME] = 0;
        newtio.c_cc[VMIN] = 0;

        while(1)
        {
                fd = open(BT_SER_PORT, O_RDWR | O_NOCTTY);
                if(fd != -1)
                        break;

                printf("BT not connected \r\n");
                sleep(1);
        }

        printf("BT connected ... \r\n");
```

```
        tcflush (fd, TCIFLUSH );
        tcsetattr(fd, TCSANOW, &newtio);

        gRun = 1;
        pthread_t thread_t;
        pthread_create(&thread_t, NULL, bt_monitor, (void *)fd);

        int sec = 0;
        while(gRun)
        {
                char buf[32];
                sprintf(buf, "sec : %d \r\n", sec++);
                write(fd, buf, strlen(buf));
                sleep(1);
        }

        close(fd);
        printf("Port is closed \r\n");
}
```

저장된 위 코드를 아래와 같이 빌드하고 실행하도록 한다.

```
$ gcc -o bt_serial bt_serial.c -lpthread
$ ./bt_serial
```

실행 결과는 파이썬 기반의 코드와 동일하다.

하드웨어 제어

라즈베리파이에는 아래 그림과 같이 40개의 확장 핀들이 존재한다. 이 확장 핀들에는 전원, UART, I2C, SPI, PWM, GPIO 기능의 핀들이 구성되어 있다. 전원 핀들을 제외한 나머지 핀들은 모두 3.3V로 동작한다. UART, I2C, SPI는 외부 장치들과 데이터 통신을 할 목적으로 사용되는 핀들이고 PWM이나 GPIO는 외부 장치를 제어할 목적으로 사용된다.

본 내용에서는 파이썬과 C 언어를 사용하여 외부 하드웨어를 제어하는 방법을 살펴보도록 하겠다.

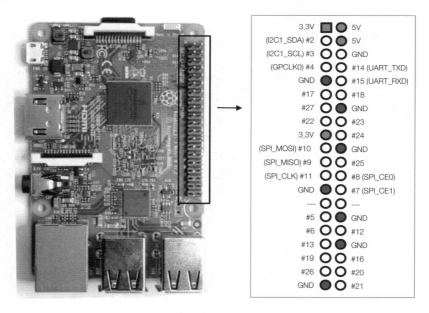

[그림 16-1] 40핀 확장 핀 맵

16.1 하드웨어 제어를 위한 프로그램 설치

파이썬이나 C 언어를 사용하여 라즈베리파이 보드의 확장 핀들을 제어하기 위해서는 관련 모듈이나 라이브러리들을 설치해야 한다. 파이썬이나 C 언어에 연동되어 사용되는 모듈이나 라이브러리들이 많이 있지만 본 내용에서는 다음과 같은 모듈과 라이브러리들을 설치하여 하드웨어를 제어하도록 한다.

- RPi.GPIO 모듈 (파이썬 언어)
- WiringPi 라이브러리 (C 언어)

RPi.GPIO 모듈이나 WiringPi 라이브러리는 개발자들이 하드웨어를 제어할 때 보다 쉽게 제어할 수 있도록 구현되었다. 개발자들이 이러한 모듈이나 라이브러리를 사용하면 단 몇 줄 수준의 코드만으로도 하드웨어를 쉽게 제어할 수 있다.

하드웨어를 제어할 때 파이썬 언어 기반인 RPi.GPIO 모듈을 사용하여도 되지만 실시간 제어나 time-critical한 분야에는 C 언어 기반으로 하드웨어를 제어하는 것이 바람직하다. 파이썬 언어는 인터프리터 방식이라서 컴파일 기반인 C 언어에 비해 문자열 해석과 같은 절차가 추가적으로 더 필요하며 파이썬 엔진 내부적으로 메모리 할당 및 해제와 같은 작업들을 반복적으로 수행하므로 속도 면에서 상당히 느릴 수 밖에 없다. 반면 C 언어 기반으로 작성된 프로그램의 결과물은 프로세서가 해석할 수 있는 명령어들로 구성되어 있어서 속도 면에서는 가장 빠르다고 할 수 있다. 하지만 파이썬 기반의 프로그램이 개발하는 과정이나 프로그래밍 방법 측면에서 C 언어에 비해 아주 간단하므로 개발 기간은 더 짧아질 수 있다.

파이썬 및 C 언어가 서로 장단점들을 가지고 있으므로 적용하려는 분야와 개발 기간을 고려하여 적당한 언어를 선택하는 것이 바람직하다.

16.1.1 RPi.GPIO 모듈 설치

RPi.GPIO는 라즈베리파이의 GPIO를 제어하기 위해 제작된 파이썬 기반의 모듈이다. 관련 사이트는 pypi.python.org/pypi/RPi.GPIO이고 여러 관련 문서나 많은 예제 코드들을 참조할 수 있다.

먼저 라즈베리파이에 RPi.GPIO를 다음과 같이 설치한다. 라즈비안 버전에 따라 운영체제에 기본적으로 포함되어 있을 수 있다.

```
$ sudo apt-get install rpi.gpio
```

16.1.2 WiringPi 라이브러리 설치

C 언어 기반의 WiringPi 라이브러리는 라즈베리파이의 GPIO 제어를 위해 구현되었다. 해당 사이트는 www.wiringpi.com이다. 이 라이브러리는 GPIO뿐만 아니라 Serial, I2C, SPI 및 PWM들을 제어할 수 있는 기능들이 포함되어 있다. WiringPi를 설치하기 위해서는 git를 먼저 설치해야 한다. git라는 것은 오픈소스 기반의 분산형 소스관리 시스템으로 소스 관리를 위해 많이 사용하는 SVN 툴과 유사하다. WiringPi는 git 서버에서 관리됨으로 원격 서버인 git에 있는 소스 코드를 로컬(라즈베리파이)로 복제해 와야 한다. 라즈베리파이에서 git에 접속하기 위해서는 아래와 같이 git-core를 미리 설치해 두어야 한다. 라즈비안 버전에 따라 운영체제에 기본적으로 포함되어 있을 수 있다.

```
$ sudo apt-get install git-core
```

소스를 복제해 오기 위해서는 [그림 16-2]와 같이 git clone git://git.drogon.net/wiringPi를 수행한다. 소스는 사용자 홈 폴더의 wiringPi 폴더에 복제된다. 소스가 복제된 상태이고 이것을 라이브러리로 만들기 위해서는 빌드와 설치를 진행해야 한다. 빌드와 설치를 진행하기 위해서는 wiringPi 폴더 아래에 있는 build 스크립트 파일을 실행한다.

```
pi@raspberrypi:~ $ git clone git://git.drogon.net/wiringPi
Cloning into 'wiringPi'...
remote: Counting objects: 1009, done.
remote: Compressing objects: 100% (831/831), done.
remote: Total 1009 (delta 716), reused 215 (delta 142)
Receiving objects: 100% (1009/1009), 314.39 KiB | 172.00 KiB/s, done.
Resolving deltas: 100% (716/716), done.
Checking connectivity... done.
pi@raspberrypi:~ $
```

[그림 16-2] git로부터 라즈베리파이로 소스코드 복제

```
pi@raspberrypi:~ $ cd wiringPi
pi@raspberrypi:~/wiringPi $ ./build
wiringPi Build script
=====================
```

[그림 16-3] 복제된 wiringPi 소스코드를 빌드 및 설치

WiringPi의 설치가 정상적으로 되었는지를 아래 명령어로 확인한다.

```
$ gpio readall
```

gpio readall 명령을 실행하면 [그림 16-4]와 같이 확장 핀 맵에 대한 정보가 출력된다. 이 정보가 출력되면 WiringPi가 정상적으로 빌드되고 설치된 것이다.

핀 번호 모드

[그림 16-4]의 핀 맵 정보를 분석하면 핀 번호가 wPi 기반도 있고 BCM 기반도 있다. 라즈베리파이의 마지막 확장 핀인 오른쪽 아래 40번 핀의 경우 wPi 모드에서는 29번으로 되어 있고, BCM 모드의 경우는 21번으로 되어있다. 프로그램 작업할 때 핀 모드를 wPi 모드로 할 지 BCM 모드로 할 지 결정해야 한다. 본 내용에서는 BCM 핀 번호 모드를 사용할 예정이다. 라즈베리파이에 사용된 CPU는 BCM2837이고 BCM모드의 의미는 CPU 기준으로 핀 번호를 사용한다는 것을 뜻한다.

```
pi@raspberrypi:~/wiringPi $ gpio readall
 +-----+-----+---------+------+---+---Pi 3---+---+------+---------+-----+-----+
 | BCM | wPi |   Name  | Mode | V | Physical | V | Mode | Name    | wPi | BCM |
 +-----+-----+---------+------+---+----++----+---+------+---------+-----+-----+
 |     |     |    3.3v |      |   |  1 || 2  |   |      | 5v      |     |     |
 |   2 |   8 |   SDA.1 |   IN | 1 |  3 || 4  |   |      | 5V      |     |     |
 |   3 |   9 |   SCL.1 |   IN | 1 |  5 || 6  |   |      | 0v      |     |     |
 |   4 |   7 | GPIO. 7 |   IN | 1 |  7 || 8  | 1 | ALT5 | TxD     | 15  | 14  |
 |     |     |      0v |      |   |  9 || 10 | 1 | ALT5 | RxD     | 16  | 15  |
 |  17 |   0 | GPIO. 0 |   IN | 0 | 11 || 12 | 0 | IN   | GPIO. 1 | 1   | 18  |
 |  27 |   2 | GPIO. 2 |   IN | 0 | 13 || 14 |   |      | 0v      |     |     |
 |  22 |   3 | GPIO. 3 |   IN | 0 | 15 || 16 | 0 | IN   | GPIO. 4 | 4   | 23  |
 |     |     |    3.3v |      |   | 17 || 18 | 0 | IN   | GPIO. 5 | 5   | 24  |
 |  10 |  12 |    MOSI |   IN | 0 | 19 || 20 |   |      | 0v      |     |     |
 |   9 |  13 |    MISO |   IN | 0 | 21 || 22 | 0 | IN   | GPIO. 6 | 6   | 25  |
 |  11 |  14 |    SCLK |   IN | 0 | 23 || 24 | 1 | IN   | CE0     | 10  | 8   |
 |     |     |      0v |      |   | 25 || 26 | 1 | IN   | CE1     | 11  | 7   |
 |   0 |  30 |   SDA.0 |   IN | 1 | 27 || 28 | 1 | IN   | SCL.0   | 31  | 1   |
 |   5 |  21 | GPIO.21 |   IN | 1 | 29 || 30 |   |      | 0v      |     |     |
 |   6 |  22 | GPIO.22 |   IN | 1 | 31 || 32 | 0 | IN   | GPIO.26 | 26  | 12  |
 |  13 |  23 | GPIO.23 |   IN | 0 | 33 || 34 |   |      | 0v      |     |     |
 |  19 |  24 | GPIO.24 |   IN | 0 | 35 || 36 | 0 | IN   | GPIO.27 | 27  | 16  |
 |  26 |  25 | GPIO.25 |   IN | 0 | 37 || 38 | 0 | IN   | GPIO.28 | 28  | 20  |
 |     |     |      0v |      |   | 39 || 40 | 0 | IN   | GPIO.29 | 29  | 21  |
 +-----+-----+---------+------+---+----++----+---+------+---------+-----+-----+
 | BCM | wPi |   Name  | Mode | V | Physical | V | Mode | Name    | wPi | BCM |
 +-----+-----+---------+------+---+---Pi 3---+---+------+---------+-----+-----+
pi@raspberrypi:~/wiringPi $
```

[그림 16-4] WiringPi 핀 번호 모드(wPi, BCM)

16.2 GPIO 제어

　　GPIO는 General Purpose Input Output의 약자로 범용 입출력 기능을 담당하는 핀이라고 생각하면 된다. GPIO는 소프트웨어 설정에 의해 핀의 방향을 입력 혹은 출력으로 설정되고 그 설정된 방향에 따라 핀의 전기적 상태를 확인하거나 핀의 전기적 상태를 변경하여 결과적으로 해당 핀에 연결된 장치가 소프트웨어적으로 제어되는 것이다. GPIO는 하드웨어 제어에 있어 가장 기본적이고 중요한 제어 방법으로 실무에서 아주 많이 사용된다. CPU에서 GPIO를 사용한 하드웨어 제어는 아래 그림으로 표현될 수 있다.

　　라즈베리파이 확장 핀들은 기본적으로 GPIO로 사용될 수 있지만 SW 설정에 따라 GPIO가 아닌 다른 기능의 핀들로 대체하여 사용될 수 있다. 예를 들면 BCM 모드 11번의 경우 SW 설정에 따라 GPIO 기능으로 사용될 수도 있고 SPI 통신의 클록 신호로 사용될 수도 있다.

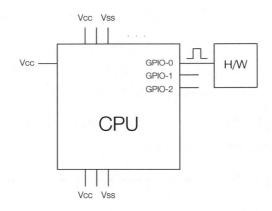

[그림 16-5] CPU와 GPIO로 연결된 하드웨어

GPIO 제어에 필요한 소프트웨어 동작은 아래와 같이 정리될 수 있다.

- **출력**

　SW에서 핀의 방향을 출력으로 설정(전기적 신호를 출력)

　SW 동작에 의해 GPIO 핀의 전기적 상태를 H(3.3V) 혹은 L(0V) 상태로 변경

　결과적으로 GPIO 핀에 연결된 하드웨어가 제어됨

• 입력

　SW에서 핀의 방향을 입력으로 설정 (전기적 신호를 읽을 수 있음)

　SW 동작에 의해 GPIO 핀의 전기적 상태가 H(3.3V) 혹은 L(0V) 상태인지 확인

　결과적으로 SW에서 하드웨어의 전기적 상태를 파악할 수 있음

16.2.1 RPi.GPIO를 이용한 제어

앞서 RPi.GPIO 파이썬 모듈을 설치하였으며 지금부터는 RPi.GPIO 사용방법에 대해서 살펴 보겠다. 우선 RPi.GPIO 모듈에서 GPIO 제어에 사용되는 주요한 함수들을 살펴 보자.

• GPIO 설정 함수

GPIO.setmode(GPIO.BOARD)	[핀 번호 인덱싱을 보드 기준으로 설정]
GPIO.setmode(GPIO.BCM)	[핀 번호 인덱싱을 CPU 기준으로 설정]
GPIO.setup(n, GPIO.OUT)	[핀 번호 n을 출력으로 설정]
GPIO.setup(n, GPIO.IN)	[핀 번호 n을 입력으로 설정]
GPIO.cleanup( )	[GPIO 핀 설정을 초기 상태로 복귀]

• GPIO 입력 함수

GPIO.input(n)	[핀 번호 n의 전기적 상태를 1/0으로 반환]

• GPIO 출력 함수

GPIO.output(n,1)	[핀 번호 n의 출력을 HIGH로 설정]
GPIO.output(n,0)	[핀 번호 n의 출력을 LOW로 설정]

GPIO 출력 제어

지금부터는 위 함수들을 사용하여 GPIO 출력을 제어해 보도록 하겠다. GPIO 출력의 가장 기본적인 예제인 LED on/off로 GPIO 출력을 제어하는 방법을 익히도록 한다.

LED에 대해서 잠깐 살펴보면 [그림 16-6]과 같이 anode와 cathode 두 개의 핀으로 구성되어 있다. anode 쪽에 +전압을 연결하고 cathode 쪽에 상대적으로 낮은 전압을 연결하면 anode에서 cathode 쪽으로 전류가 흘러 결과적으로 LED가 밝게 빛난다. LED를 통과하는 전류에 비례하여 밝기가 조정되므로 많은 전류를 흘려주면 더 밝게 빛나지만 LED가 손상될 수 있으므로 약 10mA 미만의 전류를 흘려주는 것이 좋다. LED에 흐르는

전류를 조정하기 위하여 저항을 함께 연결한다.

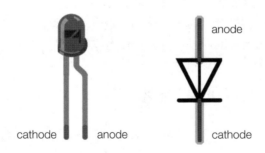

[그림 16-6] LED 구조 및 심볼[1]

본 테스트에서는 [그림 16-7]과 같이 anode 쪽에 3.3V의 전원을 연결하고 470옴의 저항을 확장 핀과 cathode 사이에 연결한다. 470옴 저항을 연결하면 옴 법칙에 따라 약 7mA 정도가 LED를 통과할 수 있다. 만약 LED가 어둡게 느껴진다면 더 낮은 저항 값을 사용하면 된다. 브레드 보드를 사용하여 결선할 때는 [그림 16-7]의 우측 그림과 같이 연결한다.

[그림 16-7]과 같이 LED의 cathode 부분이 저항을 통해 12번 핀과 연결되어 있고 CPU에서 동작되는 프로그램은 12번 핀의 출력 값을 3.3V 혹은 0V가 되도록 설정할 수 있다. 12번 핀의 출력 값이 3.3V가 되면 LED는 켜지지 않을 것이고, 출력 값이 0V가 되면 LED에 전류가 흘러 LED가 켜질 것이다.

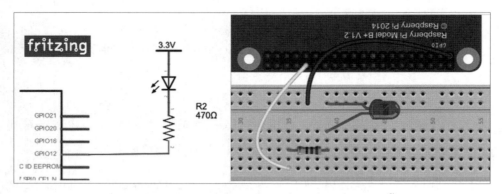

[그림 16-7] GPIO 출력을 위한 회로도 및 브레드 보드 결선[2]

---

1) 프리츠(http://fritzing.org) 프로그램에서 참조
2) 프리츠(http://fritzing.org/home/) 사이트에서 다운받은 회로설계 프로그램.
　본 내용에서는 회로설계에 프리츠 프로그램을 사용한다.

회로를 [그림 16-7]과 같이 구성하여 LED가 0.5초마다 반전되다가 사용자가 Ctrl+C 키를 누르면 빠져 나오는 코드를 파이썬으로 아래와 같이 구현해 보도록 하자.

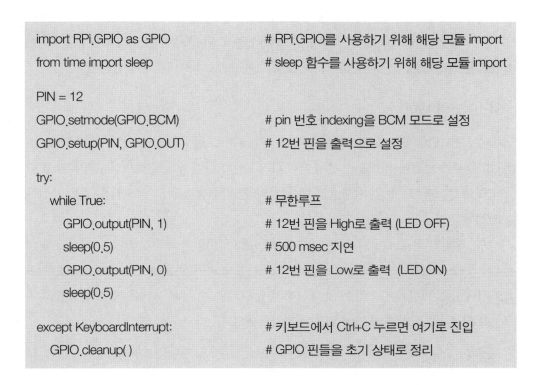

```python
import RPi.GPIO as GPIO          # RPi.GPIO를 사용하기 위해 해당 모듈 import
from time import sleep           # sleep 함수를 사용하기 위해 해당 모듈 import

PIN = 12
GPIO.setmode(GPIO.BCM)           # pin 번호 indexing을 BCM 모드로 설정
GPIO.setup(PIN, GPIO.OUT)        # 12번 핀을 출력으로 설정

try:
    while True:                  # 무한루프
        GPIO.output(PIN, 1)      # 12번 핀을 High로 출력 (LED OFF)
        sleep(0.5)               # 500 msec 지연
        GPIO.output(PIN, 0)      # 12번 핀을 Low로 출력  (LED ON)
        sleep(0.5)

except KeyboardInterrupt:        # 키보드에서 Ctrl+C 누르면 여기로 진입
    GPIO.cleanup( )              # GPIO 핀들을 초기 상태로 정리
```

위 코드를 gpio_output.py로 저장한 다음 아래와 같이 실행하여 LED가 0.5초마다 깜박이는지 확인하도록 한다.

```
$ python3 gpio_output.py
```

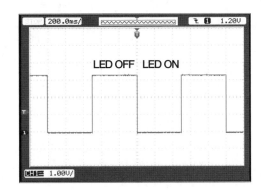

[그림 16-8] GPIO 출력 파형

[그림 16-8]에는 500msec마다 반전되는 12번 핀의 파형을 스코프 영상으로 보여주고 있다. 500msec마다 HIGH(3.3V)와 LOW(0V)를 반복하고 있으며 HIGH 구간에서는 LED가 꺼져 있는 상태이고 LOW 구간에서는 LED가 켜진다. LED가 정상적으로 깜박이는 것이 확인되면 Ctrl+C를 눌러서 프로그램이 종료되도록 한다. 프로그램이 종료되기 전에 GPIO.cleanup( ) 함수가 호출되어 GPIO 핀들이 초기 상태로 돌아간다.

GPIO 입력 제어

이번에는 GPIO 입력을 제어해 보도록 하겠다. GPIO 입력의 가장 기본적인 예제는 키를 GPIO 핀에 연결하여 키를 누름에 따라 GPIO 핀의 전기적 상태가 변하도록 회로를 구성하고 프로그램에서는 주기적으로 해당 핀의 전기적 상태를 읽어서 키 눌림을 확인하는 것이다.

[그림 16-9]의 회로에서 키를 라즈베리파이 GPIO 20번 핀에 연결하였다. 키가 눌려지지 않으면 20번 핀의 전기적 상태는 3.3V(High)가 되고 키가 눌려지면 0V(Low)가 된다. 회로에서 풀업 저항을 사용하여 키가 눌려져 있지 않을 때 핀의 상태를 High로 만들고 커패시터를 사용하여 채터링 방지 회로를 구성하였다.

채터링(chattering)

키가 눌려지거나 떼는 순간 아주 짧은 시간 동안 발생하는 전기적 잡음 신호(bouncing이라고도 함)를 채터링이라고 한다. 이러한 전기적 잡음으로 인해 사용자가 키를 누르는 순간, 고속으로 동작되는 SW에서는 두 번 혹은 세 번 눌려진 것으로 처리될 수도 있으므로 이러한 전기적 잡음을 줄이는 것은 중요하다.

이러한 전기적 잡음은 주로 HW적으로는 간단하게 커패시터(capacitor)를 달아서 고주파 성분을 줄이는 방식으로 처리하기도 하고 경우에 따라 SW적 처리가 추가되기도 한다.

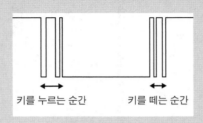

키를 누르는 순간   키를 떼는 순간

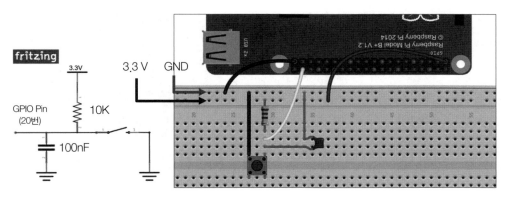

[그림 16-9] GPIO 입력을 위한 회로도 및 브레드 보드 결선

[그림 16-9]과 같이 사용자가 키를 누르지 않을 때는 20번 핀의 전기적 상태가 HIGH로 유지되고 키가 눌려지면 전기적 상태가 LOW로 전환되는 회로를 구성하도록 하자. 이 회로를 바탕으로 키가 눌려져 있는지 판단하는 코드를 아래와 같이 파이썬으로 구현해 보도록 하자.

```python
import RPi.GPIO as GPIO
from time import sleep

PIN = 20
GPIO.setmode(GPIO.BCM)              # pin 번호 indexing을 BCM 모드로 설정
GPIO.setup(PIN, GPIO.IN)            # 20번 핀을 입력으로 설정

try:
    while True:                     # 무한 루프
        if GPIO.input(PIN) == 0:    # 20번 핀의 상태를 읽어서 0인지 확인
            print("Button is pressed" )
        sleep(0.01)                 # 10 msec 지연

except KeyboardInterrupt:           # 키보드에서 Ctrl + C 누르면 여기로 진입
    GPIO.cleanup( )                 # GPIO 핀들을 초기 상태로 정리
```

위 코드를 gpio_input.py로 저장한 다음 아래와 같이 실행하여 키를 눌렀을 때 메시지가 출력되는지 확인하도록 한다.

```
$ python3 gpio_input.py
Button is pressed
Button is pressed
Button is pressed
```

코드를 실행하여 키를 누르면 메시지가 위와 같이 출력된다. 하지만 키를 한 번 누를 때마다 메시지가 한 번 출력되는 것이 아니라 메시지가 여러 번 출력된다. 이유는 사용자가 키를 아무리 짧게 누르더라도 수십 msec 정도는 눌려져 있고 프로그램에서는 10msec마다 키 눌림을 검사하므로 메시지가 여러 번 출력되는 것이다. 그렇다고 키 눌림 확인 주기를 길게하면 오히려 키 눌림을 놓칠 수 있을 가능성도 있다.

이러한 문제를 해결하기 위해서는 인터럽트(interrupt) 개념을 도입하면 된다. 인터럽트에 대해서는 뒤쪽 단원에서 다루도록 한다.

폴링(polling)과 인터럽트(interrupt)

위 코드와 같이 키가 눌려진 것을 확인하기 위해 프로그램에서 특정 핀의 전기적 상태를 주기적이고 지속적으로 체크하는 방법을 폴링이라 부른다. 폴링이라는 것은 "감시하다"는 의미로 CPU가 특정 상태를 폴링하는 동안에는 기본적으로 다른 일을 할 수는 없으며 폴링하는 작업에만 집중하는 것이다.

키가 눌려진 시점을 파악하기 위해 인터럽트를 사용할 수도 있다. 인터럽트 설정 단계에서는 특정 조건(예를 들면, 특정 핀의 전기적 상태가 변하는 시점)이 발생할 때 원하는 함수가 호출되도록 운영체제에 등록한다. 그리고 CPU는 전혀 별개 작업을 진행하다가 인터럽트가 발생되면 등록된 함수가 운영체제에 의해서 호출되고 실행이 종료되면 인터럽트 발생 직전에 진행하였던 작업이 계속해서 진행되는 것이다. 이런 방식의 구현은 마치 여러 개의 작업이 동시에 수행될 수 있는 멀티 태스킹과 같은 효과를 얻을 수 있다.

16.2.2 WiringPi를 이용한 제어

이미 설치한 WiringPi 라이브러리를 사용하여 C 언어 기반에서 GPIO를 제어하는 것을 살펴 보도록 하겠다. 파이썬 언어에 비해 C 언어는 컴파일 개념으로 빌드된 결과물은 CPU가 바로 실행할 수 있는 명령어로 구성되어 있어 인터프리터 기반의 파이썬에 비해 속도 면에서 아주 빠르다. 따라서 실시간 처리를 하거나 time-critical한 분야에서는 C 언어 기반으로 하드웨어를 제어하는 것이 바람직하다. C 언어로 구현된 프로그램을 빌드하기 위해 사용할 컴파일러는 GNU 라이선스 기반의 GCC 컴파일러를 사용한다.

우선 WiringPi 라이브러리에서 제공되는 GPIO 관련 함수들을 살펴보자.

- GPIO 설정 함수

  void wiringPiSetup(void)

  핀 번호 인덱싱을 wPi 모드 기준으로 설정

  void wiringPiSetupGpio(void)

  핀 번호 인덱싱을 BCM 모드 기준으로 설정

  void pinMode(int pin, int mode)

  pin   [핀 번호]

  mode   [INPUT/OUTPUT]

- GPIO 입력 함수

  int digitalRead(int pin)

  pin   [핀 번호]

  반환 값   [HIGH/LOW 혹은 1/0]

- GPIO 출력 함수

  void digitalWrite(int pin, int value)

  pin   [핀 번호]

  value   [HIGH/LOW 혹은 1/0]

GPIO 출력 제어

앞서 파이썬 GPIO 출력 테스트에서 작업하였던 회로와 동일하게 구성한 다음 아래와 같이 C언어 기반의 코드를 작성하여 gpio_output.c로 저장한다.

```
#include <stdio.h>
#include <wiringPi.h>                          // WiringPi 라이브러리 함수 사용을 위함

#define LED 12

void main (void)
{
  printf ("Raspberry Pi - LED Blink\n") ;
  wiringPiSetupGpio ( ) ;                       // 핀 번호를 BCM 모드로 설정
  pinMode(LED, OUTPUT) ;                        // 12번 핀을 출력모드로 설정

  for (;;)
  {
    digitalWrite (LED, 1) ;                     // 12번 핀의 전기적 상태를 HIGH로 변경
    delay (500) ;                               // 500msec 지연
    digitalWrite (LED, 0) ;                     // 12번 핀의 전기적 상태를 LOW로 변경
    delay (500) ;
  }
}
```

위 코드를 작성한 다음 GCC 컴파일러를 사용하여 빌드 과정을 아래와 같이 진행한다. -l 옵션은 gpio_output.c 파일을 빌드할 때 wiringPi 라이브러리를 링크 작업에 참여시켜 함께 빌드 한다는 의미이다.

```
$ gcc -o gpio_output gpio_output.c -lwiringPi          ← wringPi 대소문자 주의
```

빌드 과정이 끝나면 해당 폴더에 **gpio_output** 실행파일이 만들어지고 아래와 같이 관리자 권한 실행한다.

```
$ sudo ./gpio_output
```

위와 같이 코드를 실행하면 파이썬 기반으로 작성하였던 코드와 동일하게 500msec마다 LED가 반전되면서 실행 된다.

GPIO 입력 제어

앞서 파이썬 GPIO 입력 테스트에서 작업하였던 회로와 동일하게 구성한 다음 아래와 같이 C언어 기반의 코드를 작성한다.

```c
#include <stdio.h>
#include <wiringPi.h>

#define KEY    20

void main (void)
{
  printf ("Raspberry Pi - Key Input Test \r\n") ;
  wiringPiSetupGpio( ) ;                          // 핀 번호를 BCM 모드로 설정
  pinMode (KEY, INPUT) ;                          // 20번 핀을 입력모드로 설정

  for (;;)
  {
    int val = digitalRead(KEY);                   // 20번 핀의 전기적 상태를 체크
    if(val == LOW)                                // 전기적 상태가 LOW 이면
    {
      printf("Key is pressed \r\n");
    }
    delay(10);                                    // 10msec 지연
  }
}
```

위 코드를 작성한 다음 GCC 컴파일러를 사용하여 빌드 과정을 아래와 같이 진행한다. 빌드 과정이 끝나면 해당 폴더에 **gpio_input** 실행파일이 만들어지고 아래와 같이 관리자 권한으로 현재 폴더에 있는 **gpio_input** 파일을 실행한다.

```
$ gcc -o gpio_input gpio_input.c -lwiringPi
```

```
$ sudo ./gpio_input
Key is pressed
Key is pressed
Key is pressed
 . . .
```

위와 같이 gpio_input 파일을 실행하여 사용자가 키를 누를 때 문자열이 출력되는 지 확인한다. 이러한 GPIO 입력 폴링에 대한 문제점은 사용자가 키를 아무리 짧게 누르더라도 CPU 관점에서는 상당히 긴 시간이므로 10msec 마다 소프트웨어적으로 확인하더라도 여러 번 확인될 수 있어서 결과적으로 키 입력에 대한 처리가 여러 번 수행되는 것이다. 뿐만 아니라 소프트웨어 관점에서도 지속적으로 키가 눌려졌는지 확인해야 하므로 부담으로 작용할 수 밖에 없다. 즉 그만큼 CPU가 다른 일을 할 수 없다는 의미이기도 하다. 이러한 문제점을 해결하기 인터럽트 개념을 도입하면 사용자가 키를 한 번 누를 때마다 원하는 작업이 한 번만 처리되도록 할 수 있다.

16.3 인터럽트 제어

앞서 GPIO 입력 부분 테스트에서 키를 한 번만 눌렀어도 메시지는 여러 번 출력되었다. 이러한 문제점은 인터럽트를 사용하면 해결된다고 언급하였다. 인터럽트 의미는 여러 하드웨어 블록들로 구성되어 있는 CPU 내부에서 특정 하드웨어가 프로그램을 수행하는 프로세서에게 전달하는 전기적 신호라고 보면 된다. 프로세서가 이러한 인터럽트 신호를 받으면 수행 중이던 명령어까지만 수행하고 나머지 명령어에 대한 실행을 잠시 보류하고 하드웨어적으로 정해진 절차와 운영체제에 의해 등록된 함수를 수행시킨다. 이렇게 인터럽트 발생으로 인해 수행되는 함수를 ISR(Interrupt Service Routine)이라고 부른다. ISR 함수가 수행되고 리턴되면 인터럽트 발생에 의해 보류되었던 명령어부터 다시 수행된다.

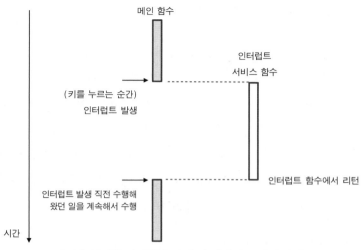

메인 함수

인터럽트
서비스 함수

(키를 누르는 순간)
인터럽트 발생

인터럽트 함수에서 리턴

인터럽트 발생 직전 수행해
왔던 일을 계속해서 수행

시간

[그림 16-10] 인터럽트 발생 및 인터럽트 처리 과정

결국 인터럽트를 사용하면 다수의 프로그램들이 동시에 수행되는 것처럼 느껴지는 멀티 태스킹 효과를 얻을 수 있다. CPU가 한 순간에 여러 프로그램을 실행시키는 것은 불가능하다. 하지만 시간을 아주 짧게 분할하여 각 분할된 시간마다 서로 다른 프로그램들을 수행시키면 마치 여러 프로그램들이 동시에 실행되고 있는 것처럼 보이는 것이다.

하드웨어 관점에서 인터럽트로 사용할 수 있는 물리적인 신호는 아주 많다. 이번 내용에서는 앞 회로에서 키에 연결된 20번 핀을 인터럽트로 사용하고 20번 핀의 전기적 신호가 HIGH에서 LOW로 떨어지는 바로 그 시점에 인터럽트가 발생되도록 설정할 예정이다. 인터럽트가 발생되면 사용자가 등록한 함수가 수행되도록 설정할 것이다.

폴링에지 및 라이징에지

전기적 신호가 HIGH에서 LOW로 떨어지는 순간을 폴링에지(Falling Edge)라고 부르고, 반대로 LOW에서 HIGH로 올라가는 순간을 라이징에지(Rising Edge)라고 부른다.

16.3.1 RPi.GPIO를 이용한 제어

파이썬에서 ISR 함수를 사용하기 위해서는 먼저 콜백(Callback) 개념을 이해해야 한다. 콜백은 호출하는 것이 아닌 호출되는 수동적인 의미이다. 함수라는 용어를 붙여 콜백 함수라는 용어를 많이 사용하는데 콜백 함수라는 것은 직접 해당 함수를 명시적으로 호출하는 것이 아니라 운영체제에 의해 호출되는 함수이다. 인터럽트가 발생되었을 때 ISR 함수가 호출되어 수행되어야 하므로 ISR 함수는 콜백함수의 성격을 가지고 있다. 프로그램 상에서는 인터럽트 서비스를 수행하는 ISR 함수를 운영체제에 미리 알려주어야 하고 이렇게 알려주는 과정을 등록한다는 용어를 사용한다.

ISR 함수를 등록할 때 사용하는 파이썬 함수는 다음과 같다.

- GPIO.add_event_detect(channel, edge, callback, bounce_time)

channel	[핀 번호]
edge	[GPIO.FALLING / GPIO.RISING]
callback	[ISR로 사용할 함수]
bounce_time	[전기적 잡음을 무시할 시간]

위 함수에서 bounce_time은 키가 눌려졌을 때 발생할 수 있는 전기적 잡음 신호를 무시할 시간을 입력하는 부분이다. 하드웨어 상에서 0.1uF 정도의 커패시터를 사용하여 잡음신호를 제거하는 회로가 구성되어 있다면 bounce_time 부분은 생략하여도 상관없다. 회로가 구성되지 않는 상태에서는 이 값을 입력하여 소프트웨어적으로 바운싱을 제거한다. 회로가 구성되어 있는 않을 경우 이 항목에 100을 입력하여 100msec 정도 바운싱을 무시하도록 한다. 결과적으로 100을 입력하면 인터럽트 발생된 시점 기준으로 100msec 후에 ISR 함수가 호출된다.

인터럽트를 테스트하기 위해 아래와 같이 코드를 작성하여 gpio_interrupt.py로 저장한다. [그림 16-10]을 바탕으로 아래 코드를 설명하면 메인 함수는 1초에 한 번씩 문자열을 출력하는 부분이고 KeyHandler 함수가 인터럽트 서비스 함수로 사용된다. GPIO.add_event_detect 함수에 전달하는 매개변수로 핀 번호, 인터럽트 발생시점, ISR 함수 명을 전달한다. 함수를 통해 전달되는 매개변수들은 운영체제에 알려지고 하드웨어적으로 인터럽트가 발생되면 운영체제가 미리 알고 있던 KeyHandler 함수를 호출하여 결과적으로 인터럽트가 서비스되는 것이다.

```
import RPi.GPIO as GPIO
from time import sleep

def KeyHandler(n):                      # 인터럽트 서비스 함수
    print("Key is pressed [%d]" %n)

PIN = 20
GPIO.setmode(GPIO.BCM)                  # 핀 번호를 BCM 모드로 설정
GPIO.setup(PIN, GPIO.IN)                # 20번 핀을 입력 모드로 설정

# 인터럽트 서비스 함수 등록
GPIO.add_event_detect(PIN, GPIO.FALLING, callback=KeyHandler)

sec = 0
try:
    while True:                         # 1초에 한 번씩 문자열 출력
        print("sec : %d" %sec)
        sec = sec + 1
        sleep(1)

except KeyboardInterrupt:               # Ctrl+C 누르면 GPIO 초기화 및 프로그램 종료
    GPIO.cleanup( )
```

위 코드를 실행하면 아래와 같이 메인 함수가 수행되다가 사용자가 키를 눌러 인터럽트를 발생시키면 운영체제에 등록하였던 인터럽트 함수인 KeyHandler 함수가 운영체제에 의해 호출된다. KeyHandler 함수 수행 후 리턴되면 원래 수행되었던 메인 함수로 다시 돌아가서 프로그램이 진행된다.

```
$ python3 gpio_interrupt.py             ← gpio_interrupt 프로그램 수행
sec : 0
sec : 1
sec : 2
Key is pressed [20]                     ← 인터럽트 서비스 함수 수행
sec : 3                                 ← 메인 함수 다시 이어서 수행됨
```

```
sec : 4
sec : 5
sec : 6
Key is pressed [20]
sec : 7
sec : 8
. . .
```

16.3.2 WiringPi를 이용한 제어

이번에는 C언어로 인터럽트 동작을 구현해 보도록 하겠다.

인터럽트 함수를 등록하기 위해서 사용하는 WiringPi 라이브러리 함수는 다음과 같다.

• int wiringPiISR(int pin, int mode, void (*function)(void))

pin	[핀 번호]
mode	[INT_EDGE_FALLING/ INT_EDGE_RISING/ INT_EDGE_BOTH]
function	[ISR로 사용할 함수]

아래와 같은 코드를 작성하여 gpio_interrupt.c로 저장한다. isr_key( ) 함수를 인터럽트 서비스 함수로 사용한다. 파이썬 예제와 마찬가지로 메인 함수 쪽에서는 1초 단위로 문자열을 출력하고 인터럽트 함수에서는 키가 눌려졌다는 메시지가 출력되도록 하였다.

```c
#include <stdio.h>
#include <wiringPi.h>
#define KEY     20

void isr_key( )                                    // 인터럽트 서비스 함수
{
    printf("Key is pressed \r\n");
}

void main (void)
{
    unsigned int sec = 0;
```

```
    wiringPiSetupGpio( ) ;                              // 핀 번호를 BCM 모드로 설정
    pinMode (KEY, INPUT) ;
    wiringPiISR (KEY, INT_EDGE_FALLING, isr_key) ;  // 인터럽트 서비스 함수 등록

    // 무한 루프를 돌면서 1초마다 문자열 출력
    while(1)
    {
        printf("%d sec. \r\n", sec);

        sec = sec + 1;

        delay(1000);

    }
}
```

위 코드를 작성한 다음 GCC 컴파일러를 사용하여 아래와 같이 빌드한다.

```
$ gcc -o gpio_interrupt gpio_interrupt.c -lwiringPi      ← wringPi 대소문자 주의
```

위와 같이 빌드 과정이 끝나면 해당 폴더에 **gpio_interrupt** 실행파일이 만들어지고 아래와 같이 관리자 권한으로 **gpio_interrupt** 파일을 실행한다.

```
$ sudo ./gpio_interrupt                         ← gpio_interrupt 프로그램 수행
0 sec.
1 sec.
Key is pressed                                  ← 키 눌러짐 (인터럽트 함수 수행)
Key is pressed
2 sec.                                          ← 메인 함수가 다시 이어서 수행됨
3 sec.
Key is pressed
4 sec.
5 sec.
6 sec.
```

위 코드에서 키를 처음 눌렀을 때 인터럽트 서비스 함수가 두 번 호출되었다. 아마도 이 부분은 WiringPi 라이브러리의 버그인 듯 보인다. 그 이후부터는 키를 누를 때마다 인터럽트 서비스 함수가 정상적으로 한 번씩만 호출된다.

16.4 PWM 제어

PWM(Pulse Width Modulation)은 펄스 신호의 HIGH 구간과 LOW 구간의 지연시간에 대한 변화를 주는 것이다. 아래 그림은 디지털 신호의 HIGH, LOW 구간의 상대적인 시간 비율을 달리한 펄스파이다. LOW 구간에 대한 HIGH 구간의 시간 비율을 듀티(duty) 비율이라고 부른다. 펄스 신호에 대하여 듀티와 주파수를 달리하면 다양한 PWM 신호를 만들 수 있다.

[그림 16-11] 서로 다른 듀티 비를 가지는 펄스 파형

이러한 PWM 방식은 LED의 밝기 제어, DC모터 속도 제어, LCD 백라이트 제어 및 부저(Buzzer) 제어와 같은 다양한 곳에 적용될 수 있다. 본 내용에서는 DC모터 제어에 PWM을 적용해 보도록 하겠다.

16.4.1 PWM을 이용한 DC 모터 제어

대부분의 DC 모터들은 두 개의 전압 입력단자가 있으며 두 단자를 통하여 모터의 회전속도와 방향을 제어할 수 있다. 모터의 회전 속도는 모터에 입력되는 전압의 세기에 비례한다. 인가되는 전압이 높으면 빠르게 회전하고 전압이 낮으면 느리게 회전한다. 만약 5V로 동작하는 DC 모터를 사용할 경우 5V를 인가하면 가장 고속으로 회전하고 2.5V를 인가하면 중간 속도로 회전하는 것이다. 하지만 디지털 신호의 경우 0(0V)과 1(5V), 두 개의 전기적 신호만 출력할 수 있으므로 0과 1 사이에 있는 전기적 신호를 출력할 수 없다. 즉, 0V와 5V 사이의 전압을 인가할 수 있는 모터에 2.5V는 인가할 수 없는 것이다. 하지만 듀티를 달리한 PWM 신호를 모터에 입력하면 마치 0V와 5V 사이의 전압을 인가한 것과 동일한 효과를 얻을 수 있다. 즉, 50% 듀티를 가진 PWM 신호를 모터에 입력하면 평균 전압인 2.5V 전압을 인가하는 것과 동일한 효과를 낼 수 있는 것이다.

모터의 회전은 PWM 신호의 듀티 외에 주파수와도 관련이 있다. 50% 듀티를 가지는 펄스 신호를 모터에 입력하면 이론적으로 HIGH 구간에서 모터가 회전하다가 LOW 구간에서는 정지한다. 회전과 정지를 반복적으로 수행하는 DC모터의 기계적인 반응보다 충분히 높은 주파수의 PWM 신호를 입력하면 모터가 연속적으로 회전하는 것처럼 동작한다. DC 모터에 입력할 PWM 신호의 주파수는 사람의 가청 주파수인 20kHz 이상으로 설정하는 것이 바람직하다. 주파수가 20kHz 이하인 가청 주파수 대역이면 모터가 회전할 때 소음이 발생할 수도 있다. DC 모터의 입력단자는 두 개이고 두 단자에 전압을 인가할 수 있다. 모터에 인가되는 전압의 방향을 반대로 하면 모터가 반대 방향으로 회전한다. 즉, 모터에 인가되는 전압의 방향에 따라 회전 방향이 결정된다.

모터의 대하여 한 가지 주의할 점은 모터의 동작 전류와 관련이 있다. 모터는 코일을 여러 번 감아서 만들어 놓은 하나의 인덕터(Inductor)이므로 이론적으로는 저항이 0이다. 이런 코일에 전압을 가하는 순간에는 이론적으로 전류가 무한대로 흐른다. 코일에 전류가 흐르면 인덕터 양단에는 전류의 흐름을 방해하는 역 기전력이라고 불리는 전압이 형성되면서 코일에 흐르는 전류는 감소되는 것이다. 이와 같이 모터는 처음 회전하는 순간에 가장 많은 전류를 필요로 한다. 소형 모터라도 종류에 따라 다르겠지만, 회전하기 시작할 때는 수백 mA 이상이 필요할 수도 있다. 아마도 모터를 처음 다루는 엔지니어들은 모터의 두 전압 단자를 CPU 포트에 바로 연결하려 할 수도 있다. 모터의 두 단자를 CPU 포트에 바로 연결하면 모터가 회전하지 않는다. 언급하였듯이 모터가 처음 회전하는 순간 가장 많은 전류가 필요로 하고, CPU에 연결된 각 포트가 공급할 수 있는 전류량은 아마도 10~20mA 정도 될 것으로 생각한다. 대부분의 CPU가 마찬가지이다. 따라서 모터의 두 단자에 CPU 포트를 바로 연결하면 안되고 외부 전원에서 모터에 충분한 전류를 공급할 수 있도록 하고 단지 포트는 PWM을 사용하여 전류량을 제어하거나 전류 공급 on/off를 제어하도록 회로를 구성하여야 한다. 이러한 문제로 인해 모터를 제어할 때는 아래 그림과 같이 트랜지스터를 외부 전원과 연결하여 트랜지스터가 스위치로 사용되도록 하는 경우가 많다.

아래 그림에서는 트랜지스터의 베이스 단에 CPU 포트를 연결하고 이 곳에 PWM 신호를 입력하면 트랜지스터가 PWM 듀티 비율에 맞추어 ON/OFF를 반복하여 결과적으로 모터에 흐르는 전류가 조절되어 모터의 회전 속도를 제어할 수 있는 것이다. 이 회로에서 모터에 입력되는 전류는 외부 전원(Vcc)이 공급하므로 모터에 충분한 전류가 공급될 수 있는 것이다. 그리고 모터와 함께 사용된 다이오드는 freewheeling 다이오드라고 부른다. 모터는 일종의 코일을 감아놓은 것으로 인덕턴스(Inductance, 유도용량)가 존재한다. 모터에 전류가 흐르면 모터 내부에는 전기 에너지가 축적된다. 모터에 전기 에너지가 축적된 상태에서 트랜지스터가 OFF 되면 모터에 축적된 에너지로 인해 트랜지스터가 손상될 수 있다. 이러한 문제점은 [그림 16-12]와 같이 다이오드를 모터와 병렬로 달아서 트랜지스터가 OFF 될 때 모터에 축적된 전류가 트랜지스터에 영향을 주지 않도록 다이오드를 통해 전원 단으로 흘러버리면 트랜지스터는 영향을 받지 않는다.

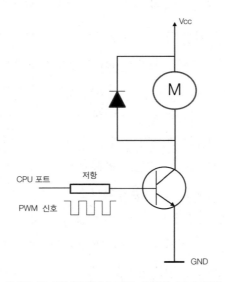

[그림 16-12] 트랜지스터를 사용한 모터 제어

대부분 DC 모터를 제어할 때는 네 개의 FET 혹은 트랜지스터가 H-Bridge 형태로 내장된 모터 드라이버 IC 혹은 드라이버 IC가 내장된 모듈을 많이 사용한다. 이러한 드라이버 IC나 모듈을 사용하면 모터의 속도뿐만 아니라 회전방향까지도 쉽게 제어할 수 있다. 보다 자세한 내용은 관련 매뉴얼을 찾아보도록 한다.

16.4.2 MAX14870 모듈을 사용한 모터 제어

본 내용에서는 테스트를 위해 소형 5V DC 모터를 사용하고 모터의 회전 속도와 방향 제어를 위하여 pololu(www.pololu.com)에서 제작한 MAX14870 모터 드라이버 IC가 사용된 모듈을 사용하도록 하겠다.

MAX14870

[그림 16-13] MAX14870 DC모터 드라이버 모듈

MAX14870 모듈은 라즈베리파이와 아래 그림과 같이 연결하도록 한다. 모듈에 포함된 FAULT 신호는 모터에 과전류가 흐를 때 CPU 쪽으로 인터럽트를 전달할 용도로 사용될 수 있다. FAULT 신호는 Low Active로 동작하는 Open Drain 형태로 되어 있으므로 사용하기 위해서는 외부에 100K옴 정도의 풀업 저항을 사용하여야 한다. 본 내용에서 FAULT 신호는 사용하지 않도록 하겠다.

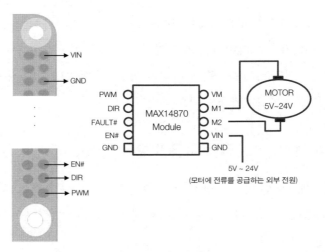

[그림 16-14] 라즈베리파이와 DC 모터 모듈 연결

MAX14870 모듈을 제어하기 위하여 PWM, DIR, EN# 신호들이 라즈베리파이와 연결되어야 하는데 이 신호들은 아래 표와 같이 제어될 수 있다. X 표시는 어떤 값을 가져도 상관없는 don't care 의미이다.

EN#	PWM	DIR	설명
1	X	X	관성으로 정지 (coast)
0	1	0	순방향 (clockwise)
0	1	1	역방향 (counterclockwise)
0	0	X	급정지 (brake)

모듈이 enable 상태(EN#가 0인 경우)이고 PWM에 0이 입력되면 내부적으로 모터 양단에 동일한 전압이 인가되어 모터가 급정지하고, 모듈이 disable 상태(EN# 신호가 1)가 되면 모터 내부에 축적된 전류가 전원 쪽으로 서서히 빠져나가면서 모터는 관성의 힘으로 멈추게 된다.

MAX14870 모듈을 사용하여 소형 DC 모터를 테스트하기 위하여 아래와 같이 파이썬 코드를 작성하고 pwm_test.py로 저장한다.

```
import RPi.GPIO as GPIO
from time import sleep
```

```python
PIN_EN = 16
PIN_DIR = 20
PIN_PWM = 21

pwm_duty = 0
pwm_freq = 5*1000                          # PWM 주파수 (5kHz 설정)

def MotorBrake( ):                         # 모터 급정지 함수
    GPIO.output(PIN_EN, 0)
    p.ChangeDutyCycle(0)

def MotorCoast( ):                         # 모터 중지 함수(관성의 함으로 정지)
    GPIO.output(PIN_EN, 1)

def MotorStart(dir):                       # 모터 방향 설정
    p.ChangeDutyCycle(pwm_duty)
    GPIO.output(PIN_DIR, dir)
    GPIO.output(PIN_EN, 0)

GPIO.setmode(GPIO.BCM)                     # 핀 모드를 BCM 모드로 설정
GPIO.setup(PIN_EN, GPIO.OUT)
GPIO.setup(PIN_DIR, GPIO.OUT)
GPIO.setup(PIN_PWM, GPIO.OUT)

p = GPIO.PWM(PIN_PWM, pwm_freq)
p.start(pwm_duty)

pwm_duty = 70                              # 모터 속도 조정을 위한 듀티 비를 70으로 설정
dir = 0

try:
    while True:
        dir = dir ^ 1                      # 4초마다 모터의 방향을 반전
        MotorStart(dir)
        sleep(3)
```

```
        MotorBrake( )                                  # 모터를 1초 동안 급정지
        sleep(1)

except KeyboardInterrupt:                              # Ctrl+C 키를 누를 경우
    MotorCoast( )
    p.stop( )
    GPIO.cleanup( )
```

위 코드를 실행하면 모터가 4초마다 방향이 반전되는 것을 확인할 수 있다. 모터의 속도를 조정할 경우에는 pwm_duty 변수에 값을 변경한다. 이 변수는 0부터 100까지 값을 가질 수 있으며 값이 클수록 모터에 인가되는 평균 DC 전압이 높아 회전 속도가 빠르다.

모터 제어에 있어서 한 가지 꼭 주의할 사항은 모터의 회전 방향을 급격하게 변경할 경우이다. 앞서 언급하였듯이 모터가 회전할 때는 모터에 전기 에너지가 축적된다. 전기 에너지가 축적된 상태에서 모터의 방향을 급격히 반대 방향으로 회전시키면 모터 드라이버 IC가 손상될 수 있다. 이 경우 모터를 반대 방향으로 회전시키기 전에 모터를 잠시 동안이라도 멈춰서 모터에 축적된 전기 에너지가 방출될 수 있는 시간을 주어야 한다. 모터에 축적된 전기 에너지가 모두 방출된 다음 모터를 반대 방향으로 회전 시키는 것이 안전하다. 위 코드에서는 시연 목적으로 1초를 주었지만 MAX14870 칩은 내부에 freewheeling 다이오드가 내장되어 있으므로 이보다 더 짧은 100msec를 주어도 충분하다고 판단된다. 이러한 정지 시간은 사용하려는 모터와 드라이버 IC를 따라 결정하면 된다.

위 예제 코드에서 사용한 RPi.GPIO 라이브러리의 경우 현 시점에서는 소프트웨어 PWM만 지원되고 하드웨어 PWM은 아직 지원되지 않는다. 하드웨어 PWM이란 CPU 내부에 PWM 출력을 관할하는 컨트롤러의 레지스터 설정에 따라 원하는 주파수로 설정된 PWM 신호가 하드웨어적으로 발생되므로 정확한 주파수의 PWM 출력이 가능하지만 소프트웨어 PWM이란 LED 제어와 동일한 방법으로 GPIO 출력이 소프트웨어에 의해 시간에 따라 제어되므로 다른 소프트웨어들과 함께 동작되는 멀티 태스킹 환경에서는 정확한 시점에 GPIO 출력제어가 보장되기 어렵다. 따라서, GPIO 출력 기반의 소프트웨어 PWM에서는 시간에 따른 오차가 발생하고 주파수가 높을수록 오차 비율은 더 커질 수 밖에 없다. 위 코드에서는 5kHz의 PWM 주파수를 설정하였지만 실제로 오실로스코

프로 확인해 보면 약 3kHz 정도의 주파수가 출력되고 있다.

하드웨어 PWM을 사용하면 높은 주파수 출력이 가능하고 정확한 듀티비율을 가지는 PWM 신호를 출력할 수 있지만 아직은 해당 라이브러리에서 지원되지 않으므로 제한된 사용을 할 수 밖에 없다. 인터넷을 통한 검색을 해 보면 하드웨어 PWM이 가능한 예제를 찾을 수 있지만 본 내용에서는 다루지 않도록 한다.

16.5 SPI 제어

SPI(Serial Peripheral Interface)는 여러 데이터 통신 방식들 중에 하나로 UART (universal asynchronous receiver/transmitter)처럼 시리얼 기반으로 데이터를 송수신한다. 두 개의 신호로 구성된 UART와 달리 네 개의 신호로 구성되어 있다.

구분	SPI	UART
신호선	/CE, CLK, MOSI, MISO	TX, RX
방식	동기식	비동기식
통신 속도	송신장치에서만 지정	송수신 장치 약속
마스터/슬레이브	클록 발생 장치가 마스터가 됨	마스터/슬레이브 개념 없음
1:N 통신	가능	1:1 통신만 가능

UART 방식과 큰 차이점은 데이터를 비동기 방식이 아닌 동기 방식으로 송수신한다. 통신에서 동기의 의미는 데이터를 송수신할 때 데이터의 각 비트를 함께 전송되는 클록 신호에 맞추어 송수신한다는 의미이다. 따라서 SPI 통신에는 UART와 달리 클록 신호가 포함되어 있다. 데이터를 전송할 때 송신 측으로부터 클록 신호가 함께 전송되므로 수신 측에서는 클록의 상승 에지 혹은 하강 에지 시간에 수신 신호의 상태를 읽으면 되는 것이다. 따라서 송신 측과 수신 측에서는 보레이트와 같은 통신 속도를 약속할 필요가 없어진다.

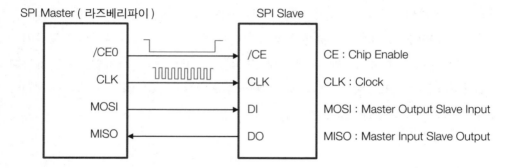

[그림 16-15] 마스터와 슬레이브 사이의 SPI 연결

SPI에서는 마스터, 슬레이브 개념이 있으며 클록을 발생시키는 장치가 마스터가 되고 클록을 받는 장치가 슬레이브가 된다. 마스터 장치에서 생성되는 SPI 클록은 보통 20~40MHz 정도로 설정될 수 있으므로 상당히 고속으로 데이터 통신이 이루어질 수 있다. 장치와 1:1로 통신하는 UART 방식과 달리 SPI에서는 하나의 마스터가 다수의 슬레이브들과 통신할 수 있다. 여러 슬레이브 장치와 통신하기 위해서는 [그림 16-16]와 같이 CLK, MOSI, MISO 신호는 슬레이브 장치들이 공용으로 사용하고 /CE 신호만 각 슬레이브 장치에 하나씩 따로 연결해주면 된다.

라즈베리파이에서는 두 개의 SPI 채널이 있으며 각 채널의 CLK, MISO, MOSI 신호는 공통적으로 사용하고 /CE 신호가 각 채널마다 따로 있어 SPI_CE0, SPI_CE1 두 개의 칩 선택 신호가 존재한다. 클록과 데이터 신호들이 여러 슬레이브 장치들에 의해 공유되므로 통신을 정상적으로 수행하기 위해서는 오직 하나의 /CE 신호만 활성화되어야 한다. SPI에서 /CE 신호는 LOW 레벨이 활성화되는 구간이므로 통신이 시작될 때는 HIGH에서 LOW로 전이되고 통신이 종료되면 다시 LOW에서 HIGH로 전이되어야 한다. /CE 신호가 HIGH로 입력되는 장치는 하이임피던스(High-Z) 상태가 되므로 버스에 연결되어 있는 다른 슬레이브 장치에 전기적 영향을 주지 않는다.

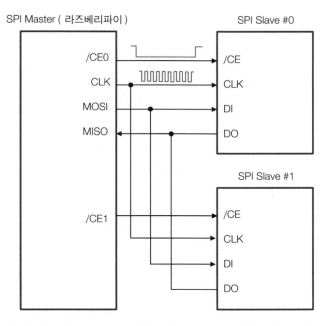

[그림 16-16] 하나의 마스터 장치와 두 개의 슬레이브 장치들 사이의 SPI 통신

SPI 통신에서 데이터를 송수신할 때는 함께 전송되는 클록 신호에 맞추어 통신한다. 클록 신호의 극성(CPOL)과 위상(CPHA)에 따라 네 가지의 전송 모드가 존재한다. 마스터 장치에서는 사용되는 슬레이브 장치에 맞추어 전송 방식을 결정해야 한다.

CPOL, CPHA	평상시 클록 상태	데이터 읽는 시점
0, 0	LOW	클록의 상승 에지
0, 1	LOW	클록의 하강 에지
1, 0	HIGH	클록의 하강 에지
1, 1	HIGH	클록의 상승 에지

SPI 버스 구조상 슬레이브 장치가 마스터 장치에게 데이터를 전송하려고 해도 임의로 전송할 수는 없다. 클록 신호는 오직 마스터 장치만이 발생시킬 수 있기 때문에 마스터 장치가 발생시키는 클록 신호가 슬레이브 장치로 입력될 때만 슬레이브로부터 마스터 장치로 데이터 전송이 가능하다. 이러한 문제점을 해결하기 위해 대부분의 SPI 장치에서는 [그림 16-17]처럼 네 개의 SPI 신호들과 별개로 인터럽트 신호가 따로 존재한다. 슬레

이브 장치가 긴급하게 데이터를 전송할 시점에는 마스터로 인터럽트 신호를 활성화시킨다. 마스터 장치가 인터럽트 신호를 확인하면 더미(dummy) 데이터를 전송하여 클록 신호가 슬레이브 장치로 입력되도록 한다. 슬레이브 장치는 입력되는 클록 신호에 동기화시켜 보내려는 데이터를 마스터 장치로 전송하게 된다.

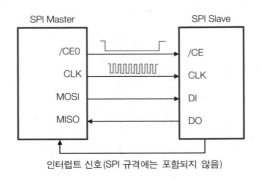

[그림 16-17] SPI 신호와 별도로 구성된 인터럽트 신호

16.5.1 라즈베리파이에서의 SPI 사용

라즈베리파이에는 두 개의 SPI 채널이 있다. [그림 16-18]과 같이 GPIO 확장 핀에 두 채널의 신호들이 포함되어 있다. 네 개의 SPI 신호들 중에서 CLK, MOSI, MISO 세 개의 신호들은 공유된다. 두 채널에서는 /CE 신호만 따로 사용한다.

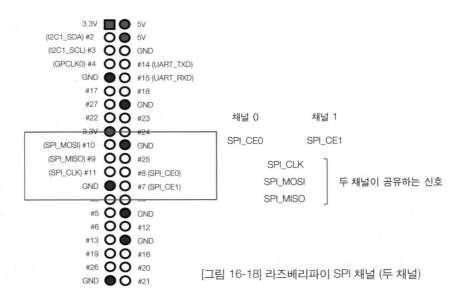

[그림 16-18] 라즈베리파이 SPI 채널 (두 채널)

16.5.2 BMP280 모듈 제어 (온도 및 기압 센서)

이번 내용에서는 SPI 통신을 테스트하기 위하여 보쉬(Bosch) 사에서 개발한 BMP280 센서가 사용된 모듈을 사용하도록 하겠다. BMP280 모듈은 아래 그림과 같이 에이다프루트에서 제작하였으며 국내에서도 쉽게 구할 수 있다. BMP280 센서는 온도와 기압을 측정할 수 있으며 기압이 측정되면 결과적으로 해수면에서의 높이가 계산될 수 있다.

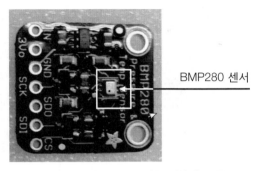

[그림 16-19] BMP280 (온도/기압) 모듈

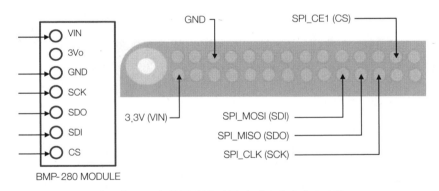

[그림 16-20] BMP-280 모듈과 라즈베리파이 연결

라즈베리파이와 BMP280 모듈과의 결선은 [그림 16-20]처럼 연결하도록 한다. 라즈베리파이에는 두 개의 SPI 채널이 있는 데, 그중에서 두 번째(1번) 채널을 사용하도록 한다. BMP280 모듈에 있는 7개의 핀들 중에서 3V를 출력하는 두 번째 핀을 제외한 나머지 핀들을 모두 사용한다. BMP280 모듈 1번은 전원 핀으로 반드시 3.3V 전원을 인가하도록 한다. 만약 5V를 인가하면 I/O 전압이 5V가 되고 결과적으로 라즈베리파이 확장 핀에 5V가 인가될 수 있으므로 보드의 손상이 있을 수 있다.

본 내용에서는 BMP280 모듈로부터 온도와 기압 정보를 추출한다. 센서를 정밀하게 제어하기 위해서는 센서 내부에 있는 여러 레지스터들이 제어되어야 하지만 본 내용에서는 온도와 기압을 추출하기 위해 꼭 필요한 레지스터들만 아래와 같이 사용하도록 하겠다. 센서 내부 레지스터들에 대한 보다 자세한 내용은 BMP280 매뉴얼을 참고하기 바란다.

주소	레지스터 이름	설명
0xFA ~ 0xFC	temp_msb/lsb/xlsb	온도 정보 (20 bit)
0xF7 ~ 0xF9	press_msb/lsb/xlsb	기압 정보 (20 bit)
0xF4	ctrl_meas	데이터 추출에 대한 설정
0xE0	reset	리셋
0xD0	id	디바이스 정보 (0x58)
0x88 ~ 0x9F	calibration value	온도와 기압에 대해 미리 교정된 값

(1) 파이썬을 이용한 장치 제어

라즈베리파이에서 파이썬을 사용하여 SPI 통신을 하기 위한 과정을 살펴보도록 하자. 통신을 위해서는 py-spidev 모듈을 사용할 것이다. py-spidev 모듈을 설치하는 과정부터 알아보도록 하자.

1. SPI를 사용하기 위한 설정

```
$ sudo raspi-config
```

raspi-config 설정에서 9. Advanced Options → A5. SPI → Enable 설정하여 SPI 활성화

```
$ sudo reboot   (라즈베리파이 재시작)
```

2. 모듈 개발에 필요한 헤더파일과 라이브러리들이 포함된 python-dev 모듈 설치

사용하려는 파이썬 버전에 맞추어 다음과 같이 설치

```
$ sudo apt-get install python-dev                    (파이썬 2.x를 사용할 경우)
$ sudo apt-get install python3-dev                   (파이썬 3.x를 사용할 경우)
$ sudo apt-get install python-dev python3-dev        (모두 설치할 경우)
```

3. py-spidev 소스 다운로드

```
$ git clone https://github.com/doceme/py-spidev.git
```

사용자 홈 폴더 아래 py-spidev 폴더가 생성되면서 관련 파일들이 다운로드 됨.

4. 다운로드된 소스에 대한 빌드

```
$ cd py-spidev                       (다운받은 소스가 있는 폴더로 이동)
$ make all                           (다운받은 소스를 빌드)
```

make all 명령을 수행하면 해당 폴더 아래에 있는 Makefile이 선택되어 수행

빌드가 되지 않거나 파이썬 3.x를 사용할 경우에는 Makefile 내용을 아래처럼 수정

```
PYTHON ?= python → PYTHON ?= python3        (파이썬 2.x로 기본 설정되어있음)
```

5. 장치파일 확인

마지막으로 SPI 장치를 사용하기 위한 장치파일들이 있는지 /dev 폴더 내용 확인.

```
$ ls -al /dev
. . .
crw-rw----  1 root spi     153,  0  9월  7 11:59 spidev0.0
crw-rw----  1 root spi     153,  1  9월  7 11:59
```

위 장치파일들이 없으면 sudo raspi-config 명령을 사용하여 spi 장치를 활성화

py-spidev 모듈을 설치하였으므로 BMP280 센서 내부로부터 온도와 기압 정보를 읽어 오는 파이썬 코드를 아래와 같이 구현하고 bmp280.py라는 이름으로 저장한다.

```python
import spidev, time                    # spidev 모듈 및 time 모듈 추가

dig_T = [ ]                            # 빈 리스트 생성(온도 교정 값)
dig_P = [ ]                            # 빈 리스트 생성(온도 교정 값)

def ReadReg(addr):                    # 센서 내부 레지스터를 읽는 함수
    addr = addr | 0x80                # 레지스터를 읽기 위해서는 MSB를 '1'로 설정
    dummy = 0xFF
    val = spi.xfer2([addr,dummy])     # 두 개의 데이터 전송하므로 두 개의 데이터 수신
    return val[1]                     # 두 번째 데이터가 유효함

def ResetDevice( ):                   # 센서를 리셋
    addr = 0xE0 & ~ 0x80              # 레지스터에 값을 쓰기 위해서 MSB를 '0'으로 설정
    data = 0xB6
    spi.xfer2([addr,data])

def ReadTempPressure( ):              # 온도와 기압을 읽는 함수
    adc_T = (ReadReg(0xFA) << 12) | (ReadReg(0xFB) << 4) | ReadReg(0xFC)
    adc_P = (ReadReg(0xF7) << 12) | (ReadReg(0xF8) << 4) | ReadReg(0xF9)

    # calculate temperature
    var1 = (adc_T/16384 - dig_T[0]/1024) * dig_T[1]
    var2 = pow(adc_T/131072 - dig_T[0]/8192, 2) * dig_T[2]
    t_fine = var1 + var2
    temp = (var1 + var2) / 5120

    # calculate pressure
    var1 = t_fine/2 - 64000
    var2 = var1 * var1 * dig_P[5]/32768
    var2 = var2 + var1 * dig_P[4] * 2
    var2 = var2/4 + dig_P[3] * 65536
    var1 = (dig_P[2] * var1 * var1 / 524288 + dig_P[1] * var1) / 524288
    var1 = (1 + var1/32768) * dig_P[0]
    if var1 == 0:
        print('var1 should not be zero')
```

```
        return [0, 0]

    p = 1048576 - adc_P
    p = (p - var2/4096) * 6250 / var1
    var1 = dig_P[8] * p * p / 2147483648
    var2 = p * dig_P[7] / 32768
    p = p + (var1 + var2 + dig_P[6])/16

    return [temp, p]

def ReadCalibrationData( ):
    # Read Calibration Data for Temperature
    dig_T.append ( (ReadReg(0x89) << 8) | ReadReg(0x88) )      # dig_T[0]
    dig_T.append ( (ReadReg(0x8B) << 8) | ReadReg(0x8A) )      # dig_T[1]
    dig_T.append ( (ReadReg(0x8D) << 8) | ReadReg(0x8C) )      # dig_T[2]

    # Read Calibration Data for Pressure
    dig_P.append ( (ReadReg(0x8F) << 8) | ReadReg(0x8E) )      # dig_P[0]
    dig_P.append ( (ReadReg(0x91) << 8) | ReadReg(0x90) )      # dig_P[1]
    dig_P.append ( (ReadReg(0x93) << 8) | ReadReg(0x92) )      # dig_P[2]
    dig_P.append ( (ReadReg(0x95) << 8) | ReadReg(0x94) )      # dig_P[3]
    dig_P.append ( (ReadReg(0x97) << 8) | ReadReg(0x96) )      # dig_P[4]
    dig_P.append ( (ReadReg(0x99) << 8) | ReadReg(0x98) )      # dig_P[5]
    dig_P.append ( (ReadReg(0x9B) << 8) | ReadReg(0x9A) )      # dig_P[6]
    dig_P.append ( (ReadReg(0x9D) << 8) | ReadReg(0x9C) )      # dig_P[7]
    dig_P.append ( (ReadReg(0x9F) << 8) | ReadReg(0x9E) )      # dig_P[8]

    # the type of dig_T[0] should be unsigned short
    for k in range (1, len(dig_T) ):
        if dig_T[k] >= 32768:
            dig_T[k] = -65536 + dig_T[k]

    # the type of dig_P[0] should be unsigned short
    for k in range(1, len(dig_P) ):
```

```python
        if dig_P[k] >= 32768:
            dig_P[k] = -65536 + dig_P[k]

def SetCtrlMeasure( ):                      # 샘플링 및 동작 모드 설정
    addr = 0xF4 & ~ 0x80
    data = (0x2 << 5) | (0x2 << 2) | 0x3
    spi.xfer2([addr,data])

def ReadDeviceID( ):                        # 디바이스 정보 읽음(0x58이 읽혀져야 함)
    id = ReadReg(0xD0)
    return id

spi=spidev.SpiDev( )                        # SPI 통신을 위한 객체 생성
spi.open(0, 1)                              # 0번 버스 및 1번 채널 선택

spi.max_speed_hz = 1*1000*1000              # SPI CLOCK : 1MHz
spi.mode = 0                                # spi mode(0), mode 3도 가능

ResetDevice( )
time.sleep (0.01)

SetCtrlMeasure( )
time.sleep (0.01)

ReadCalibrationData( )                      # 레지스터에 저장된 교정 데이터를 읽음

try :
    while True:
        [temp, pressure] = ReadTempPressure( )
        print (round (temp,2), '℃', '\t', end='')
        print (round (pressure), 'Pa', '\t')
        time.sleep(1)

except KeyboardInterrupt:
    print('SPI is closed')
    spi.close( )
```

위 코드에서 온도와 기압 관련 데이터를 레지스터로부터 추출한 다음 교정 데이터를 사용하여 온도와 기압을 구하는 ReadTempPressure 함수의 동작은 BMP280 매뉴얼을 참고하기 바란다.

파이썬 코드를 위와 같이 작업 후 실행시키면 아래와 같이 1초 간격으로 온도와 기압정보가 표시된다.

```
pi@raspberrypi:~ $ python3 bmp280.py
21.75 °C          100640 Pa
21.75 °C          100635 Pa
21.76 °C          100663 Pa
21.76 °C          100642 Pa
21.76 °C          100655 Pa
21.76 °C          100660 Pa
21.75 °C          100636 Pa
21.75 °C          100657 Pa
21.76 °C          100663 Pa
```

[그림 16-21] 온도와 기압 정보를 읽어오는 파이썬 코드 실행화면

py-spidev 모듈 사용방법

SPI통신에 사용하였던 py-spidev 모듈 사용방법은 어렵지 않다. 먼저 객체를 생성하고 장치를 연 다음 읽고 쓰는 동작을 수행하고 마지막에는 장치를 닫는 동작으로 구성된다.

- spi 객체 생성

  spi=spidev.SpiDev( )   ← spi는 객체를 지시하는 변수

- 장치열기

  spi.open(0, 1)   ← (0번 버스와 1번 채널 열기)
  라즈베리파이에는 0번 버스만 있고 0번 버스에 0번과 1번 채널이 있음

- 장치닫기

  spi.close( )

- 클록속도 설정
  spi.max_speed_hz

- 전송모드 설정
  spi.mode
  극성과 위상에 따른 네 가지 선택 모드들 중에서 하나를 선택
  사용하려는 SPI 장치에 맞는 모드를 선택

- 데이터 쓰기

    spi.xfer2 ([a, b])   ← a, b 변수 값을 리스트 형태로 차례로 전송

    spi.xfer2 ([a, b, c])   ← a, b, c 변수 값을 리스트 형태로 차례로 전송

- 데이터 읽기

    data = spi.xfer2 ([a, b])   ← 두 개의 항목을 가진 리스트 형태로 반환

    data = spi.xfer2 ([a, b, c])   ← 세 개의 항목을 가진 리스트 형태로 반환

SPI 통신에서는 데이터를 읽는 동작은 데이터를 쓰는 동작과 동시에 일어난다. 데이터를 읽기 위해서는 클록 신호가 SPI 슬레이브 장치로 전송되어야 하고 SPI 슬레이브 장치는 수신된 클록 신호에 맞추어 데이터를 마스터 장치로 전송한다. 마스터 장치에서는 데이터를 전송해야만 클록 신호가 발생되므로 읽는 동작을 위해서는 필요 없는 dummy 데이터를 전송해야만 한다. dummy 데이터를 전송하는 이유는 오직 클록신호를 슬레이브 장치로 보내기 위함이다. 클록신호가 슬레이브 장치로 전송되어야만 슬레이브가 데이터를 전송할 수 있기 때문이다. 결과적으로 SPI 버스를 통한 데이터를 읽거나 쓰기 위한 동작은 하나의 함수로 구현할 수 있는 것이다.

예를 들어서 슬레이브 장치의 내부 레지스터들 중에서 주소가 0xD0인 레지스터 값을 읽어보도록 하자. 마스터에서 슬레이브 장치로 0xD0를 먼저 전송한다. 0xD0 값을 수신한 슬레이브 장치는 해당 레지스터의 값을 읽어서 전송할 수 없다. 이유는 슬레이브 장치 스스로 클록 신호를 발생시킬 수 없기 때문이다. 앞서 언급하였듯이 SPI는 동기식 방식이라서 데이터 송수신에 반드시 클록신호가 필요하다. 클록신호에 맞추어 데이터 송수신이 발생되므로 UART처럼 통신속도를 약속할 필요가 없어지는 것이다. 따라서 주소가 0xD0인 레지스터 값이 마스터로 전송되기 위해서는 클록신호가 슬레이브 장치로 전송되어야 하므로 마스터에서는 클록신호 발생 목적으로 dummy 데이터를 전송하는 것이다. 결과적으로 마스터에서는 0xD0와 dummy 데이터가 포함된 두 바이트를 전송하기 위해 val=spi.xfer2([0xD0, dummy])를 수행하고 이 코드가 수행되면 하드웨어적으로 두 바이트에 해당하는 16개의 클록신호가 발생되면서 MOSI 신호를 통해 0xD0와 dummy 데이터가 슬레이브 장치로 전송된다. 슬레이브 장치는 0xD0 레지스터의 값을 읽어서 dummy 데이터와 함께 전송되는 클록신호에 맞추어 그 값을 전송하게 된다. 따라서 마스터 장치에는 두 바이트가 수신되는 데, 첫 번째는 의미 없는 데이터이고 두 번째 수신된 데이터가

바로 슬레이브 장치가 전송한 데이터가 되는 것이다. 첫 번째 의미 없는 데이터는 슬레이브 장치가 직접 보낸 데이터가 아닌 버스의 상태가 읽혀진 것이다. 왜냐하면 마스터 입장에서는 슬레이브 장치가 보낸 것인지 여부를 알 수 없기 때문이다.

만약 val=spi.xfer2([a, b, c]) 코드가 수행되면 슬레이브 장치로 클록신호 발생과 더불어 a, b, c 데이터가 차례로 전송됨과 동시에 세 바이트가 차례로 수신되어 변수 val는 세 개의 항목을 가진 리스트 객체를 참조하게 된다.

SPI 통신이 정상적으로 동작하고 있는 지에 대한 판단은 디바이스 ID 정보를 읽어보는 것이 가장 쉽다. BMP280뿐만 아니라 다른 장치에 대해서도 동일하게 적용된다. 대부분의 장치가 고유의 정보를 가지고 있기 때문이다. BMP280의 경우에는 위 코드처럼 ReadDeviceID 함수를 호출하였을 때 0x58 값이 반환되면 SPI는 정상적으로 동작하고 있다고 할 수 있다. 디바이스 ID에 대한 정보는 매뉴얼을 참고하기 바란다.

(2) WiringPi를 이용한 장치 제어

이번에는 C언어 기반으로 BMP280을 제어하는 방법을 살펴보도록 하자. 사용할 라이브러리는 앞서 설치한 WiringPi를 사용하고 라이브러리에 포함된 SPI 관련 함수는 아래와 같은 두 개의 함수만을 사용하도록 한다.

1. 장치설정

```
int wiringPiSPISetupMode(int channel, int speed, int mode)
```

channel : SPI 채널 번호
speed : SPI 클록 속도
mode : SPI 전송 모드
반환값 : 디바이스에 대한 파일 디스크립터(-1을 반환하면 오류 발생)

2. 데이터 송수신

```
int wiringPiSPIDataRW(int channel, unsigned char *buf, int len)
```

channel : SPI 채널 번호

buf : 전송할 데이터가 포함된 버퍼의 주소(수신되는 데이터가 덮어 쓰여짐)

len : 버퍼에 포함된 전송할 데이터의 바이트 단위의 크기

반환값 : 수신된 데이터의 바이트 수

앞서 언급하였듯이 SPI 통신에서는 전송과 수신이 동시에 발생된다. 데이터를 수신하려면 필요 없는 데이터라도 전송하여 클록을 발생시켜야 하는 것이다. WiringPi SPI 라이브러리에서는 데이터를 전송할 때와 수신할 때 모두 wiringPiSPIDataRW 함수가 사용된다. 수신된 데이터는 wiringPiSPIDataRW 함수의 매개변수인 buf 위치에 쓰여진다.

int wiringPiSPIDataRW(int channel, unsigned char *buf, int len) 함수의 동작을 좀 더 살펴보면 두 번째 매개변수와 세 번째 매개변수는 각각 전송할 데이터가 포함된 주소와 바이트 단위의 길이 정보를 의미한다. 이 함수를 수행하면 SPI 특성 상 데이터 전송과 더불어 수신도 동시에 발생된다. 즉, 3 바이트를 전송하면 결과적으로 3 바이트가 수신되고 수신된 바이트는 두 번째 매개변수인 buf가 지시하는 위치에 새롭게 기록된다. 반환 값은 수신된 바이트 수이다.

이와 같이 SPI 구조에서는 데이터를 수신만 하려도 데이터를 전송하여야 한다. 이때 전송되는 데이터는 클록신호 발생 목적으로 전송되는 dummy인 것이다.

지금부터는 WiringPi의 SPI 라이브러리를 사용하여 아래와 같이 C 코드를 작업하여 테스트해 보도록 하겠다.

```c
#include <stdio.h>
#include <math.h>
#include <wiringPiSPI.h>

int gCh = 1;
int gSpeed = 1 * 1000 * 1000;
int gMode = 0;

short gDigT[3] = {0, };
short gDigP[9] = {0, };

unsigned char ReadReg(int ch, unsigned char addr)
{
```

```
    unsigned char buf[2];
    buf[0] = addr | 0x80;
    buf[1] = 0xFF;                                    // dummy data

    wiringPiSPIDataRW (ch, buf, sizeof (buf) );        // 수신 데이터는 buf에 기록됨
    return buf[1];
}

unsigned char ReadDeviceID (int ch)
{
    return ReadReg (ch, 0xD0);
}

void ResetDevice (int ch)
{
    unsigned char buf[2];
    buf[0] = 0xE0 & ~ 0x80;
    buf[1] = 0xB6;

    wiringPiSPIDataRW (ch, buf, sizeof (buf) );
}

void SetCtrlMeasure (int ch)
{
    unsigned char buf[2];
    buf[0] = 0xF4 & ~ 0x80;
    buf[1] = (0x2 << 5) | (0x2 << 2) | 0x3;

    wiringPiSPIDataRW (ch, buf, sizeof (buf) );
}

void ReadCalibrationData (int ch)
{
    int k;
    unsigned char addr;
```

```c
    // Read Calibration Data for Temperature
    for(k=0, addr=0x88; k < 3; k++, addr+=2)
        gDigT[k] = (ReadReg(ch, addr+1) << 8) | ReadReg(ch, addr);

    // Read Calibration Data for Pressure
    for(k=0, addr=0x8E; k < 9; k++, addr+=2)
        gDigP[k] = (ReadReg(ch, addr+1) << 8) | ReadReg(ch, addr);
}

void ReadTempPressure(int ch, float * temp, float * pressure)
{
    int adc_t, adc_p;
    float var1, var2, t_fine, p;

    adc_t = (ReadReg(ch, 0xFA) << 12) | (ReadReg(ch, 0xFB) << 4) | ReadReg(ch, 0xFC);
    adc_p = (ReadReg(ch, 0xF7) << 12) | (ReadReg(ch, 0xF8) << 4) | ReadReg(ch, 0xF9);

    var1 = (adc_t/16384.0 - (unsigned short)gDigT[0]/1024.0) * gDigT[1];
    var2 = pow(adc_t/131072.0 - (unsigned short)gDigT[0]/8192.0, 2) * gDigT[2];
    t_fine = var1 + var2;

    *temp = t_fine / 5120.0;

    var1 = t_fine/2.0 - 64000;
    var2 = var1 * var1 * gDigP[5]/32768.0;
    var2 = var2 + var1 * gDigP[4]*2.0;
    var2 = var2/4.0 + gDigP[3]*65536.0;
    var1 = (gDigP[2] * var1 * var1/524288.0 + gDigP[1]*var1)/524288.0;
    var1 = (1 + var1/32768.0) * (unsigned short)gDigP[0];
    p = 1048576 - adc_p;

    if(var1 == 0.0)
    {
        printf("var1 should not be zero \r\n");
        *temp = 0.0;   *pressure = 0.0;
```

```c
        return;
    }
    p = (p - var2/4096.0) * 6250 / var1;
    var1 = gDigP[8] * p * p / 2147483648.0;
    var2 = p * gDigP[7] / 32768.0;
    p = p + (var1 + var2 + gDigP[6])/16.0;

    *pressure = p;
}
void main( )
{
    int ch, speed, b, k;
    unsigned char device_id;

    ch = gCh;

    speed = gSpeed;

    b = wiringPiSPISetupMode(ch, speed, gMode);
    if(b == -1)
    {
        printf("SPI Setup failed \r\n");
        return;
    }

    ResetDevice(ch);        delay(10);
    SetCtrlMeasure(ch);     delay(10);
    ReadCalibrationData(ch);

    while(1)
    {   float temp, pressure;
        ReadTempPressure(ch, &temp, &pressure);

        printf("%5.2f ° C \t", temp);
        printf("%d Pa \r\n", (int)pressure);
```

```
    delay(1000);
  }
}
```

위 코드에서 온도와 기압 관련 데이터를 레지스터로부터 추출한 다음 교정 데이터를 사용하여 온도와 기압을 구하는 ReadTempPressure 함수의 동작은 BMP280 매뉴얼을 참고하기 바란다.

위 코드를 작성하여 bmp280.c 이름으로 작성 후 아래와 같이 WiringPi 라이브러리와 수학 연산 라이브러리를 포함하여 빌드하고 실행한다.

```
$ gcc -o bmp280 bmp280.c -lwiringPi -lm
$ sudo ./bmp280
```

코드를 실행하면 [그림 16-22] bmp280 실행화면과 같이 1초 간격으로 온도와 기압정보가 표시되는 것을 확인할 수 있다.

```
pi@raspberrypi:~ $ ./bmp280
21.69 °C          100823 Pa
21.69 °C          100797 Pa
21.69 °C          100819 Pa
21.74 °C          100830 Pa
21.70 °C          100803 Pa
21.69 °C          100823 Pa
21.69 °C          100800 Pa
21.70 °C          100822 Pa
21.70 °C          100802 Pa
```

[그림 16-22] bmp280 실행화면

16.6 I2C 제어

I2C는 SPI와 마찬가지로 하나의 마스터 장치와 여러 슬레이브 장치들간의 데이터를 송수신하기 위한 통신 방식들 중에 하나이다. 이 통신 방식은 UART, SPI와 더불어 임베디드 시스템에 많이 사용된다. I2C 방식의 디바이스들은 센서, EEPROM 등 여러 종류들이 있다.

I2C는 SPI와 달리 클록과 데이터 오직 두 개의 신호로만 구성된다. 클록은 마스터 장치에서 슬레이브 장치로 출력되고 데이터는 하나의 신호 선으로 양방향 통신이 이루어진다.

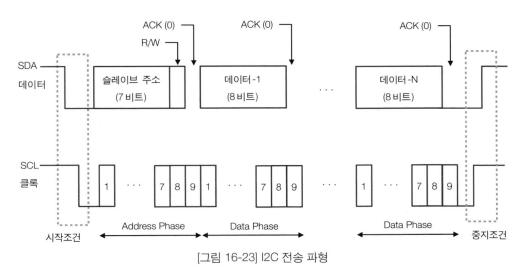

[그림 16-23] I2C 전송 파형

[그림 16-23]는 I2C 전송 파형을 나타내는 것으로 SCL(클록) 신호는 마스터에서 출력되는 신호이고 SDA(데이터)는 양방향 신호로 마스터가 출력할 수도 있고 슬레이브가 출력할 수도 있다. I2C 기반의 전송은 주소 전송 구간과 한 바이트를 전송하는 데이터 전송 구간으로 나누어진다. 여러 바이트를 전송하면 데이터 전송 구간은 여러 구간이 될 수 있다. 데이터 전송 구간은 마스터가 송신하거나 혹은 슬레이브가 송신할 수 있는 구간이다.

마스터 장치는 주소 전송 구간과 데이터 전송 구간의 마지막 비트 위치에서는 항상 슬레이브로부터 응답을 기다리고 응답이 오면 다음 전송을 시작한다. 만약 응답이 오지 않으면 내부적으로 타임아웃이 발생되어 오류 처리되도록 구성되어 있다. 주소 전송구간에 전송된 주소를 가진 슬레이브 장치는 응답 신호로 반드시 0을 출력해야 한다.

주소 전송 구간에서는 7비트로 구성된 슬레이브 장치의 주소와 데이터 읽기 쓰기 정보를 차례로 전송하고 9번째 클록에서는 슬레이브로부터 응답이 올 때까지 기다린다. 슬레이브로부터 응답이 오면 주소 전송 구간의 8번째 비트에 따라 데이터 전송 구간에서는 8비트의 데이터를 읽거나 쓰고 9번째 클록에서는 슬레이브로부터 응답을 기다린다. 응답이 오면 다음 전송이 시작된다.

I2C 마스터 장치에서 사용되는 클록은 보통 100kHz 정도를 사용하므로 고속 데이터 통신에는 적합하지 않다. I2C 통신은 고속 데이터 통신 용도보다 데이터양이 많지 않는 장치 제어 목적으로 주로 사용된다.

[그림 16-24]에는 마스터 장치와 여러 슬레이브 장치들이 I2C 버스로 연결되어 있는 것을 보여주고 있다. 마스터 장치는 라즈베리파이가 되고 슬레이브 장치들은 각종 센서, EEPROM 등 여러 장치들이 될 수 있다.

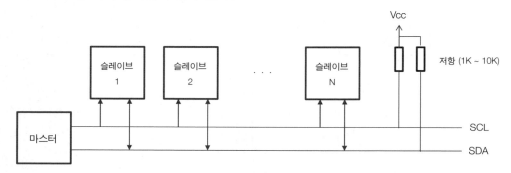

[그림 16-24] I2C 버스에 하나의 마스터와 연결된 여러 슬레이브 장치들

[그림 16-24]에는 저항이 Vcc 전원 단에 연결되어 있다. 이렇게 Vcc 전원 단에 연결되어 있는 저항을 풀업(pull up) 저항이라고 부른다. 대부분의 I2C 회로를 분석해보면 풀업 저항이 사용되고 있다. 풀업 저항을 사용하여 버스의 전기적 상태를 HIGH로 만들어 마스터 장치의 제어 없이 통신이 시작되지 않도록 한다. 그리고 SCL, SDA 버스 신호와 연결된 장치의 내부 회로가 오픈 컬렉터(Open Collector) 혹은 오픈 드레인(Open Drain) 방식으로 되어 있다. 이러한 방식에서는 컬렉터 혹은 드레인이 IC 외부에 노출되어 있어서 LOW 출력은 가능하지만 HIGH를 출력할 수는 없다. HIGH 신호는 풀업저항을 통한 외부 전원으로 대체하는 것이다. 이러한 방식을 사용하면 마스터 장치에서 사용하는 전압과 슬레이브 장치에서 사용하는 전압이 달라도 통신을 할 수 있다. 예를 들면 3.3V 전압을 사용하는 라즈베리파이와 5V를 사용하는 I2C 방식의 센서 장치가 서로 데이터 통신을 할 수 있다는 것이다.

주소 전송구간이 7비트로 구성되어 있으므로 I2C 버스에는 최대 128개의 슬레이브 장치들이 하나의 버스에 연결될 수 있으며, 각 슬레이브 장치들은 고유의 주소를 가져야 한다. 따라서 마스터 장치에서 특정 슬레이브 장치와 통신을 하려면 해당 장치의 주소를 알고 그 주소 정보를 버스에 실어 보내야 한다.

16.6.1 라즈베리파이에서의 I2C 사용

[그림 16-25]와 같이 라즈베리파이 확장 핀 좌측 상단에 하나의 I2C 채널이 있다. 하나의 채널만 있지만 I2C 버스 구조상 버스 하나에 최대 128개의 슬레이브 장치들을 연결할 수 있으므로 하나의 채널만 있어도 큰 문제가 되지 않는다.

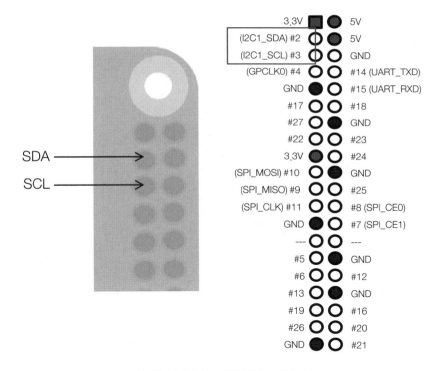

[그림 16-25] 라즈베리파이 I2C 채널

1. I2C를 사용하기 위한 설정

```
$ sudo raspi-config
```

raspi-config 설정에서 9. Advanced Options → A6. I2C → Enable 설정하여 I2C 활성화

```
$ sudo reboot                           (라즈베리파이 재시작)
```

2. 모듈 개발에 필요한 헤더파일과 라이브러리들이 포함된 python-dev 모듈 설치

사용하려는 파이썬 버전에 맞추어 아래와 같이 설치

```
$ sudo apt-get install python-dev                    (파이썬 2.x를 사용할 경우)
$ sudo apt-get install python3-dev                   (파이썬 3.x를 사용할 경우)
$ sudo apt-get install python-dev python3-dev        (모두 설치할 경우)
```

3. 관련 파이썬 패키지 설치 및 재시작

```
$ sudo apt-get install python3-smbus libi2c-dev
$ sudo reboot
```

4. 장치파일 확인

마지막으로 I2C 장치를 사용하기 위한 장치파일들이 있는지 /dev 폴더 내용 확인.

```
$ is -al /dev
 ·    ·    ·
crw-rw----  1 root i2c           89,     1 Sep 22 15:00 i2c-1
 ·    ·    ·
```

위와 같은 장치파일이 존재하지 않으면 sudo raspi-config 명령을 사용해 i2c 장치를 활성화

16.6.2 MPU-6050 모듈 제어(가속도 및 자이로 센서)

이번 내용에서는 파이썬 기반의 코드에서 I2C 통신으로 외부 장치로부터 데이터를 읽는 방법에 대해서 살펴보자. I2C 장치는 아주 많이 있지만 국내에서 쉽게 구할 수 있는 MPU-6050 센서모듈을 사용하여 I2C 통신에 대해서 다루도록 하겠다.

[그림 16-26] MPU-6050(가속도/자이로) 모듈

MPU-6050 칩셋은 가속도 3축과 자이로 3축을 센싱할 수 있는 기능이 있다. 가속도 센서 기능은 물체의 충격 및 방향을 감지할 수 있으며 자이로 센서 기능은 물체가 움직이는 각속도를 측정할 수 있다. 이런 센서들은 스마트폰에서 많이 사용되고 있다. 스마트폰을 회전시키면 화면도 함께 회전되는 것은 이와 같은 원리를 적용한 것이다.

이 칩의 기능을 세분화할 수 있는 여러 레지스터들이 칩 내부에 있지만 본 내용에서는 레지스터에 기본적으로 설정되어 있는 설정을 가급적 그대로 이용하도록 할 것이다. 레지스터에 대한 보다 자세한 내용은 MPU-6050 매뉴얼을 참고하기 바란다.

본 내용에서는 아래와 같은 레지스터들만 사용하도록 하겠다.

주소	레지스터 이름	설명
0x6B	PWR_MGNT_1	Sleep에서 Wakeup 하기 위해 0을 기록
0x75	WHO_AM_I	ID 값 (0x68이 읽혀야 됨)
0x3B ~ 0x3C	ACCEL_X_OUT	X축 가속도 센싱 값
0x3D ~ 0x3E	ACCEL_Y_OUT	Y축 가속도 센싱 값
0x3F ~ 0x40	ACCEL_Z_OUT	Z축 가속도 센싱 값

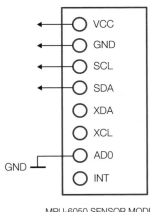

MPU-6050 SENSOR MODULE

라즈베리파이 확장핀

[그림 16-27] MPU-6050 모듈과
라즈베리파이 확장 핀 결선

(1) 파이썬을 이용한 장치 제어

MPU-6050 모듈의 4개 핀들을 라즈베리파이의 확장 핀에 연결하고 센싱된 값을 읽어오기 위한 파이썬 코드는 다음과 같이 작성하여 i2c_test.py로 저장한다.

```python
import time, smbus

def ScaleValue (val):                    # 32768보다 큰 값은 음수로 표시(2의 보수)
    if val >= 32768:
        val = val - 65536
    return val

def Read_X_Accel( ):                     # X축 가속도 센싱 값을 읽음
    h = bus.read_byte_data (mpu6050_addr, 0x3B)
    l = bus.read_byte_data (mpu6050_addr, 0x3C)
    x = ScaleValue ((h << 8) | l)
    return x

def Read_Y_Accel( ):                     # Y축 가속도 센싱 값을 읽음
    h = bus.read_byte_data (mpu6050_addr, 0x3D)
    l = bus.read_byte_data (mpu6050_addr, 0x3E)
    y = ScaleValue ((h << 8) | l)
    return y

def Read_Z_Accel( ):                     # Z축 가속도 센싱 값을 읽음
    h = bus.read_byte_data (mpu6050_addr, 0x3F)
    l = bus.read_byte_data (mpu6050_addr, 0x40)
    z = ScaleValue ((h << 8) | l)
    return z

bus = smbus.SMBus(1)                     # /dev 폴더 아래에 장치 이름은 i2c-1(채널 1)
mpu6050_addr = 0x68                      # MPU6050 칩의 고유주소

# wakeup from sleep mode
bus.write_byte_data(mpu6050_addr, 0x6B, 0)     # MPU6050이 Wakeup이 되도록 한다.
```

```
while 1:
    x = Read_X_Accel( )
    y = Read_Y_Accel( )
    z = Read_Z_Accel( )

    print(x, y, z)                                    # X/Y/Z 축의 가속도 센싱 값을 출력
    time.sleep(0.5)
```

위 코드를 아래와 같이 실행하면 X/Y/Z 축에 대한 센싱 값이 0.5초 간격으로 출력된다. MPU-6050 모듈을 움직이면 센싱되는 값이 달라지는 것을 확인할 수 있다.

```
$ python3 i2c_test.py      ← 모듈을 움직이면 센싱되는 값이 변하는 것을 확인할 수 있음
1064 14372 6792
-3952 2232 15368
-3976 11356 14220
2704 14180 -2664
-780 8140 -11012
-488 6152 -15100
3464 13280 -2760
```

센서가 움직임 없이 수평 혹은 수직으로 정지된 상태에서는 한 축의 센싱 값이 중력 가속도 1g(gravity)에 해당하는 16384에 가까운 값을 가지고 나머지 두 축의 센싱 값은 0에 가까운 값을 가진다. 만약 센서가 반대 방향으로 정지되어 있다면 -16384에 해당하는 값을 가질 것이다. 센서의 각 축 위치가 중력방향 기준으로 일부 기울어짐이 있는 정지상태이면 각 축의 센싱 값은 기울어짐 정도에 따라 -16384에서 16384 사이의 임의의 값을 가질 것이다. 센싱되는 값은 센서가 중력 방향으로 빠르게 움직일수록 32767에 가까운 값을 가지고 중력 반대 방향으로 빠르게 움직일 수록 -32768에 가까운 값을 가진다. 보다 자세한 내용은 관련 매뉴얼을 참고하기 바란다.

i2c 버스를 제어하기 위해 파이썬 모듈에서 사용하였던 함수를 살펴보도록 하자.

1. I2C 모듈 사용을 위한 임포트 작업

```
import smbus
```

smbus 모듈에 포함된 심볼 사용을 위해 가장 먼저 수행해야 할 작업

2. 객체 생성

```
smbus.SMBus(1)
```

bus=smbus.SMBus(1) → I2C 1번 채널을 사용하기 위한 객체 생성
라즈베리파이 확장 핀에는 I2C 1번 채널만 연결되어 있고 0번 채널은 연결되지 않음

3. 데이터 읽기

```
read_byte_data(slave_addr, reg_addr)
```

slave_addr → 슬레이브 장치의 주소
reg_addr → 값을 읽기 위한 슬레이브 장치 내부 레지스터 주소
a=bus.read_byte_data(0x68, 0x3F)처럼 사용

4. 데이터 쓰기

```
write_byte_data(slave_addr, reg_addr, data)
```

slave_addr → 슬레이브 장치의 주소
reg_addr → 값을 쓰기 위한 슬레이브 장치 내부 레지스터 주소
data → 레지스터에 쓰여질 값
bus.write_byte_data(0x68, 0x6B, 0)처럼 사용

(2) WiringPi를 이용한 장치 제어(인터럽트를 이용한 충격 감지)

앞서 설치한 C 언어 기반의 WiringPi 라이브러리를 사용하여 I2C를 제어하는 방법에 대해서 살펴보도록 하자. 우리는 앞 단원에서 인터럽트 구현에 관해서 언급하였다. 이번에 구현할 WiringPi 기반의 C 코드에서는 인터럽트를 사용하도록 하겠다. 이전의 파이썬

코드에서는 주기적으로 X/Y/Z축의 가속도 센싱 값을 읽기 위해 MPU-6050 내부의 레지스터들을 접근하였다.

이번 내용에서는 사용자가 지정한 일정수준 이상의 외부 충격이 감지될 경우 라즈베리파이가 MPU-6050으로부터 알림을 받도록 할 예정이다. 라즈베리파이가 알림을 받는 것은 인터럽트 형태로 구현한다. 라즈베리파이가 인터럽트를 받으면 인터럽트에 대한 서비스를 수행하고 다시 원래 해 오던 작업은 계속 진행된다. 결론적으로 라즈베리파이는 X/Y/Z 축의 가속도 센싱 값을 주기적으로 읽지 않고 MPU-6050으로부터 인터럽트 신호를 받을 때에만 각 축의 센싱 값을 읽도록 하겠다.

이 기능을 구현하기 위해 회로적으로는 [그림 16-28]과 같이 MPU-6050 모듈의 전원신호(Vcc, GND)와 I2C 신호를 확장 핀에 연결하고 인터럽트 신호를 받을 INT 신호도 18번 확장 핀에 연결하도록 한다.

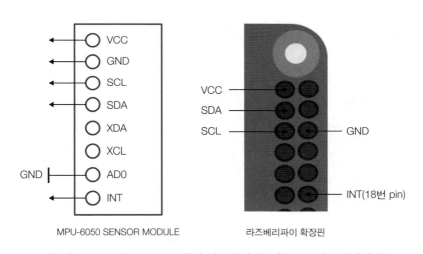

[그림 16-28] MPU-6050 모듈과 라즈베리파이 확장 핀 결선(인터럽트)

아래 코드에서는 I2C 버스를 통한 MPU-6050 내부 레지스터 설정을 통해 사용자가 지정한 수준 이상의 움직임이 감지되면 라즈베리파이 쪽으로 인터럽트 신호를 전송하도록 하였다. 코드 구현에 있어서 가능한 최소한의 레지스터들을 사용하였다. 라즈베리파이가 MPU-6050으로부터 인터럽트 신호를 받으면 isr_func 함수가 운영체제에 의해 호출되고 함수 내부에서는 MPU-6050 내부의 인터럽트 상태를 지우고 움직임에 관한 문자열을 출력한다. 움직임 감지에 대한 민감도는 REG_MOT_THR 레지스터를 통하여 설정할 수 있다. 레지스터에 기록하는 값이 작을수록 민감도는 높아진다. REG_INT_PIN_CFG

레지스터에 0을 기록하여 INT 신호의 내부 회로를 Push-Pull 타입으로 설정하고 전기적 상태는 정상 상태에서 LOW 값을 가지다가 인터럽트로 알려줄 때는 50usec 동안 HIGH로 유지하도록 한다. 따라서 라즈베리파이 입장에서는 인터럽트 인지 시점을 LOW에서 HIGH로 변경되는 라이징에지로 설정해야 한다. 나머지 MPU-6050 레지스터들에 대한 설정은 관련 매뉴얼이나 예제코드를 참고하도록 한다.

```c
#include <stdio.h>
#include <wiringPi.h>

#define INTR_PIN              18              // 18번 핀 사용
#define MPU6050_ADDR          0x68            // MPU6050 장치의 I2C 주소

#define REG_ACCEL_CONFIG      0x1C
#define REG_MOT_THR           0x1F
#define REG_MOT_DUR           0x20
#define REG_INT_PIN_CFG       0x37
#define REG_INT_ENABLE        0x38
#define REG_INT_STATUS        0x3A
#define REG_PWR_MGNT_1        0x6B

int gFD;                                      // I2C 장치에 대한 핸들

int ScaleValue(int a)
{
    if (a >= 32768)  a = a - 65536;
    return a;
}
void GetAccValue(int *x, int *y, int *z)
{
    int h, l;
    h = wiringPiI2CReadReg8 (gFD, 0x3B);
    l = wiringPiI2CReadReg8 (gFD, 0x3C);
    *x = ScaleValue( (h << 8) | l );
```

```c
    h = wiringPiI2CReadReg8 (gFD, 0x3D);
    l = wiringPiI2CReadReg8 (gFD, 0x3E);
    *y = ScaleValue ( (h << 8) | l );

    h = wiringPiI2CReadReg8(gFD, 0x3F);
    l = wiringPiI2CReadReg8(gFD, 0x40);
    *z = ScaleValue ( (h << 8) | l );
}

// 인터럽트 서비스 함수
void isr_func( )
{
    int x, y, z;
    wiringPiI2CReadReg8(gFD, REG_INT_STATUS);       // 인터럽트 상태 지움
    GetAccValue (&x, &y, &z);
    printf("[INTR] %d, %d, %d \r\n", x, y, z);
}

void main( )
{
    int reg, sec;

    wiringPiSetupGpio( ) ;                          // 핀 번호를 BCM 모드로 설정
    pinMode (INTR_PIN, INPUT) ;
    wiringPiISR (INTR_PIN, INT_EDGE_RISING, isr_func) ; // 인터럽트 서비스 함수 등록

    // I2C 장치 Setup
    if ( ( gFD = wiringPiI2CSetup(MPU6050_ADDR) ) == -1 )
    {
        printf ("I2C Setup is failed \r\n");
        return;
    }

    // reset
    wiringPiI2CWriteReg8 (gFD, REG_PWR_MGNT_1, 0x1 << 7);
```

```
    delay(100);

    // wakeup from sleep
    wiringPiI2CWriteReg8 (gFD, REG_PWR_MGNT_1, 0x00);
    delay(10);

    // set motion detection threshold (0 ~ 255) , 작은 값일수록 민감도가 증가
    wiringPiI2CWriteReg8 (gFD, REG_MOT_THR, 10);
    // HPF Configuration
    wiringPiI2CWriteReg8 (gFD, REG_ACCEL_CONFIG, 0x01);
    // detection duration --> 10msec
    wiringPiI2CWriteReg8 (gFD, REG_MOT_DUR, 10);
    // active high, push-pull,
    wiringPiI2CWriteReg8 (gFD, REG_INT_PIN_CFG, 0x00);
    // motion interrupt enable
    wiringPiI2CWriteReg8 (gFD, REG_INT_ENABLE, 0x1 << 6);

    sec = 0;
    while(1)
    {
        printf ("sec : %d \r\n", sec++);
        delay(1000);
    }
}
```

위 코드를 i2c_intr_test.c로 저장한 다음 아래와 같이 빌드 작업을 진행한 후 i2c_intr_test 실행파일이 생성되었는지 확인한다.

```
$ gcc -o i2c_intr_test i2c_intr_test.c -lwiringPi
$ ls -al

 . . .
 -rwxr-xr-x  1 pi   pi    7432 Sep 27 16:40 i2c_intr_test       ← 실행파일 생성됨
```

다음과 같이 i2c_intr_test 파일을 실행한 다음 외부 충격이 가해지면 [그림 16-27]과 같이 인터럽트 서비스 함수가 수행되는 것을 확인할 수 있다.

$sudo ./i2c_intr_test　　　　　　← i2c_intr_test 프로그램 수행

```
pi@raspberrypi:~ $ sudo ./i2c_intr_test
sec : 0
sec : 1
[INTR] -1532, 12044, -32768  ◀── 외부 충격이 감지되어
[INTR] -4452, 22436, -27588  ◀── 인터럽트가 서비스 된 경우
sec : 2
sec : 3
sec : 4
[INTR] 19176, -6884, -5552
sec : 5
sec : 6
```

[그림 16-27] i2c_intr_test 실행화면

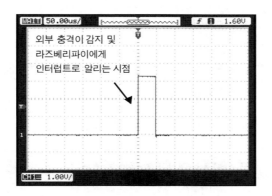

[그림 16-28] 외부 충격이 감지되었을 때의 오실로스코프 파형

[그림 16-28]에서는 MPU-6050 내부 레지스터에 설정한 값보다 큰 외부 충격이 감지되었을 때 MPU-6050으로부터 출력되는 INT 신호의 전기적 파형을 관찰한 그림이다. 충격이 감지되면 INT 신호는 LOW에서 HIGH로 전이되고 50usec 동안 HIGH 상태를 유지하다가 LOW로 떨어진다. 라즈베리파이 운영체제에서는 입력되는 INT 신호가 LOW에서 HIGH로 전이되는 에지 시점을 감지하고 등록된 인터럽트 서비스 함수인 isr_func 함수를 호출해준다.

위 I2C 예제에서 사용된 wiringPi 라이브러리 함수들을 살펴보도록 하자.

1. 핀 번호 모드

void wiringPiSetupGpio(void)

핀 번호를 BCM 모드로 설정

2. 장치 초기화

int wiringPiI2CSetup (int dev) ;

dev → I2C 버스에 연결된 슬레이브 주소

반환 값 → I2C 장치파일에 대한 핸들

3. 인터럽트 서비스 함수 등록

int wiringPiISR (int pin, int edge_type, void (*func)(void));

pin → 인터럽트에 사용할 핀 번호

edge_type → 인터럽트 발생시점

        (INT_EDGE_FALLING, INT_EDGE_RISING, INT_EDGE_BOTH)

func → 인터럽트 서비스로 사용할 함수명

4. 데이터 읽기

int wiringPiI2CReadReg8 (int fd, int addr);

fd → wiringPiI2CSetup 함수에 의해 반환된 I2C 장치파일에 대한 핸들

addr → 값을 읽을 주소

반환 값 → 해당 주소로부터 읽은 바이트 값

5. 데이터 쓰기

int wiringPiI2CWriteReg8 (int fd, int addr, int data);

fd → wiringPiI2CSetup 함수에 의해 반환된 I2C 장치파일에 대한 핸들

addr → 값을 기록한 주소

data → 주소에 기록할 바이트 값

지금까지의 동작 구현은 [그림 16-29]와 같이 도식화하여 나타낼 수 있다. main 함수에서 운영체제에 인터럽트 서비스 함수 등록과 MPU-6050 내부 레지스터에 대한 하드웨어 설정이 마무리되면 동작 과정은 아래와 같이 진행된다.

(1) MPU-6050이 외부 충격을 받으면

(2) MPU-6050이 CPU 쪽으로 인터럽트 신호를 보내고

(3) 운영체제가 인터럽트를 감지하면 미리 등록된 인터럽트 서비스 함수를 호출

(4) 인터럽트 서비스 함수가 종료되면 다시 운영체제로 복귀

인터럽트와는 별개로 APP.의 main 함수는 원래 하던 일을 지속적으로 수행한다.

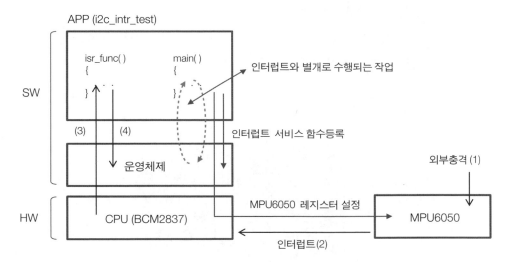

[그림 16-29] HW 및 SW 동작 흐름

라즈베리파이에는 카메라를 붙일 수 있는 인터페이스가 두 군데 존재한다. 하나는 CSI 인터페이스이고 나머지는 USB 포트에 연결할 수 있다. 본 내용에서는 USB 기반의 카메라를 사용하지 않고 CSI 기반의 라즈베리파이 전용 카메라를 다루도록 하겠다.

CSI 인터페이스

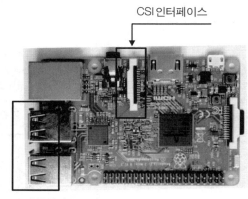

USB 인터페이스

[그림 17-1] 카메라를 연결할 수 있는 인터페이스(USB, CSI)

카메라를 응용할 수 있는 분야는 아주 많이 있고 다양한 프로그램들이 있으며 경우에 따라 영상처리 알고리듬이 사용될 수도 있다. 카메라 영상을 사용한 영상 처리는 오픈 소스에서 많이 사용되는 OpenCV 라이브러리를 사용하는 경우가 많다. 라즈베리파이에도 OpenCV를 설치하여 영상 처리를 구현할 수 있지만 본 내용의 범위를 벗어나므로 다루지는 않겠다.

테스트에 사용할 카메라는 8백만 화소의 라즈베리파이 공식 카메라를 사용하겠다. 이 카메라는 MIPI 기반의 CSI(Camera Serial Interface) 인터페이스를 사용하고 카메라 모듈과 라즈베리파이 사이에는 아래 그림과 같은 FPC 케이블로 연결된다.

카메라를 적용할 수 있는 영역은 많이 있지만 본 내용에서는 카메라를 사용한 프리뷰 출력과 영상을 녹화하는 방법들에 대해서만 다루도록 하겠다.

[그림 17-2] 라즈베리파이 3에 PI 카메라 연결

17.1 카메라 설정 및 파이썬 모듈 설치

우선 카메라를 사용하기 위해서는 raspi-config를 관리자 권한으로 실행시켜 카메라 기능을 활성화시켜야 한다.

```
┌──────┤ Raspberry Pi Software Configuration Tool (raspi-config) ├──────┐
│                                                                        │
│   1 Expand Filesystem              Ensures that all of the SD card s    │
│   2 Change User Password           Change password for the default u    │
│   3 Boot Options                   Choose whether to boot into a des     │
│   4 Wait for Network at Boot       Choose whether to wait for networ     │
│   5 Internationalisation Options   Set up language and regional sett     │
│   6 Enable Camera                  Enable this Pi to work with the R     │
│   7 Add to Rastrack                Add this Pi to the online Raspber      │
│   8 Overclock                      Configure overclocking for your P     │
│   9 Advanced Options               Configure advanced settings           │
│   0 About raspi-config             Information about this configurat      │
│                                                                        │
```

[그림 17-3] raspi-config를 관리자 권한으로 수행하여 카메라를 활성화

카메라로부터 받은 영상은 기본적으로 HDMI 포트를 통해 출력되도록 되어 있다. 따라서 카메라 프리뷰 영상을 확인하려면 기본적으로 HDMI 모니터가 연결되어야 한다.

만약 카메라 영상을 네트워크를 통해 원격지로 전송하려면 카메라 영상 데이터 량을 고려해야 한다. 카메라 영상의 원시 데이터(raw data)는 해상도 및 프레임 율에 따라 다르겠지만 데이터 량이 상당히 많아서 실시간 전송이 거의 불가능하다. 따라서 카메라 영상을 전송하기 위해서는 영상 데이터를 압축하여 전송해야 하며 수신 측에서는 수신된 압축데이터를 따로 저장하거나 압축 해제하여 출력 장치에 표시해야 한다.

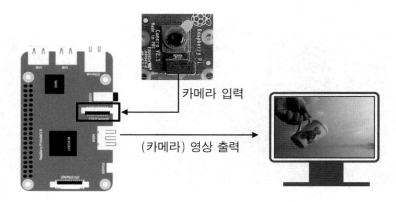

[그림 17-4] 카메라 영상 입력 및 출력 포트

파이썬 기반에서 카메라를 사용하기 위하여 picamera 모듈을 설치한다. 파이썬 2.x를 사용할 경우 python-picamera까지 추가하도록 한다.

```
$ sudo apt-get update
$ sudo apt-get install python3-picamera
```

picamera 모듈에서는 입력된 카메라 영상을 HDMI와 Composite 비디오 포트로 출력하도록 되어 있다. picamera 모듈을 설치하고 나서 정상적으로 동작되는지 여부는 아래와 같이 촬영된 JPEG 파일을 확인하거나 HDMI 모니터로 출력되는 영상으로 간단하게 확인할 수 있다.

```
$ raspistill -o test.jpg          ← test.jpg 이름으로 카메라 영상이 저장됨
$ raspivid -t 10000               ← 10초 동안 HDMI 모니터로 카메라 영상 출력
```

17.2 카메라 프리뷰 및 캡쳐

picamera 모듈 설치 후, 프리뷰(preview)와 캡쳐(capture)를 수행하기 위해 아래와 같은 코드를 작성하여 cam_preview.py로 저장하도록 한다. 아래 코드는 HDMI로 연결된 모니터로 Full HD(1920x1080) 해상도의 카메라 영상을 출력하면서 사용자가 터미널상에서 엔터키를 누르면 한 프레임을 캡쳐 및 JPEG 파일로 압축하고 다시 프리뷰를 수행한다. JPEG로 저장된 파일의 이름은 날짜와 시간 정보로 구분되도록 하였다.

```python
import picamera, time

Camera = picamera.PiCamera( )          # 카메라 객체 생성
Camera.resolution = (1920, 1080)       # 해상도 설정
Camera.rotation = 180                  # 영상 회전
Camera.hflip = True                    # 수평 플립

Camera.start_preview( )                # 프리뷰 시작
print('Camera Start')

try:
    while True:
        input( );                      # 사용자 입력 대기 (엔터키)
        str = time.ctime( )+'.jpg'     # 시간 정보를 문자열로 변환
        Camera.capture(str)            # 카메라 영상 캡쳐
        print(str + 'file created')

except KeyboardInterrupt:              # Ctrl+C를 누를 경우
    print('Camera Stop')
    Camera.stop_preview( )             # 카메라 프리뷰 중지
```

위 코드를 다음과 같이 수행시키면 HDMI로 연결된 모니터 상으로 카메라 영상이 출력되고 사용자의 엔터키 입력으로 JPEG 파일이 사용자 홈 폴더에 저장된다.

```
$ python3 cam_preview.py
```

[그림 17-5] HDMI 모니터상으로 출력되는 카메라 프리뷰 영상

```
drwxr-xr-x  2 pi   pi        1050 May 27 20:10 python_games
-rw-r--r--  1 pi   pi      401275 Oct 30 22:58 Sun Oct 30 22:58:14 2016.jpg
-rw-r--r--  1 pi   pi      401175 Oct 30 22:58 Sun Oct 30 22:58:15 2016.jpg
-rw-r--r--  1 pi   pi      400586 Oct 30 23:00 Sun Oct 30 23:00:53 2016.jpg
-rw-r--r--  1 pi   pi      402174 Oct 30 23:00 Sun Oct 30 23:00:57 2016.jpg
-rw-r--r--  1 pi   pi      401606 Oct 30 23:01 Sun Oct 30 23:01:00 2016.jpg
```

[그림 17-6] pi 사용자 폴더에 저장된 JPEG 포맷의 캡쳐 파일

17.3 카메라 녹화

이번에는 카메라 영상을 동영상 압축 방식인 H.264 방식으로 압축하여 파일로 저장하는 방법을 살펴보도록 하자. 아래 파일을 cam_record.py 파일로 저장한다.

```python
import picamera, time

Camera = picamera.PiCamera( )              # pi 카메라 객체 생성
Camera.framerate = 30
Camera.resolution = (1920, 1080)           # 해상도 설정
Camera.rotation = 180                      # 영상 회전
Camera.hflip = True                        # 수평 플립
```

```
# 카메라 영상을 h264 코덱으로 압축하여 파일로 저장
Camera.start_recording ('/home/pi/camera/rec.h264', format='h264')
print ('Camera Recording Start')

try:
        while True:
                print('frame number : %d' %Camera.frame.index)
                time.sleep(1)

except KeyboardInterrupt:                               # Ctrl+C 키를 눌러 녹화 중지
        print ('Camera Recording Stop')
        Camera.stop_recording( )
```

다음과 같이 실행하면 카메라 영상이 H.264 방식으로 압축되어 코드에 명시된 폴더에 rec.h264 파일로 저장된다.

```
$ python3 cam_record.py
```

코드를 수행하면 1초에 한 번씩 약 30프레임 단위로 프레임 번호가 증가되면서 출력되는 것을 확인할 수 있다. 사용자가 Ctrl+C 키를 누르면 녹화는 중지된다. 녹화된 H.264 파일은 Host PC로 업로드하여 미디어 플레이어 같은 동영상 재생 유틸리티로 재생할 수 있다.

정리

이번 단원에서는 현업에서 많이 사용되는 시리얼 통신과 하드웨어를 제어하기 위한 여러 방법들에 대해서 살펴보았다.

시리얼 통신은 논리적인 통신방식으로 물리적으로는 UART로도 가능하고 USB로도 가능하다. 라즈베리파이에 두 개의 UART가 사용되고 있으며 하나는 확장 핀 상의 UART로 연결되어 있고 나머지 하나는 블루투스에 연결되어 있다. 만약 시리얼 기능이 있는 USB 장치를 USB 포트에 연결한다면 응용 프로그램에서는 UART, 블루투스 장치와 통신할 때 사용하는 시리얼 기반의 코드를 장치이름만 변경하여 동일하게 사용할 수 있다.

UART에 연결된 시리얼 장치는 /dev/serial0 혹은 /dev/ttyS0라는 이름을 사용하여 외부 장치와 시리얼 통신을 할 수 있고 USB 시리얼 장치와는 /dev/ttyUSB0, /dev/ttyUSB1, … 과 같은 장치이름을 사용할 수 있다. USB 시리얼 장치의 경우는 serial0, serial1 이름처럼 미리 존재하는 것이 아니라 외부 시리얼 장치가 USB 포트에 연결될 때 장치이름이 하나씩 추가되는 방식이다.

라즈베리파이 3에는 블루투스 장치가 내장되어 있으며 이 장치는 serial1 장치에 연결되어 있다. /dev/serial1 장치는 /dev/ttyAMA0 이름과 동일하다. 블루투스 기반의 시리얼 통신은 기존의 다른 블루투스 장치와 통신을 위해 프로토콜 개념이 사용되어야 한다. 따라서 프로토콜 개념이 없는 serial1 장치를 그대로 이용할 수 없으므로 보다 상위의 블루투스 프로토콜 스택이 구현된 rfcomm 장치를 열어서 시리얼 통신을 해야 한다. 물론 rfcomm 장치 내부에서는 serial1 장치로의 접근이 되어야 한다. /lib/systemd/system/hciuart.service 파일에는 rfcomm 장치가 사용하는 serial1 장치가 명시되어 있다.

우리는 C언어와 파이썬 기반에서 외부 시리얼 장치와 통신하기 위해 C언어 기반의 wiringPi 라이브러리와 파이썬 기반의 python3-serial 모듈을 미리 설치하였다. 이러한 프로그램에서는 시리얼 장치가 연결된 물리적인 채널이 UART 혹은 USB처럼 서로 달라도 장치이름만 달리하면 동일한 방식으로 시리얼 통신을 할 수 있었다.

라즈베리파이에는 40개의 확장 핀들이 존재한다. 이러한 핀들은 GPIO 기능뿐만 아니라 SPI, I2C 역할을 하는 핀들도 구성되어 있다.

가장 기본적이고 중요한 하드웨어 제어 방식인 GPIO 제어를 위해 파이썬 기반인 rpi.gpio 모듈과 C언어 기반의 wiringPi 라이브러리를 사용하였다. GPIO에 대해서는 LED와 KEY를 제어하기 위해 GPIO 출력과 입력제어에 대한 방법을 다루었고 GPIO 입력에 대한 문제점을 보완하기 위해 인터럽트 개념도 살펴보았다.

DC 모터를 제어하기 위해 PWM을 사용하는 방법을 익혔다. DC 모터를 제어하기 위해 MAX14870 모듈을 사용하여 모터의 회전속도와 방향제어에 대해서 살펴보았다. 모터 회전속도의 경우 PWM의 듀티 비율에 따라 달라지는 것도 확인하였다.

BMP280 기압센서 및 MPU-6050 가속도 센서 모듈을 제어하기 위해 SPI와 I2C 제어 방법을 익혔다. SPI와 I2C의 경우 마스터 및 슬레이브 개념이 있으며 클록을 생성시키는 장치가 마스터로 동작한다. SPI 경우는 CS, CLK, MOSI, MISO와 같은 네 개의 신호들이 사용되고 I2C 경우는 SCL, SDA와 같이 두 개의 신호들이 사용된다. SPI의 경우는 하나의 마스터에 여러 슬레이브 장치들을 연결하기 위해서는 CS 신호만 슬레이브 장치 별로 따로 연결하면 되고 나머지 세 개의 신호들은 공용으로 사용한다. I2C의 경우는 서로 다른 주소를 가지는 슬레이브 장치들을 최대 128개까지 연결할 수 있다. I2C 통신 방식에서는 슬레이브 장치의 주소 데이터를 버스를 통해 먼저 전송하는 개념이므로 SPI와 달리 슬레이브 장치들이 증가되더라도 추가적인 신호가 필요하지 않다. SPI와 I2C는 장치제어에 있어서 아주 많이 사용되는 통신방식이므로 통신원리와 사용법을 꼭 숙지하도록 한다.

마지막으로 카메라 제어 단원에서는 8메가 픽셀의 라즈베리파이 전용 카메라를 사용하여 프리뷰, 캡처 및 영상녹화를 하는 방법을 다루었다. 카메라를 구동하면 카메라 영상은 초당 30 프레임 정도의 비율로 HDMI로 연결된 모니터로 출력되는 것을 확인하였으며 영상을 녹화할 경우에는 H.264 압축 방식으로 영상을 녹화하는 방법을 살펴보았다.

05

사물인터넷을 활용한 라즈베리파이

클라우드 서비스 활용 및
웹 서버 구축

Using the RaspberryPi 3 for Internet of Things
클라우드 기반의 서비스 활용

18.1 클라우드란

　4차 산업혁명 및 사물인터넷과 더불어 클라우드(Clould)라는 용어가 실생활에서 아주 많이 사용되고 있다. 클라우드라는 것의 사전적 의미는 구름이다. 여러 자료에서도 구름을 아이콘화하여 클라우드에 대한 많은 설명들이 이루어지고 있다. 현재도 많은 사람들은 본인도 모르게 클라우드 서비스를 사용하고 있을 것이다. 대표적으로 드롭박스(dropbox)와 네이버 클라우드 등을 사용하면서 스마트폰으로 촬영한 영상을 자동적으로 클라우드에 저장하고 어떤 장소에서도 웹에 연결된 디바이스가 있으면 해당 파일을 열람할 수 있는 것이다. 이러한 관점에서는 데이터를 로컬에 저장하지 않고 해당 서비스 업체가 제공해주는 인터넷 상의 공간에 저장하므로 사용자는 때와 장소에 얽매이지 않고 간단한 웹 접속을 통해 해당 자료를 불러올 수 있는 것을 의미한다. 좀 더 넓은 관점에서 클라우드를 해석한다면 인터넷 상의 단순한 저장공간을 의미하기 보다는 저장공간을 포함한 대부분의 컴퓨터 자원을 인터넷 상으로 옮겨놓고 사용자는 인터넷에 연결된 디지털 장치만 있으면 그 자원들을 시간과 장소에 얽매이지 않고 사용할 수 있는 개념이 더 바람직하다. 즉, 기존의 단순한 저장소 개념에서 연산의 개념인 컴퓨팅 개념으로 확대되므로 클라우드 컴퓨팅이 되는 것이다.

　클라우드 컴퓨팅이라는 것은 클라우드에 연산 혹은 실행이라는 의미가 부가된 것으로 해당 서비스 제공자가 구축해 놓은 시스템에 사용자가 새로운 하드웨어나 소프트웨어의 증설 없이 웹을 통한 간단한 정보의 입력으로 서비스 제공자가 구축한 시스템을 이용하는 것이다. 서비스 제공자가 구축한 시스템은 저장공간일 수도 있고 프로그램일 수도 있다.

4차 산업혁명 및 사물인터넷 발전과 더불어 클라우드에 저장된 방대한 데이터에 대한 처리와 분석 서비스를 제공해주는 업체들이 생겨나기 시작했다. 국내외에 여러 업체들이 있지만 본 내용에서는 ThingSpeak(www.thingspeak.com)에서 제공해주는 무료 서비스를 간단히 살펴보도록 하겠다. ThingSpeak는 수치연산 프로그램으로 유명한 Matlab을 제작한 Mathworks에서 운영되는 회사이다.

18.2 ThingSpeak

우리는 ThingSpeak에 무료 회원가입을 시작으로 센서로부터 수집된 데이터를 ThingSpeak 클라우드 서버에 올리는 방법, 해당 데이터를 웹 상에서 모니터링 하는 방법 및 클라우드로부터 사용자가 원하는 데이터를 불러와서 처리하는 방법 등을 살펴보고 이러한 방법을 파이썬 기반의 코드로도 구현해 보도록 하겠다.

[그림 18-1] ThingSpeak 공식 사이트(www.thingspeak.com)

18.2.1 ThingSpeak 사용법

ThingSpeak 클라우드 서비스를 이용하기 위해 회원가입이 마무리되면 아래와 같이 채널을 하나 생성하고 그 아래 여러 필드들을 추가할 수 있으며 각 필드별로 이름을 부여할 수 있다. 필드라는 것은 같은 성격의 데이터들이 저장되는 공간이라고 생각하면 된다. 예를 든다면 Field1, Field2, Field3를 각각 X, Y, Z축 가속도 센서 값들이 저장되는 공간으로 설정할 수 있다.

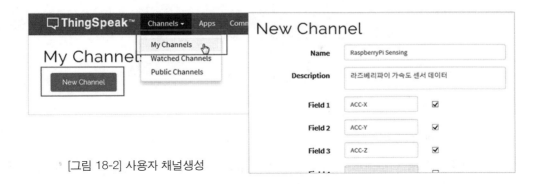

[그림 18-2] 사용자 채널생성

채널이 생성되면 [그림 18-3]처럼 채널 ID와 채널 아래에 있는 각 필드 창들을 확인할 수 있다. 아직 데이터가 클라우드 서버로 올라가지 않는 상태이므로 각 필드 창은 아래 [그림 18-3]과 같이 빈 화면으로 보여진다. 만약, 각 필드 별로 데이터가 클라우드 서버로 올라가면 해당 필드 창에서 데이터들은 그래프 형식으로 보여질 것이다.

마지막으로 채널 별로 공유설정을 수행한다. 해당 채널을 개인적(private)으로 할 지, 아니면 누구나(public) 접근할 수 있도록 할 지, 혹은 지정된 사용자들만 접근할 수 있도록 할지를 [그림 18-4]처럼 설정한다.

[그림 18-3] 채널 아래의 각 필드 창

[그림 18-4] 채널 설정

지금부터는 데이터를 클라우드 서버에 올리는 방법을 설명하도록 하겠다. 먼저 API Keys 탭에 보면 Write/Read API 키들이 있다. 채널을 생성할 때마다 내부적으로 새로운 키들이 생성되고 이 키들을 사용하면 클라우드 서버에 데이터를 올릴 수 있고 서버로부터 데이터를 가져올 수도 있다. Write와 달리 Read 키 경우는 채널이 public하게 설정되어 있다면 사용할 필요는 없다.

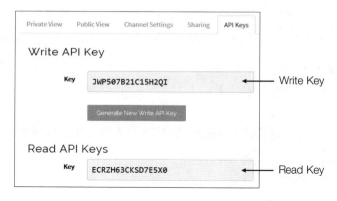

[그림 18-5] 채널 접근을 위한 Write, Read 키

클라우드에 데이터 저장

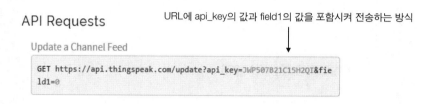

[그림 18-6] 클라우드에 데이터 저장을 위한 API

[그림 18-6]은 클라우드에 하나의 데이터를 올리는 예제를 설명하고 있다. [그림 18-6]에서 GET을 제외한 https부터 마지막 내용까지 복사하여 웹 브라우저의 주소 창에 붙여넣기를 하면 해당 데이터가 클라우드 서버에 올라간다. [그림 18-6] 내용을 분석해 보면 field1에 값이 0인 데이터를 올리는 내용을 의미하고 있다. 클라우드에 데이터를 올리는 과정이므로 당연히 Write 키 값이 사용되어야 한다. 이 내용을 조금 더 응용하여 field1, field2, field3에 각각 7, 8, 9의 데이터를 올리려면 아래와 같은 내용을 웹 브라우저의 주소 창에 기입하면 된다.

https://api.thingspeak.com/update?api_key=JWP507B21C15H2QI&field1=7&field2=8&field3=9

위와 같이 Write 키 값과 필드 및 데이터를 포함한 주소정보를 웹 브라우저 창에 붙여넣기 하면 해당 필드에 해당 데이터가 저장된다. 클라우드에 성공적으로 저장되면 웹 브라우저 창에는 저장된 항목의 개수가 표시될 것이다.

클라이언트와 서버 사이의 통신을 가능하게 하는 HTTP 프로토콜에서는 서버에 데이터를 전달할 때 크게 GET과 POST 방식으로 나누어진다.

GET 방식에서는 전달될 데이터들이 URL 뒤 '?' 위치부터 텍스트 형식으로 붙여져서 전송되고 전달되는 데이터들을 구분할 때는 '&' 기호가 사용된다. 또한 URL 주소길이 한계로 인하여 많은 데이터를 전달할 수는 없으며 또한 전달되는 데이터들이 URL에 노출되므로 보안상의 문제가 발생될 수도 있다.

반면 POST 방식에서는 전달할 데이터들이 URL에 포함된 것이 아니라 HTTP Body에 포함되어 있으므로 GET 방식에 비해 많은 량의 데이터를 전달할 수도 있으며 데이터들이 URL에 노출되지 않을 뿐만 아니라, 그 데이터들이 인코딩되어 전달되므로 GET 방식보다 (완벽하지는 않지만) 상대적으로 보안에 우수하다고 할 수 있다.

GET 방식은 사용이 간편하고 속도 면에서도 서버에서 디코딩 작업이 수행되는 POST 방식에 비해 더 빠른 장점이 있다. 하지만, 이러한 두 방식의 장단점 외에도 상황에 맞게 특정 방식이 사용되어야 하는 경우가 존재한다. 이 부분에 대해서는 보다 전문적인 서적을 참고하여 내용을 파악하도록 한다.

클라우드에 저장된 데이터 확인 및 가져오기

지금부터는 클라우드에 저장된 데이터를 인터넷이 연결된 PC 혹은 스마트폰에서 확인해 보도록 하겠다. 인터넷에 연결된 PC에서는 ThingSpeak 사이트에 접속하면 [그림 18-7]과 같이 서버에 올라온 데이터를 그래프 형식으로 확인할 수 있다.

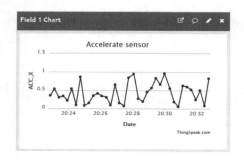 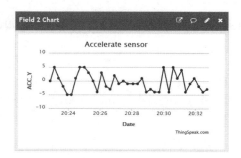

[그림 18-7] 인터넷 연결된 PC에서 웹 브라우저를 통한 클라우드 데이터 확인

스마트폰에서도 PC와 마찬가지로 웹 브라우저를 사용하여 ThingSpeak 사이트에 접속하여 확인할 수 있지만 ThingView 앱을 설치하면 좀 더 간단하게 확인할 수 있다. 해당 채널의 공유설정이 public으로 되어있다면 ThingView 앱에서는 Channel ID 입력만으로도 [그림 18-8]처럼 클라우드에 저장된 데이터를 그래프 형태로 확인할 수 있다.

이번에는 클라우드 서버에 있는 데이터를 가져오는 방법을 알아보도록 하겠다. 채널의 공유설정이 public으로 되어있다면 Read 키를 사용하지 않아도 되고 [그림 18-9]와 같이 URL 정보에 채널 ID를 포함시키면 된다. [그림 18-9]의 URL에서 GET를 제외한 https부터 마지막까지 문자열을 복사하여 웹

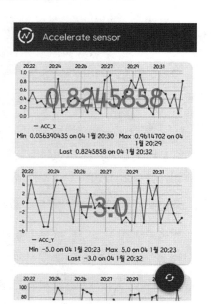

[그림 18-8] 스마트폰 앱(ThingView)을 통한 클라우드 데이터 확인

브라우저의 주소 창에 붙여 넣으며 feeds.json[1] 파일이 다운로드된다. [그림 18-9]의 내용

---

1) json(JavaScript Object Notation): 인간이 쉽게 읽을 수 있는 텍스트 형식으로 데이터 오브젝트를 속성과 값 형태로 표현하는 방법

은 ID가 389377인 채널에 접속하여 가장 최근 두 개의 항목들이 JSON 포맷으로 저장된 feeds.json 파일을 다운로드한다는 의미이다.

Get a Channel Feed

```
GET https://api.thingspeak.com/channels/389377/feeds.json?results=
2
```

[그림 18-9] 클라우드에 저장된 데이터를 JSON 포맷으로 가져오기 위한 API

다운로드된 JSON 파일을 메모장과 같은 텍스트 에디터에서 열어 확인할 수도 있지만 내용이 알아보기 쉽도록 정렬된 형태가 아니므로 JSON 뷰어 프로그램을 이용하면 내용을 쉽게 확인할 수 있다. [그림 18-10]은 Notepad++ 프로그램에 JSON Viewer plugin을 설치하여 다운로드한 feeds.json 파일을 열어 확인한 내용이다.

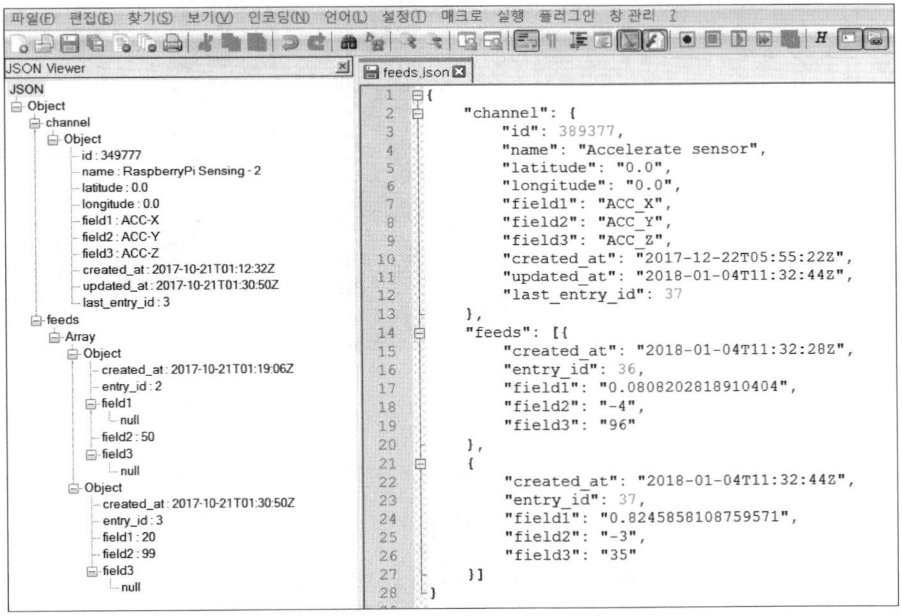

[그림 18-10] 클라우드에 저장된 각 채널에서 마지막 두 개의 항목의 정보가 포함된 JSON 파일

18.2.2 파이썬 기반의 클라우드 서비스 활용

본 내용에서는 온도와 습도 측정에 학습용으로 많이 사용되는 DHT11 센서모듈을 사용하여 측정된 온도 및 습도 데이터를 클라우드 서버에 일정 간격으로 올리고 그 데이터들을 스마트폰에서 확인해 보도록 하겠다.

위 동작을 위하여 [그림 18-11]과 같이 회로를 구성하도록 한다. DHT11 센서모듈은 4개의 핀들로 구성되어 있으며 1번 핀은 3.3V, 2번 핀은 라즈베리파이의 확장핀, 3번핀은 사용하지 않으며 4번 핀은 GND에 연결하도록 한다. 2번 핀은 가급적 10K옴 정도의 풀업 저항을 연결하여 사용하도록 한다. 측정된 습도와 온도 데이터는 패리티 정보와 함께 습도와 온도 순서로 40비트의 디지털 데이터 형태로 모듈의 DATA 핀을 통해 출력된다.

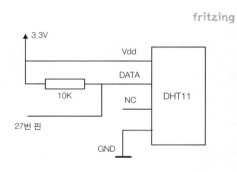
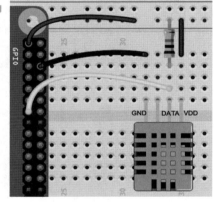

[그림 18-11] DHT11 온습도 센서를 이용한
회로구성 (fritzing.org 툴 참고)

DHT11 센서모듈을 제어하기 위해서는 코드를 직접 구현할 수도 있지만 그 작업이 쉽지 않다. 파이썬 코드만으로는 거의 불가능하고 C 언어와 함께 구현되어야 하므로 본 내용에서는 코드 구현을 다루지 않고 이미 제작된 파이썬 모듈을 이용하도록 하겠다. 해당 파이썬 모듈은 Adafruit에서 제작한 공개 소프트웨어이며 소스코드를 아래와 같이 Github 저장소에서 라즈베리파이로 복제(clone) 및 빌드하여 파이썬 모듈이 설치되도록 한다.

```
$ git clone https://github.com/adafruit/Adafruit_Python_DHT.git
$ cd Adafruit_Python_DHT
$ sudo python3 setup.py install
```

Adafruit에서 제작한 파이썬 기반의 DHT11 센서 제어모듈은 겉으로는 파이썬 기반의 코드로 되어 있지만 모듈 내부적에는 C 언어로 구현되어 있다. DHT11 매뉴얼을 읽어 보면 온도와 습도 데이터가 수십 마이크로 초의 펄스 폭을 가지는 디지털 펄스 형태로 센서 외부로 출력이 되므로 파이썬과 같이 느리고 실시간 제어에 적합하지 않는 스크립트 기반의 언어에서는 이러한 짧은 시간 간격의 신호의 변화를 감지할 수 없다. 비록 하드웨어적으로는 수십 마이크로 초가 짧은 시간은 아니겠지만 스크립트 기반의 언어에서는 신호 변화를 감지하기엔 너무 짧은 시간이라는 것이다. 따라서, 이러한 시간 동안의 신호 변화를 감지하기 위해서는 보다 빠른 C 언어가 필요하게 되는 것이다. Adafruit에서 제작한 파이썬 모듈은 소스 코드가 Github에 공개되어 있으므로 한 번쯤 확인해 보는 것도 좋을 것 같다.

DHT11 센서 제어에 C 언어를 사용하더라도 아주 완벽하다고 할 수는 없다. 왜냐하면 라즈베리파이는 리눅스와 같은 운영체제가 동작하고 있고 그 기반에서 DHT11 센서를 제어하는 프로그램과 더불어 다른 많은 프로그램들이 동작하고 있으므로 DHT11 센서에서 출력하는 데이터를 정확한 타이밍으로 제어할 수 있는 것은 아니지만 라즈베리파이에 사용된 고성능 AP(Application Processor)가 충분히 빠르므로 라즈베리파이에서 DHT11 센서를 제어하는 것을 신뢰할 수 있는 것이다.

아두이노 보드에 사용된 MCU(Micro-Controller Unit)는 라즈베리파이에 사용된 AP보다는 속도 면에서 아주 느리지만 운영체제가 없고 실시간 제어 목적으로 하드웨어 및 소프트웨어가 동작되므로 DHT11 센서 제어에 있어서는 라즈베리파이보다는 좀 더 신뢰할 만하다고 할 수 있다.

만약, 필자가 추천한다면 DHT11을 아두이노 보드에 연결하고 아두이노와 라즈베리파이를 UART로 연결하면 안정적이고 신뢰성 있는 환경을 구성할 수 있다. 위와 같은 하드웨어를 구성할 때는 +5V로 동작하는 아두이노와 3.3V로 동작하는 라즈베리파이에 전기적인 충돌이 발생되지 않도록 하는 회로 구성이 추가적으로 필요하다.

DHT11 센서제어를 위한 모듈 설치가 완료되면 인터넷 주소를 이용하여 인터넷 상의 정보를 이용할 수 있는 함수와 클래스들이 정의된 urllib.request 모듈을 사용해야 한다. 이 모듈은 파이썬에 기본적으로 설치되어 있을 것이지만 만약 설치되어 있지 않으면 미리 설치하도록 한다.

아래 코드는 라즈베리파이 확장핀 27번을 통해 입력되는 습도 및 온도 데이터를 클라우드 서버의 URL 및 Write 키를 사용하여 올리는 예제 코드이다. 코드에서는 센서모듈로부터 매 15초마다 해당 데이터를 읽어 Write 키 값이 포함된 url 주소에 포함시키고 그 url 주소를 urllib.request 모듈에 있는 urlopen 함수에 전달하여 클라우드 서버에 데이터를 올리고 있다.

만약 ThingSpeak 클라우드 서버에 대한 사용료를 지급한 상태에서 이용하면 1초 단위로 데이터 등록이 가능하지만 무료 사용인 경우는 15초 단위까지만 가능하다.

```python
import urllib.request
import Adafruit_DHT                      ← DHT11 제어를 위한 파이썬 모듈 import
import time


Pin = 27
Key = "X7ZMS9Y7YND480IG"             ← 데이터 등록을 위한 Write 키(ThingSpeak 홈페이지에서
                                        확인)
Url = 'https://api.thingspeak.com/update?api_key=%s' %Key


while True:
        # DHT11 센서로부터 습도와 온도 데이터를 읽기 (습도 데이터가 온도보다 먼저 출력됨)
        humidity, temp = Adafruit_DHT.read_retry(Adafruit_DHT.DHT11, Pin)


        url_addr = Url + "&field1=%d&field2=%d" %(temp, humidity)
        print(url_addr)
        print("온도 = %d C, 습도 = %d %%" %(temp, humidity))


        # 온도와 습도 데이터가 포함된 URL을 사용하여 ThingSpeak 클라우드 서버에 등록
        urllib.request.urlopen(url_addr)


        # 15초 간격
        time.sleep(15)
```

위 코드 수행으로 클라우드 서버에 등록된 온도와 습도 데이터들은 [그림 18-12]에서
와 같이 스마트폰으로 확인할 수 있다.

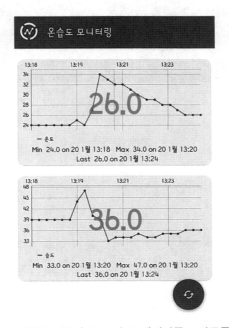

[그림 18-12] 클라우드 서버에 등록된 온도, 습도 데이터를 스마트폰 앱으로 확인한 결과

19.1 웹 서버란?

　웹 서버라는 것은 웹을 통한 다양한 서비스를 구현하기 위하여 컴퓨터에서 구동되
는 프로그램이라 할 수 있다. 웹 서버는 네트워크상의 다른 컴퓨터에서 동작되는 클
라이언트 프로그램으로부터 요청을 받고 적절한 행동이나 결과를 클라이언트로 다
시 전송하는 방식으로 동작이 이루어진다. 클라이언트 프로그램으로는 주로 익스플
로러, 크롬, 파이어폭스 같은 웹 브라우저들을 사용하며 서버로 데이터를 전송할 때는
HTTP(HyperText Transfer Protocol) 프로토콜을 사용한다. 클라이언트부터 요청을 받
은 서버는 웹 브라우저에서 구동 가능한 HTML, JS, CSS 형태로 응답하여 클라이언트에
서는 그 결과를 웹 브라우저상에서 확인할 수 있다.

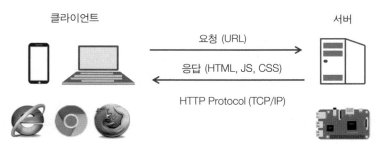

[그림 19-1] 웹 서버 동작 형태

　[그림 19-1]에서 클라이언트와 서버는 네트워크상에 서로 연결되어 있으며 클라이언
트에서는 웹 브라우저를 사용하여 서버에 접속한다. 라즈베리파이에 서버 프로그램을

동작시키면 스마트폰이나 컴퓨터에서 웹 브라우저를 실행하여 라즈베리파이의 URL을 사용하여 서버에 접속할 수 있다.

19.2 플라스크

플라스크(Flask)란 파이썬에서 사용할 수 있는 웹 프레임워크(Framework)이다. 플라스크는 웹 개발에 필요한 최소한의 기능 위주로 구현되어 있어서 마이크로(Micro) 웹 프레임워크라고 부르기도 한다. 마이크로 프레임워크에 대응되는 용어는 풀 스택 프레임워크라고 부른다. 파이썬도 다른 프로그래밍 언어에 비해 배우기가 쉬운 만큼 파이썬으로 구현된 플라스크도 다른 웹 프레임워크에 비해 사용하기가 아주 쉽다.

[그림 19-2] 플라스크 공식 사이트(http://flask.pocoo.org)

[그림 19-2]에 있는 플라스크 사이트에는 사용에 관한 여러 유용한 정보들과 예제들이 많이 있다. 아직 국내에서는 관련 서적들이 많지 않아서 위 사이트에 방문하여 여러 정보들을 얻기 바란다.

지금부터는 플라스크를 사용하여 라즈베리파이에 간단한 웹 서버를 구현하고 사용자는 원격 컴퓨터에서 웹 브라우저 같은 프로그램을 실행하여 입력한 정보가 웹 서버로 전달되어 원하는 하드웨어가 제어되도록 하는 방법을 살펴보도록 하겠다.

19.2.1 플라스크 설치

파이썬에서 플라스크를 사용하기 위해서는 아래와 같이 먼저 설치 작업을 진행해야 한다. 사용하려는 파이썬 버전에 따라 아래와 같은 설치 작업을 확인하기 바란다.

```
# 파이썬 2.x 경우
$ sudo apt-get install python-pip
$ sudo pip install flask

# 파이썬 3.x 경우
$ sudo apt-get install python3-pip
$ sudo pip3 install flask
```

pip는 파이썬 패키지를 설치하고 관리해주는 툴이다. 이 툴은 pypi.python.org 사이트에서 패키지를 다운로드하여 설치한다. 플라스크가 파이썬으로 구현되어 있으므로 플라스크를 설치하기 위해서는 pip를 먼저 설치해야 한다. 라즈비안 버전에 따라 pip 툴과 flask가 운영체제에 이미 포함되어 있으면 사용자에게 해당 정보를 알려주고 설치는 진행되지 않을 것이다.

플라스크 공식 사이트에서 다운받은 문서를 읽어보면 유니코드 문자열 처리문제로 인해 파이썬 3보다 2.7 사용을 권하는 것 같다. 하지만 본 내용에서 구현된 예제는 파이썬 3에서도 잘 동작되는 것을 확인하였다.

19.2.2 간단한 웹 서버 구현

이제 간단한 웹 서버 프로그램을 파이썬으로 구현해 보도록 하자. 먼저 사용자 홈 폴더 아래에 webapp 폴더를 만들고 그 안에 web_server.py를 아래와 같이 작업하도록 한다.

```
$ mkdir webapp
$ cd webapp
$ nano web_server.py
```

아래와 같이 작성된 web_server.py 코드는 사용자가 웹 서버에 접속하였을 때, 간단한 문자열을 출력하도록 구성되었다.

```
# web_server.py
from flask import Flask
```

```
app=Flask(__name__)                # 메인 모듈 이름을 인자로 전달하여 플라스크 객체 생성

@app.route ('/')                   # URL ('/') 라우팅(routing)을 위한 데코레이터
def index( ):
    return 'This is main page.'

@app.route ('/sub')                # URL ('/sub') 라우팅(routing)을 위한 데코레이터
def sub( ):
    return 'This is sub page.'

@app.route ('/led/<state>')        # URL ('/led/<state>') 동적 라우팅을 위한 데코레이터
def led(state):
    if state=='on' or state=='off':
        str = 'Led is now %s.' %state
    else:
        str = 'Invalid Pages'
    return str

if __name__=='__main__':
    print('Webserver starts.')
    app.run( host='0.0.0.0')       # 플라스크 객체를 통한 웹 서버 실행
```

위 코드를 저장하고 아래와 같이 실행하면 라즈베리파이에서 웹 서버가 구동되고 Ctrl+C 키를 누르면 웹 서버가 종료된다.

```
pi@raspberrypi:~/webapp $ python3 web_server.py
Webserver starts.
 * Running on http://0.0.0.0:5000/ (Press Ctrl+C to quit)
```

라즈베리파이에서 웹 서버가 동작되면 네트워크상의 Host PC에서 웹 브라우저를 실행하여 [그림 19-3]와 같이 라즈베리파이의 IP 주소(192.168.0.13)와 포트 번호를 입력하면 라즈베리파이에 접속할 수 있는 것이다. 라즈베리파이에 삼바가 설치되어 있다면 IP 주소가 아닌 Host 이름으로도 접속할 수 있다. 포트 번호는 기본적으로 5000으로 설정되어

있으며 플라스크 객체를 통한 웹 서버를 실행할 때 다른 포트 번호를 사용할 수도 있다.

플라스크 기반의 웹 서버 프로그램은 __name__ 변수를 인자로 전달받는 플라스크 객체를 생성하는 것으로 시작된다. 플라스크 객체를 지시하는 변수를 사용하여 플라스크 객체 내부 run 메서드를 실행하면 웹 서버가 시작되는 것이다.

```
from flask import Flask
app=Flask(__name__)
app.run(debug=True, port=1234, host='0. 0. 0. 0')
```

플라스크 객체의 run 메서드 매개변수로 디버그 사용 여부, 포트 번호, 호스트 명을 명시할 수 있다. 디버그를 사용하면 클라이언트로부터 전송되는 여러 정보들을 터미널 상에 표시할 수 있으며 포트번호는 기본적으로 5000으로 설정되어 있지만 원하는 번호로도 설정 가능하다. host='0.0.0.0'의 의미는 웹 서버를 퍼블릭(public)하게 하여 어떠한 외부 호스트에서도 접근 가능하도록 설정하는 것이다.

웹 브라우저와 같은 클라이언트에서 서버 쪽으로 전송되는 요청 정보는 URL에 포함되어 있다. 클라이언트로부터 전송되는 요청을 서버가 수행하기 위해서는 해당 URL에 포함된 정보와 수행하려는 함수와의 매핑 과정이 필요하다. 이러한 매핑을 위해 플라스크에서는 라우트(route)라는 메서드가 구현되어 있으며 라우트 메서드에서는 데코레이션이라는 방법으로 사용자가 정의한 함수를 수행하는 것이다.

아래 코드처럼 URL에 루트(/)가 포함되어 있으면 플라스크의 route 메서드를 통해 사용자가 지정한 index 함수를 데코레이트한다. 결과적으로 루트 URL 정보가 들어오면 index 함수가 실행되는 것이다. 마찬가지로 '/sub' URL 정보가 들어오면 sub 함수가 실행되는 것이다.

```
@app.route('/')
def index( ):
      return 'This is main page.'

@app.route('/sub')
def sub( ):
      return 'This is sub page.'
```

[그림 19-3] 메인 페이지(IP 주소 사용) 및
서브 접속(호스트 명 사용)

[그림 19-4] 동적 라우팅을 사용한 접속

[그림 19-4]에는 동적 라우팅을 이용한 접속을 보여준다. URL 주소의 마지막 부분에
"on" 혹은 "off"을 추가하면 마치 문자열 변수처럼 사용되어 동작되는 것을 확인할 수
있다.

클라이언트에서 서버로 접속할 때마다 서버 쪽에서는 해당 정보가 [그림 19-5]와 같이
로그로 표시되어 어떤 클라이언트에서 어떤 URL을 사용하여 접속하였는지에 대한 정
보를 확인할 수 있다.

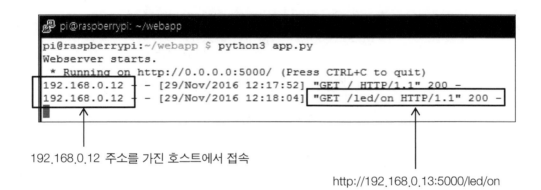

[그림 19-5] 클라이언트에서 접속할 때 출력되는 서버 쪽 로그

19.3 웹 서버 기반의 하드웨어 제어

이전 내용에서는 웹 브라우저 같은 클라이언트에서 URL 정보가 수신되면 해당 정보를 사용자가 구현한 함수로 라우팅하고 그 함수 내부에서는 문자열만 반환하는 정도의 간단한 웹 서버를 구현하였다.

이번 내용에서는 클라이언트로부터 수신된 URL 정보에 따라 웹 서버가 LED ON/OFF 하드웨어 동작을 수행하고 그 결과에 따른 HTML 기반의 정보를 클라이언트로 전송하는 것을 살펴보도록 하겠다. 그리고 웹 브라우저 창에 표시되는 내용을 꾸미기 위하여 CSS(cascade style sheet) 파일을 작성하도록 하겠디.

폴더 구조

웹 서버 구현을 위해 먼저 아래와 같이 폴더 구조를 만든다.

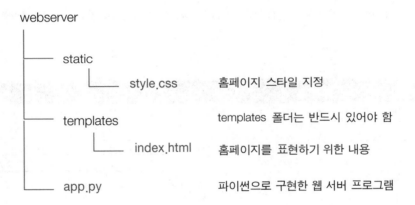

[그림 19-6] 파이썬 기반 웹 서버 동작을 위한 폴더 구조

app.py	파이썬에 의해 구동되는 웹 서버 프로그램
index.html	웹 서버에서 클라이언트로 전송되는 html 정보 (클라이언트 웹 페이지에 표시되는 내용)
style.css	html에 표시되는 글씨체, 크기, 배경 색상 등을 정의한 디자인 정보

플라스크는 웹 서버 프로그램 아래 templates 폴더에 있는 html 파일을 사용하므로 templates 폴더는 웹 서버 프로그램인 app.py와 반드시 동일한 경로상에 존재해야 한다. 웹 페이지의 모양을 보기 좋게 해주는 CSS 파일이 있는 static 폴더는 없어도 상관없다.

하드웨어 구성

웹 브라우저를 통하여 하드웨어를 제어하기 위하여 아래와 같이 간단한 회로를 구성한다. LED의 anode(+) 부분은 3.3V 연결하고 LED cathode(-) 부분은 470옴 정도의 저항을 통하여 라즈베리파이 BCM 모드의 핀 21번에 그림과 같이 연결하도록 한다. 회로 구성상 21번 핀의 전압이 0이 출력되면 LED가 켜지고, 1(3.3V)이 출력되면 LED가 꺼진다.

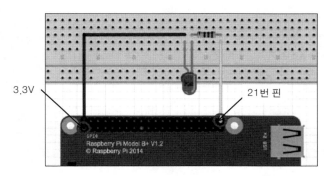

[그림 19-7] 하드웨어 구성[1]

HTML 및 CSS 파일 작성

웹 서버 구현을 위해 앞서 언급된 폴더 구조에서 index.html 파일과 style.css 파일을 작성하도록 하자.

먼저 아래 내용을 index.html로 저장하여 templates 폴더에 저장한다. 이 파일은 파이썬 코드에서 render_template 함수의 첫 번째 매개변수로 전달되고 웹 브라우저 창에 표시되는 내용이다.

---

1) http://fritzing.org에서 배포하는 툴을 사용하여 작성

```
<!doctype html>

<html>
<head>
  <title> GPIO INPUT/OUTPUT </title>
  <link type="text/css" rel="stylesheet" href="/static/style.css" />
</head>

<body>
  <p> </p>

  <input type="button" value="켜기" style="WIDTH:200pt; HEIGHT:80pt; font-size: 50pt"
onclick="location.href='/led/on'";>
           
  <input type="button" value="끄기" style=""WIDTH:200pt; HEIGHT:80pt; font-size:
50pt" onclick="location.href='/led/off'";>

  <br/>
  <p> LED is now <span id="state">{{state}}</span> state. </p>

</body>
</html>
```

위 HTML 코드에서는 두 개의 버튼을 사용하였으며 각 버튼을 누를 때마다 특정 주소로 이동하도록 링크 작업을 구현하였다. LED를 켜거나 끄기 위해서는 해당 버튼을 누르도록 구성하였다.

코드에서 {{state}}은 플라스크에서 사용하는 Jinja2 템플릿 관련된 부분으로 파이썬 코드에서 render_template 함수를 호출할 때 두 번째 매개변수로 전달되는 값이다. 이 변수를 통하여 파이썬 코드에서는 LED ON/OFF 상태 정보를 HTML로 전달할 수 있다.

그리고 웹 브라우저에 표시되는 내용을 꾸미기 위하여 CSS 파일을 명시하였다. CSS 관련 내용을 HTML 파일 내부에 명시하여도 되지만 코드의 가독성을 위하여 따로 파일로 만들었으며 HTML 코드에서는 CSS 파일의 경로가 명시되어 있다. 아래는 웹 페이지를 보기 좋게 꾸며주는 CSS 파일이다. CSS 파일에 대한 자세한 내용은 관련 서적을 참고하도록 한다. 아래 내용을 static.css 파일로 저장하여 static 폴더 아래에 저장한다.

```
body {
    background-color: black;
    text-align: center;
}
p {
    font-size: 50px;
    color : yellow;
}
#state {
    font-size: 80px;
    color : red;
}
```

파이썬 기반 웹 서버 프로그램 작성

아래와 같이 파이썬 기반의 코드를 작성하여 **app.py**로 저장한다.

```
import RPi.GPIO as GPIO
from flask import Flask, render_template

state = 'off'
app=Flask(__name__)

def led_on_off(onoff):
    if onoff == 'on':
        GPIO.output(21, 0)
    elif onoff == 'off':
        GPIO.output(21, 1)

@app.route('/')
def index( ):
    return render_template('index.html', state=state)

@app.route('/led/<onoff>')
```

```
def led(onoff):
        global state
        state = onoff
        led_on_off(state)
        print('led %s' %state)
        return render_template('index.html', state=onoff)

GPIO.setmode(GPIO.BCM)
GPIO.setup(21, GPIO.OUT)
led_on_off('off')

if __name__=='__main__':
        app.run( host='0.0.0.0')
        GPIO.cleanup( )
```

위 코드에서 render_template 함수가 사용되는데, 렌더링(rendering) 의미는 서버에서 HTML 내용을 클라이언트로 전송하여 클라이언트의 웹 브라우저 창에 관련 내용을 표시하도록 하는 것이다.

웹 서버 실행

위와 같이 플라스크 기반의 파이썬 코드를 작성하여 아래와 같이 실행한다.

```
pi@raspberrypi:~/webserver $ python3 app.py
Webserver starts.
* Running on http://0.0.0.0:5000/ (Press CTRL+C to quit)
```

[그림 19-8] 웹 서버 접속화면(라즈베리파이 IP 주소와 포트번호(5000) 사용)

라즈베리파이에 삼바가 이미 설치되어 있다면 웹 브라우저 주소 창에 라즈베리파이 IP 주소 대신에 호스트 명을 사용하여도 무방하다. [그림 19-8]에서는 라즈베리파이의 IP 주소가 192.168.35.24인 가정하여 http://192.168.35.24:5000를 사용하여 접속하였다. 웹 브라우저를 사용한 접속은 일반 PC에서도 가능하고 스마트폰에서도 가능하다.

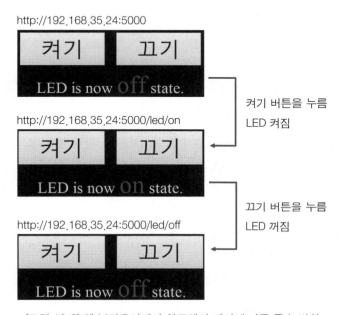

[그림 19-9] 웹 브라우저에서 하드웨어 제어에 따른 주소 변화

[그림 19-9]와 같이 웹 브라우저 창에 표시된 두 개의 버튼에서 켜기 및 끄기 버튼을 누르면 해당 웹 페이지로 이동되면서 하드웨어 상의 LED가 on/off 되는 것을 확인할 수 있다.

정리

이번 단원에서는 라즈베리파이에서 클라우드 서비스를 활용하는 방법을 살펴보았다. 라즈베리파이에 연결된 온도 및 습도 센서로부터 획득한 데이터를 파이썬 기반의 코드를 사용하여 클라우드 서버에 올리는 방법과 서버에 있는 데이터들을 인터넷에 연결된 PC 혹은 스마트폰에서 실시간 체크하는 방법도 확인하였다.

플라스크 기반에서 웹 서버를 구축하고 웹 서버 기반의 하드웨어를 제어하는 방법을 살펴보았다. 플라스크는 웹 개발에 필요한 최소한의 기능이 포함된 마이크로 프레임워크로 파이썬 기반으로 구성되어 있다. 최신 라즈비안 버전에는 플라스크가 기본적으로 내장되어 있어서 따로 설치할 필요는 없다.

우리는 플라스크 기반의 간단한 코드를 만들어 사용자의 웹 브라우저로부터 전송되는 정보를 분석하여 특정 페이지로 연결하는 기본 동작으로부터 HTML, CSS와 같은 파일을 만들어 좀 더 틀이 갖추어진 웹 페이지를 만들었다. 사용자가 스마트폰이나 컴퓨터에서 웹 브라우저를 실행하여 라즈베리파이의 주소를 입력하면 주소 창에 입력된 정보가 웹 서버로 전달되고 이 정보들이 웹 서버에 의해 분석되어 특정한 하드웨어 작업이 진행되도록 구현하였다.

웹 서버 예제에서는 웹 브라우저 창에 표시된 페이지의 특정 버튼을 누르면 LED가 제어되는 동작을 구현해 보았다. 하드웨어를 제어할 때는 앞 단원에서 다루었던 RPi.GPIO 파이썬 모듈을 사용하였다.

■ 교재에서 사용된 부품 리스트

브레드 보드	라즈베리파이 3B	HDMI 케이블
Pi Camera V2 8MP 모듈	MicroSD 16GB Class 10	MAX14870 DC 모터 모듈
		0.1옴 3216 SMD 저항 포함
BMP280 기압센서 모듈	MPU6050 6축 센서 모듈	Adafruit Pi Cobbler
MicroSD 타입 전원공급기	RJ45 이더넷 케이블	Adafruit USB to TTL 시리얼 케이블
저항 키트	커패시터 키트	Tact 스위치
470, 1K, 10K 5개씩	100nF 3개	3개

5V DC 소형 모터	NPN 트랜지스터(PN2222A)	(MF) 점퍼 케이블
	3개	20개
MicroSD 카드 리더기	40핀 IDC Flat 케이블	5 파이 원통 LED
		RED, GREEN 3개씩
DHT11 온도, 습도 센서		

위 명시된 부품들은 본 서적에서 사용된 부품들로써 저자(raspjws@gmail.com)를 통하거나 ㈜제이케이이엠씨에서 운영하는 쇼핑몰인 www.toolparts.co.kr 사이트에서 구매할 수 있도록 하였다. 위 구성품들은 전체가 포함된 패키지 형태로 구매할 수도 있지만 개별 부품으로도 구매 가능하다.

[개정판]

사물인터넷을 위한 라즈베리파이 3 활용

2017년	4월	5일	1판	1쇄	발 행
2018년	3월	5일	2판	1쇄	발 행
2019년	2월	28일	2판	2쇄	발 행

지 은 이 : 정원석

펴 낸 이 : 박정태

펴 낸 곳 : **광 문 각**

10881
경기도 파주시 파주출판문화도시 광인사길 161
광문각 B/D 4층
등   록 : 1991. 5. 31 제12 - 484호
전 화(代) : 031-955-8787
팩   스 : 031-955-3730
E - mail : kwangmk7@hanmail.net
홈페이지 : www.kwangmoonkag.co.kr

ISBN : 978-89-7093-890-5   93560

값 : 25,000원

한국과학기술출판협회회원
KSPA

이 책에 사용된 예제 코드 요청이나, 오류, 오탈자
정보들은 raspjws@gmail.com으로 연락주시기
바랍니다. 이 책에 사용된 코드들을 사용한 결과물에
대해서는 책임을 지지 않습니다.